U0210680

上扬子地区 P—T 之交地质事件与生物大灭绝原因探索

郑荣才　文华国　刘　萍　等著

科学出版社

北　京

内 容 简 介

本书系统罗列了国内外二叠纪—三叠纪(P—T)之交生物灭绝事件研究现状及科学问题，简明扼要地阐述了上扬子地区的区域地质概况，详细介绍了上扬子地区二叠纪—三叠纪之交地层发育情况及典型剖面的地层出露情况，全面对比了上扬子地区二叠纪—三叠纪之交界限类型，系统描述了上扬子地区二叠纪—三叠纪之交火山喷发、海底热液喷发-沉积、海平面升降、生物灭绝等重大地质事件特征，全面探讨了上扬子地区二叠纪—三叠纪之交各地质事件间的相互关系，并开展了关于生物大灭绝事件成因的探索。

本书可作为地球科学相关专业本科生和研究生的课外阅读书籍，也可作为地质工作者及相关专业科研人员的参考用书。

图书在版编目(CIP)数据

上扬子地区 P-T 之交地质事件与生物大灭绝原因探索 / 郑荣才等著.
— 北京：科学出版社，2022.12
ISBN 978-7-03-073847-9

Ⅰ. ①上… Ⅱ. ①郑… Ⅲ. ①地质事件-关系-古生物学-研究
Ⅳ. ①P53 ②Q91

中国版本图书馆 CIP 数据核字(2022)第 221506 号

责任编辑：黄 桥 / 责任校对：彭 映
责任印制：罗 科 / 封面设计：墨创文化

科学出版社出版

北京东黄城根北街16号
邮政编码：100717
http://www.sciencep.com

成都锦瑞印刷有限责任公司印刷

科学出版社发行 各地新华书店经销

*

2022 年 12 月第 一 版 开本：787×1092 1/16
2022 年 12 月第一次印刷 印张：13 1/2
字数：320 000

定价：198.00 元
(如有印装质量问题，我社负责调换)

前　　言

　　人类生活的地球其表面生态环境目前正在发生明显的变化，如气候变暖，环境污染和恶化，生物生存繁衍活动范围缩小及大量物种急剧消失和灭绝等，从而使众多生物、地质和环境科学家惊呼地球上正在发生演化历史上的第六次生物大灭绝事件。当今这一生物物种异常快速灭绝事件，是人类在社会活动中不爱惜地球和环境而导致地球大气圈和水圈CO_2浓度升高、有害物质污染生态环境等人为因素造成的？还是地球演化历史中生物进化过程的"正常"更替现象？其结果会给人类生活带来什么样的影响？人类和其他生物物种之间如何共处和协调发展？这些问题目前已成为地球科学研究和环境科学研究所面临的重大科学问题之一，也是最热门的前缘研究课题。科学家想要准确客观地认识地球上现今正在发生的生物灭绝事件的原因，那么对地球演化历史中曾发生过的生物大灭绝事件及其原因进行深入研究应该是解决这一科学问题最为有效的途径，其中对 P—T 之交所发生的生物大灭绝事件的原因进行探索，可为解决这一问题提供最有力的帮助。

　　上扬子地区二叠纪—三叠纪地层发育齐全，囊括有深、浅水和海、陆相地层的地质记录连续的剖面，不仅地层出露好和露头较新鲜，原生沉积构造和古生物化石丰富，生态群落保存好，而且岩石和沉积相类型丰富，不同相类型的沉积序列和典型的 PTB 界线剖面结构非常完整。此外，该地区野外的工作食宿和交通都很方便，具有研究 P—T 之交生物大灭绝事件得天独厚的条件，能够帮助解答现今正在发生的生物灭绝事件的原因。

　　本书得到了国家自然科学基金面上项目(编号：41472088)和教育部高等学校博士学科点专项科研基金项目(编号：20135122110004)的资助，书中部分研究材料取自成都理工大学沉积地质研究院数年来几个相关研究课题的研究成果。同时，本书充分参考和引用了前人在该地区完成的相关研究的成果，以及已发表的学术论文和著作。

　　全书共约 30 万字，可作为地球科学和环境科学专业本科生和研究生的课外阅读材料，也可作为地质工作者及相关科研人员研究用参考书，或作为科普书籍被推向对地球科学和环境科学感兴趣的普通读者。

　　本书由郑荣才教授、文华国教授、刘萍副教授和康沛泉高级工程师合作撰写，并由郑荣才教授统稿。前言由郑荣才撰写，第一章由刘萍和郑荣才合作撰写，第二章由文华国和刘萍合作撰写，第三章由刘萍和郑荣才合作撰写，第四章由郑荣才和康沛泉合作撰写，第五章第一节由刘萍和郑荣才合作撰写，第五章第二节由文华国和郑荣才合作撰写，第五章第三节由刘萍和郑荣才合作撰写，第五章第四节由康沛泉、刘萍和郑荣才合作撰写，第五章第五节由文华国、刘萍和郑荣才合作撰写，第六章由文华国和郑荣才合作撰写。初稿编写完成后由郑荣才和文华国对全书进行检查、修订和统稿，并对部分内容进行删减和增添。经全体合作作者认真商讨、推敲、反复修改和加工不下五次后，最终由郑荣才通篇审阅和定稿，目的是尽可能提高本书质量和便于读者阅读使用。参加本书研究和部分内容撰写工作的人员还有常海亮、崔璀、梁宁和宁翀鹤等，其中崔璀和梁宁、宁翀鹤、徐腾等还参与了大部分插图的绘制、整理和图版编排工作。

在本书写作过程中，课题组成员多次赴野外现场进行地质调查、描述、照像和采样以及进行室内资料整理与综合分析等研究工作。为配合重要地质现象的描述，本书采用了大量彩色野外照片和薄片照片，相信对野外地质考察、科研、教学和科学普及等各方面的工作均有裨益。本书的出版凝聚了成都理工大学沉积地质研究院多年来的科研和集体劳动成果，书稿完成后，成都理工大学沉积地质研究院的相关老师给予了许多颇有教益的建议和帮助，在此致以衷心感谢！

本书的顺利撰写和出版是课题组全体成员多年来辛勤劳动的结果。课题组成员在野外地质调查、室内研究和本书写作过程中得到了中国石油勘探开发研究院罗平教授、中国石油西南油气田分公司周刚高级工程师，以及科学出版社黄桥先生的关心和鼎力相助，在此一并表示诚挚的谢意！

由于本书内容繁多，写作时间较紧凑，同时限于作者的学术水平，书中个别内容可能有所重复或疏漏，内容和观点可能失之偏颇，出现不当和谬误之处在所难免，恳请读者批评指正。

作　者
2020 年 10 月于成都

目　　录

第一章 绪 论

第一节 研 究 意 义

近几十年来，人类生活的地球其表面生态环境开始发生剧烈变化，如气候变暖，环境污染和恶化，生物的生存繁衍活动范围缩小及大量的物种急剧消失和灭绝等，从而使众多生物、地质和环境科学家如 Barnosky 等(2011)都惊呼"地球上正在发生生物演化历史上的第六次大灭绝事件"。当今这一生物物种高速、大规模灭绝事件是人类在社会活动中不爱惜地球和环境而导致地球大气圈和水圈 CO_2 浓度升高、有害物质污染生态环境等人为因素造成的？还是地球演化历史中生物进化过程的"正常"更替现象？其结果会给人类生活带来什么样的影响？人类和其他生物物种之间如何共处和协调发展？这些问题目前已成为地球科学研究和环境科学研究所面临的重大科学问题。

在地质历史演化进程中，自显生宙以来已知共发生过五次生物物种大规模灭绝事件(图 1-1)，其时间点分别为寒武纪末期、奥陶纪末期、泥盆纪晚期(为晚泥盆世中期的 F—F)、二叠纪末期和白垩纪末期。是什么原因引起这五次生物大灭绝事件(沈树忠和张华，2017)？尤其是在二叠纪末期即二叠纪—三叠纪之交(以下简称 P—T 之交)的生物物种大规模灭绝事件中，在大约 0.5Ma(megaannus，百万年)的时间内有超过 90%的海洋生物灭绝和绝大多数陆生植物集群灭亡，这一事件也被称为 PTB 界线生物大灭绝事件(Raup，1979；Sepkoski，1989；Visscher et al.，1996；Ward et al.，2000；Bowring et al.，1998)。

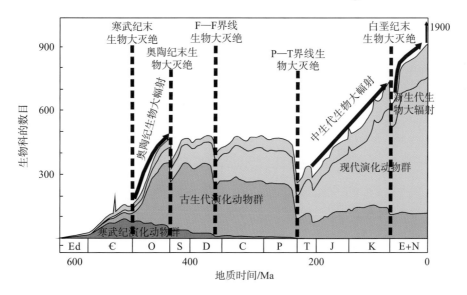

图 1-1 显生宙以来海洋动物科的多样性变化曲线(据 Sepkoski 和 Knoll，1983)

寻找什么原因造成 P—T 之交短时间内全球生态环境急剧变化和生物大规模灭绝，已成为地质学家、古生物学家，乃至生命学家和环境学家长期以来持续研究的热门重大科学问题（杨遵仪等，1991）。不同的学者从不同的角度提出了不同的 P—T 之交生物大灭绝事件的原因假说（Renne et al.，1995；Wignall et al.，1998；Hallam and Wignall，1999；Becher et al.，2001；Retallack，2001；Kump et al.，2005a，2005b；Sheldon，2006），以期合理解释这一重大地质事件的原因。因此，科学家准确地认识地球上现今正在发生的生物灭绝事件的原因，对地球演化历史中曾经发生过的生物大灭绝事件进行深入研究，是解决这一科学问题的金钥匙，其中对 P—T 之交所发生的生物大灭绝事件的原因进行探索，可为解决这一问题提供最有力的帮助。

第二节　国内外 P—T 之交生物灭绝事件研究现状

自 20 世纪 80 年代以来，科学家们即热衷于研究 P—T 之交生物灭绝事件与地球演化历史中曾发生过的重大地质事件和古环境变化之间的关系，在众多已公布的研究成果中，有许多有关生物灭绝与重大地质事件和古环境相关的科学假说，每一种假说都力图阐明这些重大地质事件与生物大灭绝事件之间的因果关系。其中有影响力的假说可分为地外事件和地内事件两大类，地外事件仅表现为星球撞击事件，而地内事件又可细分为地球内动力事件和地球外动力事件两个主要类别，地球内动力事件包括板块构造运动、火山喷发和 CO_2 放气作用等事件，地球外动力事件包括海平面下降事件、海洋贫氧事件、海洋酸化事件、甲烷水合物(可燃冰)释放事件和大陆风化事件等。有意思的是，地内事件中各种内动力与外动力地质事件在成因上往往有着不可分割的关系，其中有些地质事件已得到证实且已被确认，但也有一些事件属于推测和假说，其由于证据不够充分而存在争议。以下重点介绍对地学界影响较大并被部分研究者所接受的几个主要观点和假说。

一、星球撞击事件

星球撞击事件又称为陨石撞击事件(图 1-2)，在以晚白垩世恐龙大灭绝事件为代表的生物大灭绝事件中，陨石撞击地球已被确定为引起恐龙大灭绝事件的主要因素（Alvarez et al.，1980；Sepkoski，1982，1989)，因而在研究和解释 P—T 之交生物大灭绝事件原因时，该事件自然而然地被部分研究者所借鉴，如 Bohor 等(1984，1987)在借鉴恐龙灭绝事件的原因后认为，P—T 之交地球表面的海洋和陆地生物同时大规模快速消亡和灭绝是由来自地外的陨石撞击地球即地外地质事件所致，并提出一系列陨石撞击说的地外事件证据，这些证据主要包括如下几个方面。

(1)发育在 P—T 之交生物灭绝界线上的黏土层中，存在陨石撞击地球时所形成的相关元素、矿物和气体，如异常富集的铱(Ir)元素、冲击石英及铁质微球粒等，这些都是地外陨石撞击地球事件的地质证据。其中基于铱是宇宙元素且其在地球上的含量和背景值都非常低，因而在晚白垩世末期的黏土层中于全球范围内广泛出现的铱元素富集异常，被认为是陨石撞击地球时由地外陨石造成的，其由此也成为陨石撞击地球是造成包括恐龙灭绝

图 1-2　陨石撞击说(据 Sepkoski，1982)

事件在内的晚白垩世生物大灭绝事件的最有力证据。但是，P—T 界线附近黏土层中的铱含量很低，均在地球正常背景值的范围内，虽然个别样品的铱含量分析数据很高，但是这些样品异常高的铱含量分析数据在其他研究者的相关实验中均无体现，就连依据铱元素含量异常提出陨石撞击说观点的研究者，也没能重复出曾经得出的实验结果。因此，在 P—T 之交黏土层中测出的所谓异常高的铱含量被认为是由与测试方法或测试仪器精度有关的实验误差所致。又如 Xu 等(2007)利用同位素稀释电感耦合等离子体质谱法和火试金法等高精度测试方法，对浙江长兴煤山剖面生物灭绝界线上的黏土层进行了测试，也未发现任何铱异常。这些证据表明 P—T 之交并不存在由陨石撞击地球造成的铱异常，从而引起人们对这一假说的怀疑。

(2)有些学者根据主量元素、微量元素和稀土元素地球化学特征，建立了火山事件与陨石撞击地球事件的混合模式(何锦文，1985；周瑶琪等，1990；Chai et al.，1992)，然而更多的研究者将同样的微量元素和稀土元素分布模式及相关的一些地球化学参数用于支持火山喷发事件的成因模式(Clark et al.，1986；Zhou and Kyte，1988)。

(3)冲击石英也是陨石撞击说的关键证据之一(Bohor et al.，1984，1987)，但在 P—T 之交界线地层的黏土层中偶尔发现的"冲击石英"之成因仍存有争议，如在研究二叠系—三叠系界线地层不同剖面时所发现的石英，主要分布在蚀变的凝灰岩中，类型为火山成因的六方双锥石英，是中酸性火山喷发活动的产物(殷鸿福等，1989)，并非陨石撞击地球时形成的冲击石英。虽然有研究者在南极 Graphite Peak 和澳大利亚 Wybung Head 地区等几个地方，曾发现二叠系—三叠系界线地层中存在冲击石英，但其颗粒小(176μm)，含量很低，仅 0.2%(体积分数)，远小于 K—E 界线黏土层中的冲击石英含量(约 50%)。之所以含量较少，被认为与"撞击点溅射物被正常的沉积物稀释"有关(Retallack et al.，1998；Becher et al.，2004)。然而 Langenhorst 等(2005)对上述在澳大利亚和南极洲发现并被报道的"冲击石英"进行更深入的研究后发现，这些"冲击石英"其表面的面状变性纹理并非由"冲击"造成，而是地内构造运动的产物。因此，P—T 界线附近所谓的"冲击石英"并不能支持陨石撞击说。

（4）微球粒是陨石撞击说的又一关键证据（何锦文，1985；高振刚等，1987），Basu 等（2003）在对南极洲 Graphite Peak 剖面二叠系—三叠系界线地层的研究中发现了大量球粒状碎片，根据其元素含量比值及 Fe、P 和 S 等氧化相元素的化学组成，认为这是陨石撞击地球时产生的熔融溅射物即 CM 型球粒陨石。在浙江长兴煤山剖面二叠系—三叠系界线地层的黏土层中也发现有大量的微球粒，在最初的研究中研究者根据其形貌特征也将其确定为陨石撞击熔融溅射物，但随着研究的深入，其已被重新确定为火山喷发物，即地内成因（Yin and Tong，1998；Yin et al.，2007），因而界线附近黏土层中的微球粒也不能有效地证明陨石撞击说。

虽然以上所描述的各种陨石撞击说的证据在不同程度上都存在争议，而且各种假说的每个依据仍不够充分且存在争议，特别是有些重要的证据因受到部分研究者的质疑而被否定，陨石撞击说的研究结果并未得到更多研究者的支持，但其所代表的重大地外事件的灾难性效应，仍然是科学家们最重要的假说依据和最感兴趣的科学问题。

二、火山喷发事件

全球性大规模火山喷发事件可引起生物大灭绝事件的观点，早在 1989 年就被提出（殷鸿福等，1989），目前已逐渐成为各国相关研究领域内学者的主流观点和前缘研究热点（Wignall，2001）。大规模火山喷发活动可将地球深部大量的物质喷发到地球表面（图 1-3），使地球表面环境产生巨大变化，从而引起地球表层水圈和大气圈中的生态系统在短时间内发生剧烈变化，造成生物的生存环境急剧恶化，引起生态系统崩溃，以及生物大规模集群死亡和灭绝。分析地质历史中生物大灭绝事件与地层中记录的火山喷发事件的关系后发现，二者在发生时间上的确存在良好的一致性，特别是发生在 P—T 之交的生物大灭绝事件，其与西伯利亚大火成岩省通古斯玄武岩的喷发在时间上具有完全对应的关系。因此，火山喷发事件与生物大灭绝事件被众多研究者所瞩目。西伯利亚通古斯玄武岩是显生宙以来规模最大的大陆溢流玄武岩喷发活动的产物，其分布面积大，东西延伸长度可达4000km，南北分布宽约 3000km，体积可达 $7 \times 10^7 km^3$（Courtillot et al.，1999）。西伯利亚通古斯玄武岩其分布范围和喷发体积如此庞大，很可能是超级地幔柱的产物（Nikishin et al.，2002；Saunders et al.，2005）。西伯利亚通古斯玄武岩喷发强烈，具有分布范围极大和爆炸式喷发的特点，甚至在 P—T 之交距离西伯利亚很远的日本西南部，在深海相的二叠系—三叠系界线附近的黑色黏土层中也发现了细粒基性火山碎屑，地球化学分析结果显示，其来源和成因与通古斯玄武岩的喷发活动密切相关，应该是来自西伯利亚大陆溢流玄武岩，并代表了 P—T 之交泛大洋残片的深海沉积物（Ishiga et al.，1996；方宗杰，2004a，2004b）。Kamo 等（1996，2003）对 Maymecha-Kotuy 火山岩系列的系统研究结果将西伯利亚通古斯玄武岩喷发活动的时间约束在（251.1±0.3）～（251.7±0.4）Ma，持续时间约0.6Ma，主喷发期与浙江长兴煤山剖面中 25 层由火山灰蚀变而成的黏土层的年龄［（251.4±0.3）Ma］完全一致（Bowring et al，1998），与生物大灭绝事件在时间上也完全吻合（Jin et al.，2000）。受这些研究成果的启示，我国西南地区与 P—T 界线在时间上较为接近的峨眉山玄武岩喷发事件也引起众多研究者的关注，不过，仅就目前已公布的资料而言，无论是生物地层资料还是放射性同位素地层测年资料(特别是峨眉山玄武岩喷发期始于茅口期末，约258Ma，由放射性同位素测年法得到的绝对年龄资料分布于251～259Ma，跨度较大)(Lo et al.，2002；Ali et al.，2005；Zhou et al.，2002；范蔚茗等，2004；彭冰霞，2006)，在时间上都相距P—T界线较远，因缺少直接的证据而都不支持峨眉山玄武岩火山喷发事件与P—T之交生物灭绝事件之间有必然关系。因此，需要更精确地圈定峨眉山玄武岩喷发时间的分布范围，确定峨眉山玄武岩喷发与P—T界线在时间上是否具有一致性，这样才能进一步讨论上扬子地区峨眉山玄武岩喷发事件与P—T之交生物大灭绝事件之间的关系。

图1-3 地球表面大规模的火山喷发活动

在我国华南地区P—T之交的地层中也发现了多层火山碎屑岩，连同浙江长兴煤山剖面25小层附近的黏土岩在内，基本上都已被证实为中酸性火山喷发活动的产物(Zhou and Kyte，1988；殷鸿福等，1989；Yin et al.，2007)，分布面积至少在$3 \times 10^6 km^2$以上。但目前火山碎屑的来源尚存在争议，有些学者倾向于其是与西伯利亚通古斯玄武岩喷发活动相关的酸性火山喷发活动的产物(Wignall，2001)，但这却很难解释距离西伯利亚更近些的华北地区为何在P—T之交未发现火山灰的事实，也有一些学者认为华南地区的火山灰可能来自峨眉山玄武岩喷发事件，是峨眉山大火成岩省由早、中期基性岩浆转为晚期中酸性岩浆时的产物(彭冰霞，2006)。虽然包括华南和上、中、下扬子在内的中国南方广大地区于P—T之交的火山喷发活动频繁，而且火山喷发事件在时间上与P—T之交的生物灭绝事件具有很好的一致性，然而我们对地质记录中生物大灭绝事件的发生时间和规模、过程及其与火山喷发事件过程和强度的对应关系仍缺乏深入研究，尤其是目前对中国南方地区火山喷发活动机制及其对地球表面水圈和大气圈生物生态环境具有何种影响，以及火山喷发活动会给生物生存环境和生态系统带来什么样的灾难性变化等问题，都还缺乏系统研究。

对中国南方地区P—T之交黏土层中锆石的U-Pb测年及对微球粒和六方双锥石英的成因研究(Yin et al.，2007)表明，P—T之交应该存在全球性的火山喷发活动，并且全球性的火山喷发活动导致水圈和大气圈中CO_2浓度急剧升高，致使全球的生态环境快速恶化，从而造成生物大规模集群死亡并灭绝的观点，已逐渐成为该研究领域的主流观点(Kamo et al.，2003；张素新等，2004a，2004b，2004c，2006，2007；廖志伟等，2015)，这一观点也得到了 P—T 之交古海洋 C 同位素大幅度负偏移现象的印证(Wignall，2001；Xie et al.，2007；Korte and Kozur，2010)。

三、岩浆喷溢期 CO_2 放气作用

据 McLean(1985)对玄武岩喷溢过程中 CO_2 放气作用的研究(图 1-4)，发育于白垩纪—古近纪之交的分布范围达 50 余万平方公里的印度德干高原玄武岩在喷溢过程中，在 $0.53 \sim 1.36$Ma 的时间内，每年可向大气圈增加 $3.9 \times 10^{11} \sim 9.6 \times 10^{11}$g 分子当量的 CO_2，其结果是大气圈因产生温室效应而升温。同时由于大气圈中 CO_2 增加，直接造成海洋表层及浅水区域水体酸化，致使海水同时升温和 pH 降低，形成碳酸盐不能沉淀的低 pH 环境。这种恶化的生态环境首先影响的是钙质浮游微生物及浅水钙质壳生物的生存和繁衍，导致大量生物特别是钙质浮游生物和底栖生物大规模死亡。据此，McLean(1985)认为基性火山岩喷发活动期的 CO_2 放气作用，以及其所造成的气候和海水化学成分及物理化学条件变化的联合效应，可导致生物灭绝。在 P—T 之交的上扬子地区，也发生过大规模的基性岩浆喷溢活动，如西伯利亚通古斯暗色玄武岩的分布面积达 1.5×10^6km^2，中-晚二叠世中国西部有约 3.0×10^5 km^2 的基性岩浆喷溢(包括峨眉山玄武岩、大石包玄武岩和赤丹潭群玄武岩等)，它们可能会产生同样的 CO_2 放气效应，并对生物灭绝事件产生影响(殷鸿福等，1989)。

图 1-4　玄武岩喷溢过程中强烈的 CO_2 放气作用(据 McLean，1985)

四、海平面下降事件

海平面大幅度下降(即所谓的大海退事件)必然会引起滨海和浅海地区生物生存空间急剧缩小和环境变化甚至恶化，从而造成海洋生态系统失衡、崩溃和某些海洋生物集群死亡与灭绝(图 1-5)。自中二叠世末期开始的全球性大海退延续到晚二叠世末期，期间海平面曾发生过大幅度的急剧下降和环境变化与恶化，因此，一些学者用海平面下降来解释二叠纪末生物大灭绝事件(Wignall and Hallam，1992，1993)。然而近几年来，国内外学者在

研究不同地区二叠系—三叠系界线的精细生物地层剖面时,出现如下两个在认识上有所不同的意见:

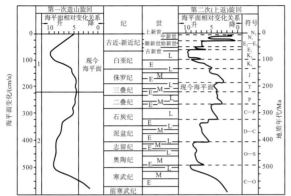

图 1-5　二叠纪末基于大海退导致浅海生物生存环境变化并促使生物大灭绝关系示意图

(1)全球性大海退并未延续到二叠纪末,而是更早一些时间,因此,真实的海侵并不是始于三叠纪初,而是始于晚二叠世末期的某一个时间段内(Wignall and Hallam,1992,1993;Yin and Tong,1998;Hallam and Wignall,1999;Yin et al.,2001;Erwin et al.,2002),即海退折向海侵的演化发生在晚二叠世还未结束的某一个时间段内,因而二叠系—三叠系界线并非形成于晚二叠世末期的海退过程中,而是形成于晚二叠世还未结束的海侵过程中。据国内学者吴亚生等(2003,2006a,2006b,2018)和吴亚生(2006)对中、上扬子地区二叠系—三叠系界线地层的研究,他们于多个剖面的 P—T 界线位置处发现了海平面大幅度下降的证据,因而对二叠系—三叠系界线形成于晚二叠世末期海侵过程中的观点提出了质疑并进行了修正。周刚等(2012)在对华蓥山二叠系—三叠系界线地层剖面的研究中也发现了以发育古土壤层、古暴露面和缺失部分牙形刺化石带与地层为特征的海平面大幅度下降证据。

(2)晚二叠世末期的大海退实质上并非在形成界线前或在界线处结束,即其在牙形刺化石 *Hindeodus parvus* 首现之后的早三叠世初期仍持续了一段时间,就中、上扬子地区而言,飞仙关组底部深水相的紫红色薄板状泥灰岩对上二叠统长兴组(或大隆组)礁滩相灰岩的沉积超覆,意味着真实的海侵才开始。

近期的研究表明,中二叠世末期开始的海退过程并非连续的海平面下降过程,而是穿插有海平面幕式上升变化的过程,而单一且连续的海退过程无法解释深水相生物与浅水相生物,以及海相生物与陆相生物等不同生态环境中的生物同时快速灭绝的原因。因此,难以用海平面下降这个单一因素解释生物大灭绝事件。事实上,P—T 之交海平面大幅度下降事件与生物大灭绝事件之间虽然有一定的联系,但是现在还不能确定海平面大幅度下降事件就是导致生物大灭绝事件的唯一原因,二者之间的因果关系还需做进一步的深入研究。

五、海洋贫氧事件

国内外部分沉积地质学和古生物学研究者，从生物扰动和微层理等沉积构造、沉积硫化物（如莓状黄铁矿）、自生矿物（白云石和海绿石等）、微量元素、有机地球化学特征及古生态条件（贫氧遗迹生物、底栖生物群落）等多个角度，论证了海洋严重贫氧可导致生物大规模死亡乃至灭绝（图 1-6），同时还论证了 P—T 之交于全球范围内曾发生过海洋严重贫氧事件（胡修棉等，2001；Wignall and Twitchett，2002；Grice et al.，2005），并由此提出 P—T 之交生物大灭绝事件是由海洋严重贫氧所导致的假说，但不同的学者提出的海洋严重贫氧假说有所不同，可归纳为如下三种。

图 1-6　海底贫氧可导致生物大规模死亡

（1）Wignall 和 Twitchett（2002）提出静滞海贫氧模式，他们认为 P—T 之交全球海洋的深部长时间处于静滞状态，时间长达 20Ma，因而此假说被称为静滞海贫氧假说。

（2）Grice 等（2005）提出的浅水透光带贫氧假说。

（3）南京大学胡修棉等（2001）提出的海洋氧气含量最小带变化所导致的海洋不同深度水体贫氧假说。

在上述几个假说中，以 Wignall 及其合作者对深海相的 P—T 界线贫氧事件的研究最为深入，公布的文献资料也最多（Wignall and Hallam，1992，1993；Wignall and Twitchett，1996，2002；Twitchett and Wignall，1996；Hallam and Wignall，1999；Wignall et al.，2005）。例如，他们对日本西南部深海二叠系—三叠系界线处硅质岩和黏土岩的研究表明，P—T 之交泛大洋应该为静滞海，贫氧事件发生在长兴末期大海退之后迅速发生的海侵之际，与生物灭绝线基本吻合。因此，他们认为海平面上升导致了海洋贫氧，并由此来支持静滞海贫氧模式。而我国学者方宗杰（2004a，2004b）认为，在长达 20Ma 的时间内海水保持静滞不变从而形成严重缺氧环境的可能性不存在，在长时间的贫氧事件发生过程中应该会存在阵发性的通气和补氧事件。但晚二叠世末期西伯利亚通古斯玄武岩的强烈喷发作用，有可能使海洋翻转、甲烷水合物强烈释放以及全球气候变暖，在较短的时间内导致大洋水体循环减弱，大洋底部因氧气补充不足而逐渐形成严重贫氧环境，海水遭受毒化而造成生物大规模死亡和灭绝。在上述假说中，无论是哪种假说，有一点是共通的，即生物灭绝事件与海洋严重贫氧事件有直接的关系。

六、甲烷水合物释放事件

甲烷水合物也称可燃冰，是甲烷与水的混合物在低温高压条件下形成的类似冰状结晶体的化合物，在常温和常压下可立即分解和释放出甲烷和水。地球上约20%的陆地和90%的海域存在甲烷水合物，甲烷水合物常见于高纬度或高原冻土带及大洋的大陆架、陆隆和海沟的深水海底环境中，其中以分布于深水海底的甲烷水合物最为丰富(图1-7)。据甲烷水合物资源统计数据，地球上甲烷水合物中所含有的碳资源总量是煤、石油和天然气所含碳资源量总和的2倍(方宗杰，2004a，2004b)。在组分特征上，甲烷水合物以富含轻碳同位素为显著特征，其 $\delta^{13}C$ 值一般为-60‰，因而大多数研究者将此作为微生物成因标志。甲烷水合物一般处于亚稳定状态，容易发生分解，从而使大量甲烷被释放到海水和大气圈中并发生燃烧，导致灾难性后果。目前对于地质历史中曾发生过的多次 C 同位素大幅度负漂移现象，由于用传统的碳循环模式无法给出合理解释，因而多数研究者认为这是甲烷水合物突然释放的结果。例如，Erwin 早在 1993 年就表示二叠纪末 C 同位素负漂移异常现象与甲烷水合物释放事件有关，后来越来越多的学者将二者联系在一起(Krull and Retallack，2000；Wit et al.，2002；Ryskin，2003；Retallack et al.，2006)；此外，Krull 和 Retallack(2000)发现高纬度地区有机碳的 $\delta^{13}C$ 负漂移幅度明显大于低纬度地区，而他们用当今甲烷水合物的实际分布状况来解释这一按纬度分布的 C 同位素负漂移异常现象。基于这种解释，Ryskin(2003)推测二叠纪末发生的 C 同位素大幅度负漂移，可能与海底甲烷水合物突然释放并发生燃烧进而形成灾难性事件有关，并由此导致了全球性生物大灭绝事件；Retallack 等(2006)也依据 C 同位素大幅度负漂移证据提出，P—T 之交发生的甲

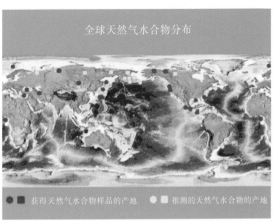

图 1-7　现代全球天然气水合物的分布(据 Kvenvolden 和 Lorensen，2001)

烷水合物大规模突然释放导致了动植物的死亡，以及珊瑚礁和湿地等生物生存环境的贫氧及温室效应增强等灾难，是引发生物大灭绝事件的主要原因。

造成甲烷水合物突然释放的原因众多，不同研究者的认识不同，包括星球撞击、海底火山喷发及海底滑坡等突发性事件都可以引发甲烷水合物突然释放，但目前倾向于认为海底火山突然喷发是造成深海底甲烷水合物突然释放的主要原因。

七、海洋酸化事件

海洋作为地球表面最大的碳库，不断地从大气圈中吸收 CO_2，从而调节大气圈中 CO_2 的浓度，起到缓解全球气候变暖的作用。但是，海洋吸收的 CO_2 酸性气体数量的持续增加，可导致海洋表层水的碱度下降，引起海洋酸化等环境问题(唐启升等，2013)。海洋酸化将引起海水的化学(碳酸盐系统及物质形态)、物理(声波吸收)环境条件和生物生命活动过程发生一系列变化，从而引起生物赖以生存的海洋的化学和物理等环境条件发生变化，并导致海洋生物的代谢过程受到影响，引起海洋生态系统的稳定性发生变化甚至崩溃(Gao et al.，1993；Hester et al.，2008；Riebesell，2008；Felly et al.，2009；王鑫等，2010)。海洋酸化同时还会引起钙质生物的钙华速度降低(图 1-8)，对非钙化光合生物和非钙质动物的呼吸作用以及利用电场的生物的生理及行为也会产生很大的影响(陈雄文和高坤山，2003；Zhang et al.，2012)，结果导致生物减少和生物大灭绝事件发生。因此，部分研究者认为发生在 P—T 之交的海洋酸化事件，是造成海洋生态系统崩溃与生物大灭绝事件的主要原因。

图 1-8　海洋酸化引起海洋生态系统变化和钙质生物钙华速度下降

图片来源：https://m.hankookilbo.com/News/Read/201606250483262573

八、大陆风化作用增强事件

中国科学技术大学的肖益林和沈延安团队在 2017 年系统地测定了浙江长兴煤山二叠系—三叠系界线"金钉子"剖面的 Li 同位素组成，并通过动态模型计算和重建了 P—T

之交地质时期海水的 Li 同位素组成及其变化趋势(Sun et al., 2018)。该项研究成果于 2017 年被公布在教育部科技网上。该研究成果认为,P—T 之交海水中的 Li 同位素组成发生了较大幅度的降低,并一直持续到早三叠世初期,说明当时发生了快速增强的全球性大陆风化作用;同时,海水的 Li 同位素变化与地质历史中最大规模的火山活动——西伯利亚通古斯玄武岩的喷发在时间上高度吻合,表明这一时期全球性大陆风化作用突然增强很可能与西伯利亚通古斯玄武岩的大规模喷发有关,即由火山喷发造成的温室气体浓度急剧升高、全球性酸雨气候等为全球性大陆风化作用增强提供了必要条件,并且迅速增强的大陆风化作用将地表巨量的离子和营养盐输送至海洋,从而引发海水的富营养化和酸化,进而导致产生海水缺氧、海水透光性降低等危及当时海洋生物生存的环境因素(图 1-9),当这些环境因素的效应积累到海洋生物所能承受的临界值时,便出现海洋生态系统崩溃并造成生物在短时间内大量灭绝。肖益林和沈延安团队认为,在这一地球表层系统的转化过程中,联系海洋和陆地生态系统的“纽带”——使大陆风化作用增强的环境因素很可能在距今约 2.51 亿年前的生物大灭绝事件中起到了关键作用。

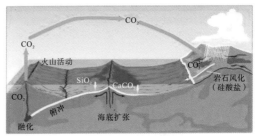

大陆风化作用　　$CO_2+CaSiO_3 \longrightarrow CaCO_3 + SiO_2$

图 1-9　大陆风化作用增强将导致产生海水富营养化、酸化、缺氧和
透光性降低等危及海洋生物生存的环境因素(据肖益林等,2018)

第三节　科学问题、研究内容、样品采集和分析

一、主要科学问题

随着对 P—T 之交界线地层和生物大灭绝事件的研究不断加强、深入和系统化,以及新技术、新方法及新理论的应用,许多沉积学和古生物学研究者都认识到火山喷发作用是引起环境大规模变化、污染和恶化的主要原因之一,因而他们非常注重于研究和描述火山喷发作用与生物灭绝事件在成因上的因果关系,而且越来越多的研究者相信大火成岩省的火山喷发作用是引发 P—T 之交生物大灭绝事件的主要原因。然而已有的研究成果往往碍于野外地质条件,如地层出露状况、露头的新鲜程度,尤其是火山岩出露的完整性和保存状况,从而致使研究精度受到很大的影响。例如,在已公布的文献资料中,前人对 P—T 之交界线地层研究成果的描述主要集中在对岩石地层和生物地层的划分与对比、古地磁测量、黏土层岩石矿物组分、微球粒成因类型、元素地球化学特征等方面,描述的内容也多侧重于宏

观层面，特别是对火山岩元素地球化学特征的研究主要集中在对界线地层黏土岩的铱丰度测量方面，而对主量元素、微量元素、稀土元素和稳定同位素地球化学特征的研究仍较为薄弱。同时，就火山的喷发强度、喷发频度及其与其他地质事件的关系和对 P—T 之交生物生存环境的影响而言，研究程度也相对较低。因此，针对所存在的薄弱环节，本书选择如下三个方面作为拟解释的主要科学问题和研究目标。

（1）分析 P—T 之交所发生的一系列重大地质事件，特别是对火山喷发事件进行深入系统的研究。

（2）分析火山喷发事件与其他重大地质事件的内在联系。

（3）探索生物大灭绝事件与其他重大地质事件，尤其是与火山喷发事件的因果关系。

本书针对所面临的主要科学问题和研究目标，选择位于东特提斯构造域的上扬子地区西缘 P—T 之交海相地层发育和出露好的龙门山北段广元羊木镇龙凤剖面、华蓥山中段华蓥山涧水沟剖面，以及中梁山中段重庆尖刀山剖面的二叠系—三叠系界线地层为研究对象，重点分析和解答 P—T 之交火山喷发事件及其与其他一系列重大地质事件，特别是与生物大灭绝事件的因果关系。需要特别指出的是，位于龙门山北段西侧的广元羊木镇龙凤 PTB 界线，其晚二叠世晚期至早三叠世初期的火山喷发活动不仅非常强烈，而且很频繁，可谓是迄今为止在上扬子地区乃至整个扬子区和华南区所发现的 P—T 之交火山喷发活动最为活跃和强烈的地区之一，其剖面也是 PTB 界线地层出露较好和保存较完整的剖面之一，是研究 PTB 界线和 P—T 之交重大地质事件非常难得的理想剖面，其研究成果对于探索 P—T 之交生物大灭绝事件的原因具有极其重要的科学意义。

二、主要研究内容

本书以沉积学、沉积地球化学和古生物学等学科的研究为基础，通过岩石学、古生物学和沉积地球化学等多学科交叉的综合性研究，以建立火山喷发事件与其他一系列重大地质事件，特别是与生物大灭绝事件之间的关系为主要研究内容，分析各项重大地质事件之间的内在联系，为合理解释 P—T 之交生物大灭绝事件的原因提供基本素材，从而为解释人类当今所面临的重大环境问题提供合理的依据。

本书的研究内容包括如下几个方面。

（1）以龙门山脉北段西侧的广元羊木镇龙凤剖面为重点剖面，以华蓥山地区涧水沟剖面和重庆中梁山地区尖刀山剖面为辅助剖面，对 PTB 界线剖面的二叠系—三叠系地层地表露头进行系统观察、精细测量和系统采样。

（2）描述和鉴定各剖面的岩石类型、岩性组合、沉积构造以及古生物类型和生态特征。

（3）确定二叠系—三叠系界线处沉凝灰岩、硅质岩、页岩和碳酸盐岩的纵向组合、空间分布及其相互之间的关系与变化规律。

（4）分析和描述 PTB 界线处所发生的各重大地质事件，以及各重大地质事件的识别标志、成因机制、发育规律和控制因素。

（5）分析 PTB 界线处各重大地质事件之间在成因上的相互关系，重点分析火山喷发事件与其他各项重大地质事件之间的成因关系，在此基础上探索 P—T 之交发生的生物大灭绝事件的原因。

具体的研究思路和技术路线如图 1-10 所示。

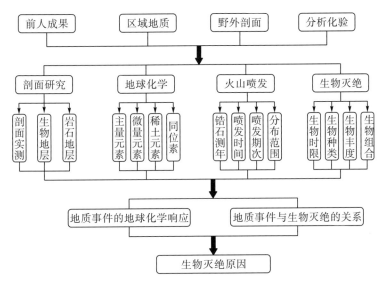

图 1-10 本书研究思路与技术路线图

三、样品采集和分析

(一)样品采集

1. 采样位置

本书所采集的样品都来自上述实测的三条 PTB 界线的地层剖面,其中龙门山北段的广元羊木镇龙凤 PTB 界线地层剖面位于龙凤山采石场新剥离的地表,其露头新鲜、地层连续性好,而且与 PTB 界线相关的地层始终维持在深水环境的沉积相状态,无明显大幅度的深、浅水变化和沉积环境迁移或沉积间断现象,因而十分有利于 PTB 界线地层及相关地质事件的研究,特别是有关生物大灭绝事件与其他重大地质事件相关性的研究,同时也非常有利于样品的采集工作。因此,本书将广元羊木镇龙凤剖面列为重点研究对象,研究中需要的各类样品主要来自该剖面。位于乡村公路边的华蓥山涧水沟剖面受出露范围有限的影响较大,研究中主要较为系统地采集了 PTB 界线两侧地层的样品,而位于山坳小路边的重庆尖刀山剖面,受地表露头出露不全和覆盖层较厚与露头岩石不很新鲜的影响更大,本书主要采集用于地层对比的岩石和古生物样品。

根据 P—T 之交界线地层的岩性、岩相变化规律和区域对比关系,在详细划分与描述小层的基础上,在三条 PTB 界线的地层剖面实测过程中,尽可能系统地逐层采集用于岩石学、矿物学、沉积学、地层古生物学和地球化学研究的样品,其中对地球化学研究样品采用了无污染密封包装方式。

2. 样品分类

采自上述 3 个 PTB 界线地层剖面的样品按岩性分为石灰岩、硅质岩、沉凝灰岩、泥页岩和白云岩 5 个主要的沉积岩类型，每件样品的重量尽可能保证在 2kg 以上，个别难采的样品也保持在 1kg 左右。样品按实测剖面中采样位置的小层号依次进行编号，即样品编号与小层编号相对应，其中用于稳定同位素分析的样品尽可能采集于泥晶灰岩和灰岩中的介壳化石，而用于提取火山锆石晶屑和进行锆石 U-Pb 测年的样品仅取自广元羊木镇龙凤剖面的沉凝灰岩。样品具体的采集层位、编号、数量、岩性和分析项目类型及分析结果见各相关章节。

3. 样品处理

采集样品后按如下程序进行处理。

(1) 对在野外剖面测得的资料和采集到的样品进行室内整理与分类，统计所采样品的岩石类型，生物化石的种类、含量和保存状况，生物的生态特征和组合类型。

(2) 磨制各类岩石的薄片，在偏光显微镜下进行观察和鉴定，查明每块样品的岩石类型、沉积构造、组构和物质组分等基本特征，确保样品成因类型和物质组分的可靠性。

(3) 在确定样品的岩石类型、物质组分和成因特征可靠性的基础上，制备进行地球化学分析用的样品，将样品粉碎缩分后，借助双目显微镜对样品进行分拣，避开重结晶斑块、胶结物和方解石脉，以确保样品的可靠性，然后取 50g 用玛瑙碾钵碾磨至能过 200 目筛的细粉。每件样品分成 6 份，每份 5g，分别用于常量元素、微量元素、稀土元素以及 C、O 同位素和 Sr 稳定同位素分析，1 份留作备用的副样，其中用于常量元素分析的样品要进行烧失量测定。

(4) 首先将系统采集的石灰岩牙形刺化石样品(约 1kg)粉碎成米粒大小的颗粒，并用体积分数为 3% 的乙酸进行浸泡，每 2～3 日换一次浸泡液，待碳酸钙完全溶解后用蒸馏水将不溶物洗净，然后在温度为 50～60℃的烘箱内将其烘干(或直接在太阳下晒干)，最后在双目显微镜下挑选牙形刺化石，制备用于扫描电镜照相、鉴定和命名的标本。

(5) 将系统采集的沉凝灰岩样品风干后称重 1kg，并粉碎成米粒大小的颗粒，用蒸馏水浸泡数日，待其软化后淘洗。将沉凝灰岩中的黏土矿物与碎屑物质分离后，缩分出 5～10g 碎屑物质(视碎屑物质质量分数而定)，用重液进行浮选，去掉轻矿物和杂质，选出重矿物。在双目显微镜下挑选火山锆石晶屑，用缩分法统计每千克样品中火山锆石晶屑的颗粒数(或相对密度)，制备用于火山锆石晶屑标型特征描述和 U-Pb 测年的标本。

(6) 制备好的样品分别送相关检测单位进行各项检测和分析化验(相关检测和分析化验项目与分析单位详见第三章相关章节)。

(二) 样品分析

1. 牙形刺化石分析

牙形刺化石标本送中国科学院南京地质古生物研究所进行扫描电镜照相、鉴定和命名，鉴定和命名是在该研究所王成源研究员的指导下完成的。

2. 锆石标型特征和 U-Pb 测年

制备好的火山锆石晶屑标本送武汉上谱分析科技有限责任公司进行扫描电镜照相，在对晶体形态、大小和阴极发光性等标型特征进行描述的基础上，进行 U-Pb 测年。用于锆石 U-Pb 测年的仪器如下：主检设备为安捷伦电感耦合等离子体质谱仪（Agilent 7900）、相干 193nm 准分子激光剥蚀系统（GeoLasProHD）；处理软件为 ICPMSDataCal（V10.7）。标准样品、检测环境、质量监控和仪器及工作参数都符合国际标准。

3. 元素分析前的烧失量测定

烧失量测定由承担常量元素、微量元素、稀土元素和稳定同位素分析工作的青岛斯八达分析测试有限公司完成，烧失量测定程序如下。

（1）取适量样品置于小烧杯中，将小烧杯放于烘箱，105℃烘干 2h。

（2）取出烘干的样品后，将其置于干燥器中冷却至室温。

（3）记录坩埚重量，精确至 0.0001g，于坩埚中称取约 0.5g 样品，记录坩埚和样品总重量，精确至 0.0001g。

（4）将坩埚盖斜置于坩埚上，用马弗炉将坩埚加温至 500℃后灼烧 30min，再加温至 900℃灼烧 30min。

（5）取出坩埚并将其置于干燥器中冷却至室温，称量，反复灼烧，直至恒量。然后利用下列公式计算结果：

$$\omega = \frac{(m_2 - m_3)}{(m_2 - m_1)} \times 100$$

式中，ω 为烧失量；m_1 为坩埚重量，g；m_2 为烘干后坩埚和样品总重量，g；m_3 为灼烧后坩埚和样品总重量，g。

将烧失量校正后的样品分别用于进行常量元素、微量元素、稀土元素和稳定同位素分析。采用的分析仪器和技术方法如下。

（1）常量元素分析。样品分析由中国地质科学院矿产综合利用研究所分析测试中心承担和完成，测试仪器为 OPTIMA 2000DV，检测依据为《感耦等离子体原子发射光谱方法通则》（JY/T 015—1996），分析结果以单元素含量表示，检测限 0.001%，误差 0.002%。分析项目为 SiO_2、Al_2O_3、CaO、Fe_2O_3、K_2O、MgO、MnO、Na_2O、P_2O_5 和 TiO_2。

（2）微量元素和稀土元素分析。样品分析由青岛斯八达分析测试有限公司承担和完成，采用美国热电公司 IRIS Intrepid Ⅱ XSP 型 ICP-OES 流程测试，仪器为 PE 公司 ELAN9000ICP-MS 质谱仪，其具有干扰程度低、精密度高、线性分析范围广、同时或顺序进行多元素测定的能力强和分析速度快等优点。具体操作参照 Qi 等（2000）及殷学博等（2015）的流程进行：①准确称取 0.04g 样品并置于特氟龙（Teflon）杯中，加入 0.5mL HF 和 1mL HNO_3 后密封；②在 180℃的温度下将样品分解 12h，然后取出并冷却；③将样品置于 150℃的电热板上蒸干，再加入 1mL HNO_3 和 1mL H_2O 后密封，并于 150℃下密封溶解 12h，然后冷却；④取出特氟龙杯，称重稀释到 40g（稀释倍数约 1000 倍），用于微量元素 ICP-MS 测定；⑤将 ICP-MS 测试仪器灵敏度调整为 30000cps，测试标准为 GBW07315（硅质沉积物）、GBW07316（泥质沉积物）以及 GBW07128 和 GBW07133（碳酸盐岩），结果与推荐值基本一致，大部分微量元素分析结果的相对误差为±(5%～10%)。

(3)C、O 同位素分析。C、O 同位素分析由西南大学地球化学与同位素实验室完成，仪器为 Delta Ⅴ Plus 和 Kiel Ⅳ Carbonate Device，$\delta^{13}C$ 分析误差为 0.006～0.042，$\delta^{18}O$ 分析误差为 0.009～0.043。

(4)Sr 同位素分析。C、O 和 Sr 同位素样品分析都由青岛斯八达分析测试有限公司承担和完成，每一件样品都取 70mg 左右，粉碎至能过 200 目筛，用 0.8mol/L 的 HCl 于特氟龙杯中溶样(2h)，离心后清液通过 AG50W-X12(H$^+$阳离子交换柱)，以 HCl 作淋洗剂分离出纯净的 Sr。Sr 同位素测量在 MAT262 固体同位素质谱计上进行，全流程空白本底为 2×10^{-10}～5×10^{-10}g，误差以(±)2σ 表示，对 NBS 标样的测定结果为±16(2σ)。

(三)综合研究

1. 地质与地球化学综合研究

在区域地质、地层和界线剖面地质特征研究的基础上，本书对硅质岩、石灰岩和少量的白云岩进行了主量元素、微量元素、稀土元素和 C、O、Sr 稳定同位素分析与地球化学特征综合研究。

2. 数据处理

通过统计学方法对矿物和元素地球化学分析测试结果进行分类对比，确定其分布规律、异常和特征值。

3. P—T 之交重大地质事件综合研究

P—T 之交重大地质事件综合研究的内容包括如下几个方面。

(1)确定 PTB 界线的类型、确切位置和区域 PTB 界线地层的对比关系。

(2)统计采集的沉凝灰岩样品的信息(包括选送的火山锆石晶屑的标型特征描述、阴极发光分析结果和锆石 U-Pb 测年结果等)。

(3)对沉凝灰岩进行系统的主量元素、微量元素和稀土元素分析，探讨火山喷发活动的主要特征，包括火山碎屑岩的成因类型、物质组分和地球化学特征，以及火山喷发强度、火山喷发频度、火山物质来源和火山活动对环境的影响。

(4)详细描述 P—T 之交所发生的重大地质事件，分析 P—T 之交火山喷发活动与其他重大地质事件和生物大灭绝事件的关系。

(5)在上述研究的基础上，通过对上扬子地区 P—T 之交所发生的重大地质事件的综合分析，对生物大灭绝事件的原因作出解释。

第二章 区域地质概况

第一节 区域构造特征

一、大地构造位置和沉积基底性质

扬子板块即在以往的研究中被称为"扬子地台"的构造单元,夹持于秦岭山脉与南岭山脉之间,西自红河断裂带向东延伸到南黄海,东西长 2000 km 以上,南北宽 200~400 km,呈西宽东窄的不规则拳头状。由于长江下游河段即扬子江的主流自西向东贯通该板块,因而该板块被冠名为"扬子板块(或扬子地台)"。对应长江上、中、下三个流域,扬子板块被划分为上、中、下三部分,分别被命名为上扬子地区、中扬子地区和下扬子地区,因而在大地构造位置上,本书的研究区域位于扬子板块西部的上扬子地区西北缘。

上扬子地区基本上处于四川盆地所在的区域范围(郝子文等,2006),自早元古代晋宁运动开始,先形成四川盆地的"陆核"型沉积基底(罗志立,1979)。所谓的"陆核"型基底最早由罗志立提出,系指四川盆地中部、华蓥山以西的川中地区的刚性汉西地块,在区域地质研究中其又被称为"川中陆核"。该"陆核"的形成是晋宁期古板块弧前火山活动的产物,"陆核"有以深变质岩为主体的稳定刚性基底区,仅东部的基底由浅变质的板溪群组成,边缘分布有一系列晋宁期花岗岩体,如峨眉山花岗岩、宝兴花岗岩、大水闸花岗岩和汉南(鹰咀崖)花岗岩等,这些花岗岩的绝对年龄都在 8 亿年左右。自"川中陆核型沉积基底"形成之后,基底上覆盖了震旦系至中三叠统海相地层和上三叠统至白垩系陆相地层组成的沉积盖层,并经历了极为复杂和漫长的构造演化历史。

四川盆地的雏形形成于印支期,后经燕山期和喜马拉雅期多次构造运动叠加改造,于新近纪才全面褶皱回返成为现今呈菱形外貌的盆地构造格局(图 2-1)。位于四川盆地西北一侧的是龙门山台缘断褶带,向西逐渐过渡为松潘-甘孜地槽褶皱系,而向北过渡为秦岭地槽褶皱系。盆地东南侧为包括华蓥山和重庆中梁山在内的八面山断褶带。

上扬子地区西北缘即四川盆地西北缘的龙门山地区,具有褶皱基底与更古老的结晶基底双层结构,其中褶皱基底为黄水河群变质岩系,在横剖面图上其呈凹形分布在龙门山地区至梓潼与盐亭中间一带,厚度以中坝和梓潼中间一带为最厚,向南东方向逐渐减薄并尖灭于梓潼与盐亭之间,向北西龙门山地区方向先变薄后增厚,中坝地区最薄,龙门山地区最厚。向东至四川盆地中部的川中地区,包括华蓥山以西的汉西地块在内,基底为经早元古代晋宁运动形成的"陆核",具单层型结晶基底结构,并具有重磁场异常的特征,如在川中嘉陵江至广深 1 井一线等地揭露的结晶基底,为基性火成岩;从嘉陵江向北西方向延伸,结晶基底为中-基性火成岩;而向东至华蓥山至黄泥堂一带,褶皱基底在剖面图中也表现为凹形,岩性为板溪群浅变质岩系,铜锣峡至大天池一带较厚且厚度大致相等,但向北西和南东两个方向厚度都逐渐减薄，并分别尖灭于华蓥山和黄泥堂两地。四川盆地沉积基底的总体特征为结晶基底主要分布在川中地区，岩性主要为深变质基性火成岩，而其余地区主要为元古界黄水河群或板溪群浅变质岩系组成的褶皱基底。包括大巴山及南秦岭地区在内，四川盆地北缘的褶皱基底，主要由元古代的鱼洞子群和后河群浅变质岩系组成。

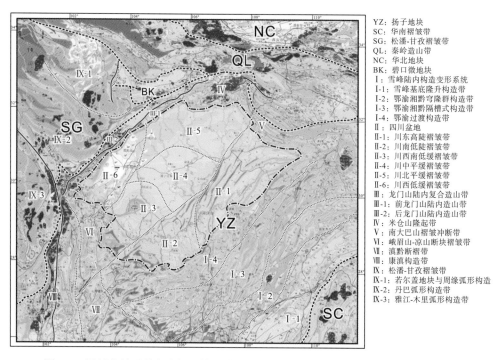

图 2-1   四川盆地形貌和上扬子构造单元划分简图[据《中国地质图集》(2002 年)]

二、区域构造单元划分和演化史

据关士聪(1989)和廖曦等(1999)对原型盆地叠置关系的研究和总结，可确定四川盆地的原型盆地在中三叠统及更早时间段的古生界为一向西倾斜的盆地，与上覆上三叠统和侏罗-白垩系盆地为继承式叠置关系，特征是上、下不同时代盆地的沉积范围、沉降中心与沉积中心基本一致，二者上下叠合在一起。而在早-中侏罗世与晚侏罗世之间，四川盆地的原型盆地与上覆盆地表现为迁移式叠置关系，特征是上、下不同时代盆地的沉降中心向东侧迁移，盆地的沉降中心与沉积中心之间局部交错。叠置盆地在横向上的配置关系如下：在震旦纪—奥陶纪和中二叠世—中三叠世时期，表现为裂谷盆地与克拉通内盆地的组合；在晚三叠世，盆地西部表现为前陆盆地，盆地东部则表现为克拉通盆地(或陆内拗陷盆地)组合。

(一)构造单元划分和特征

根据基底性质、结构特征、所受应力状况及现今的褶皱形态与断裂性质，将四川盆地划分为 4 个构造单元和 11 个次级构造单元，各构造单元及次级构造单元的特征阐述如下。

1. 构造单元 I ——川中平缓褶皱区

该构造单元主要受盆地硬性基底的控制，因而被称为基底控制构造域，可细分为 3 个次级构造单元。

I₁——威远、龙女寺块状隆起构造带：构造主要为北东向展布，受南部峨眉—瓦山断块抬升作用影响，属于在早期古隆起基底上形成的继承性隆起。

I₂——川中梯状低平构造带：位于盆地中部，具刚性基底性质，覆盖层受力较弱，因此变形小，构造带展布的规律性较差，在南充、射洪主要为近东西向展布，北部多为顺时针旋扭，为低幅度丘状隆起。

I₃——自贡低、中褶皱构造带：受北西、南东向挤压应力的影响，该区域形成低、中幅褶皱带，构造线主要呈北东向展布和延伸。

2. 构造单元 II ——川东高陡褶皱区

该构造单元的形成与演化主要受齐曜山断裂带和在高陡背斜褶皱过程中作为滑脱层的志留系的分布影响，因而又被称为齐曜山影响构造域，可细分为 3 个次级构造单元。

II₁——川东高陡构造带：受北西向挤压应力作用影响所形成的高陡背斜构造带，构造线主要呈北东向展布和延伸。

II₂——川东高-中复合式构造带：构造分区明显，在永川以近南北向和北北东向展布的高陡背斜为主，向南(阳高寺)逐渐平缓，且出现东西向与近南北、北东向展布的构造复合，最南端构造以东西向展布为主。应力有南北向与北西、南东向(受南部黔北隆起与华蓥山、中梁山断裂带控制)。

II₃——川东北迭瓦式复合构造带：构造复合明显，高家坝、黄金口东南主要发育北东向展布的叠瓦断背斜构造，西北主要发育北东向切割北西向的构造，其形成主要受北侧大巴山北东向、南西向应力与西侧华蓥山北西向、南东向应力的复合作用控制。

3. 构造单元 III ——川西推覆褶皱区

该构造单元的形成与演化主要受龙门山断裂带逆冲推覆作用控制，因而又被称为龙门山控制构造域，可细分为 2 个次级构造单元。

III₁——灌县、名山高-中构造带：构造主要为北东向展布，为喜马拉雅中晚期北西-南东向挤压应力形成的褶皱。褶皱、断裂发育深浅层位均有，褶皱幅度大、断裂陡。

III₂——龙泉山、熊坡推覆带：构造主要为北东向展布，为喜马拉雅中晚期北西-南东向挤压应力形成的断展褶皱，褶皱幅度较小，断裂上陡下缓并消失在雷口坡组。

4. 构造单元 IV ——川北低平褶皱区

该构造单元的形成与演化主要受秦岭造山带控制，因而可被称为秦岭控制构造域，但其在形成过程中也受龙门山断裂带逆冲推覆作用影响，可细分为 3 个次级构造单元。

IV₁——龙门山北段山前推覆带：构造主要为北东向展布，与断裂带展布一致，主要受龙门山断裂带北西向逆冲推覆作用控制，但龙门山北段也受秦岭造山带的挤压应力影响，主体为一系列与断裂伴生的背斜、向斜复合构造。

Ⅳ₂——梓潼平缓构造带：构造展布不规则，由于龙门山推覆带在该区带的挤压构造应力已经释放，米仓山前缘对该区带的作用也较微弱，导致该次级构造单元展布不规则，且多为简单褶曲构造。

Ⅳ₃——通江低平构造带：构造展布总体上为北东向，大巴山、米仓山对该区带作用较弱，加上中、下三叠统石膏、盐岩层发育，因而构造带多属盐拱构造。

在上述构造单元划分方案中，构造单元Ⅰ～Ⅲ是以华蓥山断裂带和龙泉山断裂带为界，而构造单元Ⅳ是以川中古隆起的边缘为界，因此，现今的四川盆地是在多方向构造作用、多因素和多方位构造复合控制作用以及多期次构造叠加作用下形成的叠合盆地。

(二)区域构造演化史

自震旦纪以来，四川盆地的沉积盖层经历了十余次构造运动的叠加改造(图 2-2)，其中包括被动大陆边缘-克拉通盆地海相碳酸盐岩台地，类前陆盆地陆相含煤碎屑岩和红层

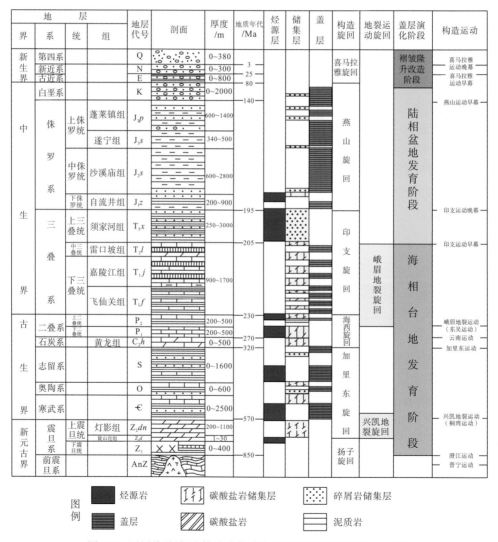

图 2-2　四川盆地地层-构造演化综合柱状图(据刘树根等，2011)

建造，以及褶皱隆升改造三大构造演化阶段。其中震旦纪至白垩纪以振荡性升降为主的构造运动，表现为沉降—隆起—剥蚀—再沉降的多旋回往复过程（刘树根等，2008），主要的区域构造运动演化史简要描述如下。

1. 兴凯地裂运动

晚震旦世发生的兴凯地裂运动使陡山沱组和灯影组广泛超覆在时代更古老的沉积基底之上，形成四川盆地的第一个沉积盖层——震旦系，其上连续沉积了寒武纪、奥陶纪和早-中志留纪的下古生代地层。

2. 加里东运动

晚志留世发生的以川中块体强烈隆升为特征的加里东运动，形成了继承性发展演化的加里东古隆起，四川盆地范围内特别是川中的古隆起，于二叠纪沉积之前基本上都处在以剥蚀为主的"准平原化"状态，因此川中古隆起的大部分区域缺失泥盆纪和石炭纪的沉积，而其四周的泥盆纪和石炭纪地层则具有向川中古隆起方向依次超覆沉积的特点。

3. 海西运动

海西期四川盆地构造运动主体以沉降为主，泥盆纪至石炭纪的沉积以向川中古隆起方向依次超覆为特征，至早二叠世初期（梁山期）盆地开始进入缓慢拉张和稳定沉降状态，早二叠世至中二叠世广泛发育海侵沉积，至中二叠世末期（茅口期）发生了峨眉地裂运动（罗志立等，1988），此时盆地构造和沉积作用发生强烈分异，盆地主体以构造隆升为主，发育了在中二叠统茅口组顶部广泛分布的古风化壳，而盆地西侧龙门山地区的被动大陆边缘则仍以拉张和沉降为主，具有典型的东抬西沉的"跷跷板"运动方式，晚二叠世中、晚期发育有大面积分布的热水硅质岩沉积，以及频繁喷发的基性偏中性火山碎屑岩。

4. 印支运动

印支早-中期四川盆地构造运动仍以稳定沉降为主，早三叠世发生大规模海侵，早、中三叠世经历了开阔台地—局限台地—蒸发台地相的碳酸盐岩—蒸发岩沉积建造阶段，中二叠世末期的印支晚期盆地西缘和北缘开始进入板内碰撞阶段（罗志立和刘树根，2002；刘树根等，2003），四川盆地海相碳酸盐岩的沉积演化历史结束，盆地进入陆相沉积阶段。伴随着龙门山造山带和米仓山-大巴山造山带的形成和多次滑脱、褶皱、逆冲及推覆作用，包括川西拗陷、川东北拗陷以及川中类前陆隆起在内的盆地主体，进入有强烈挤压拗陷和大幅度沉降作用的类前陆盆地演化阶段，盆地充填有大规模的含煤碎屑岩沉积建造（郑荣才等，2008）。而川东南地块整体抬升，形成泸州-开江古隆起，古隆起范围内的中、下三叠统地层因遭到广泛剥蚀而保存不全，发育有多个具古岩溶性质的间断面。

5. 燕山运动

燕山期四川盆地继承了印支早-中期的构造格局，不仅龙门山造山带和米仓山-大巴山造山带的逆冲推覆作用更为强烈，而且盆地东侧的雪峰山地区也进入自南东向北西推覆挤压的造山状态，形成了强烈冲断、褶皱变形、滑脱的川东齐曜山高陡背斜构造带，区域沉积在早期以发育晚三叠纪含煤碎屑岩沉积建造为主,至侏罗纪—白垩纪则以发育红层碎屑岩沉积建造为主。

6. 喜马拉雅运动

在四川盆地经历的十余次构造运动中,只有喜马拉雅运动为显著的褶皱运动,盆地四周边缘在喜马拉雅期持续的挤压构造应力作用下,先后崛起成山,并渐次向盆内迁移,奠定了四川盆地呈菱形形貌这一主要特征。古新世至始新世山前坳陷堆积有巨厚的红层磨拉石建造,之后沉积建造逐渐停滞,取而代之的是以构造变形、隆升和剥蚀作用为主的盆地改造阶段。

三、区域构造-沉积格局

综合区域构造演化特征,不难确定四川盆地古生代至早、中三叠世的海相碳酸盐岩沉积建造于沉积期内虽然发生过近十次以升、降为主的振荡运动,但盆地的主体始终保持拉张构造环境下发育的地台型稳定层序。在构造-沉积格局上,扬子地台为宽阔的浅水大陆架,具有克拉通盆地性质,因而古生代至早、中三叠世的四川盆地是一个发育在浅水大陆架上的相对隆起和稳定的台地,沉积组合以开阔-局限台地相的浅海碳酸盐岩为主,具有延续时间长、时代古老、层系全、厚度大和层位稳定等特征,仅于早三叠世和中三叠世的中、晚期多次转化为蒸发台地和沉积多层巨厚的石膏岩、盐岩。

与海相沉积史相反,四川盆地陆相沉积是在挤压环境下形成沉积层序,于印支-燕山-喜山期依次经历了晚三叠世—侏罗纪、白垩纪的类前陆盆地和古新世至始新世的陆内坳陷盆地两个发展演化阶段,其形成与盆缘四周构造山系,特别是与西北侧龙门山和东北侧米仓山-大巴山两构造山系的逆冲推覆活动息息相关(郑荣才等,2012)。在构造-沉积格局上,分布于盆地西北部和东北部的龙门山、米仓山-大巴山两盆地边缘带,自印支期以来,在构造挤压应力的长期作用下,其上地壳内发生多层次滑脱、褶皱、冲断和推覆构造活动,并向沉积盆地内递进及发生构造侵位,先后形成盆地西北侧边缘的龙门山逆冲推覆构造带和盆地东北侧边缘的米仓山-大巴山逆冲推覆构造带,以及川西前缘坳陷带和川东北前缘坳陷带(郑荣才等,2012)。分布于盆地东南及西南边缘的齐曜山、大相岭构造山系,则是由滨太平洋构造带于燕山早、中期由南东向向北西向挤压而成;燕山晚期至喜马拉雅早期,在龙门山以东有强烈的山前坳陷和磨拉石沉积充填作用,而在齐曜山以东形成了褶曲与冲断相伴随的隔挡式高陡构造带;喜马拉雅中期至今,盆地边缘在构造挤压应力的长期作用下,先后进一步崛起和再次向盆内迁移,造成盆内地块广泛抬升,此时沉积建造逐渐停滞,取而代之的是以构造变形、隆升和暴露剥蚀为主的叠加改造作用。

由此可见,现今的四川盆地是在上扬子克拉通盆地的基础上,叠加有前陆盆地和陆内坳陷盆地改造的多旋回叠合盆地,其形成、发展和演化经历了六个主要阶段,依次为前震旦纪基底形成阶段;震旦纪至中志留世克拉通盆地阶段(或下古生代碳酸盐台地发展演化阶段);晚志留世至石炭纪准平原化阶段;早二叠世至中三叠世克拉通盆地阶段(或晚古生代—中生代早期碳酸盐台地发展演化阶段);晚三叠世至白垩纪类前陆盆地阶段;古新世至今的陆内拗陷盆地阶段。由此，便构成震旦纪—中三叠世海相盆地碳酸盐岩与上覆陆相盆地碎屑岩连续叠置的多旋回叠合盆地构造-沉积格局和充填样式。

第二节 区域地层特征

四川盆地沉积盖层(图2-3)经历了震旦纪至中三叠世克拉通盆地沉积演化阶段，沉积了震旦纪至中三叠世巨厚的以碳酸盐岩为主的海相地层；晚三叠世至白垩纪经历了类前陆盆地阶段，沉积了上三叠统须家河组陆相含煤碎屑岩和以侏罗-白垩系为代表的陆相红层碎屑岩；古新纪的陆内拗陷盆地阶段，除了盆地的周边发育有巨厚的磨拉石沉积建造，盆地的主体以隆升、暴露和剥蚀作用为主。由于各构造演化阶段和构造单元的差异性，盆地不同部位的地层发育有较大的差异，以下主要简单描述川西北地区震旦系至上三叠统小塘子组海相地层和上三叠统须家河组陆相地层的主要特征。

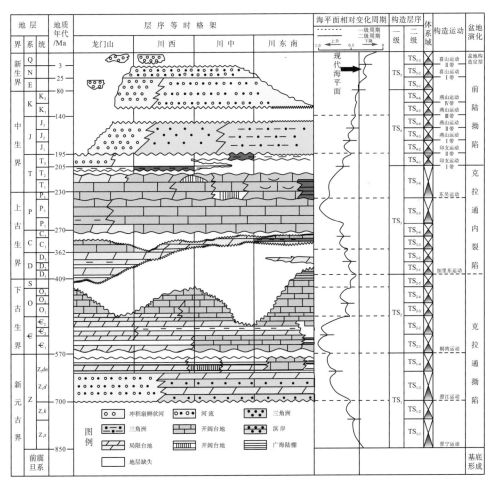

图2-3 四川盆地地层分布及沉积层序综合柱状图(据陈洪德等，2012)

一、震旦系

主要分布在龙门山北段，在龙门山后山地区的轿子顶复背斜及以北地区也有分布，总体上呈北东向带状延伸，可分为上、下震旦统。

（一）下震旦统

自下而上被划分为木座组、蜈蚣口组和水晶组三个组。

1. 木座组

仅在轿子顶背斜核部呈环带状分布，分布范围很小，出露宽度一般在 1km 左右，厚度大于 200m，在盆地的主体范围内无出露。与下伏更古老的地层呈构造不整合接触关系。岩性主要为一套厚层状变质凝灰质砂岩、块状变质含砾砂岩夹薄层状泥质板岩组合的浅变质岩系。

2. 蜈蚣口组

出露范围也限于轿子顶背斜核部及周围，但分布范围较木座组更广一些，厚度大于200m，与下伏地层木座组呈假整合接触关系。岩性也主要为一套绢云母石英千枚岩夹少量薄层状结晶灰岩透镜体和泥质板岩、变质砂岩组合的浅变质岩系。

3. 水晶组

分布范围仍限于轿子顶背斜核部周围，呈环带状，与蜈蚣口组并层出现，二者呈整合接触关系，厚度大于200m。岩性主要为浅灰色结晶白云岩夹白云质灰岩组合。

（二）上震旦统

自下而上被划分为陡山沱组和灯影组两个组。

1. 陡山沱组

厚 26～360m，主要分布在四川盆地东部和东北部的秀山、巫溪、城口等地，以粉砂质页岩、碳质页岩为主，夹白云岩，含菱锰矿。与下伏地层南沱组冰碛层呈整合接触关系。

2. 灯影组

厚 470m，与下伏地层陡山沱组整合接触。自下而上按岩性被划分为四段：灯一段，岩性主要为一套贫藻的浅灰色中-厚层状微-粉晶白云岩，俗称下贫藻层；灯二段，为一套富藻的灰-深灰色中-厚层葡萄状微-粉晶藻白云岩，俗称富藻层（在近期的研究中被确定为微生物岩）；灯三段，也为一套贫藻的浅灰色中-厚层状微-粉晶白云岩，俗称上贫藻层，其顶部发育有一套蓝灰色薄层状泥岩，与灯四段分界；灯四段，岩性较复杂，为一套碎屑岩与硅质条带状微-粉晶白云岩的薄-中层状互层组合。

二、寒武系

寒武系于区域内广泛分布，但主要出露在龙门山后山地区，盆地内深埋地下无出露。自下而上被划分为下、中、上寒武统，共三统十组。

（一）下寒武统

自下而上依次被划分为麦地坪组、筇竹寺组、沧浪铺组和龙王庙组。

1. 麦地坪组

厚30.0～251.3m，与下伏地层灯影组整合接触。岩性主要为含胶磷矿条带状砂质白云岩与薄层条纹状磷块岩的互层组合，为区域内重要的含磷沉积建造层位。

2. 筇竹寺组

厚150～300m，与下伏地层麦地坪组平行不整合接触。岩性为一套碎屑岩、碳质页岩和透镜状磷块岩的互层组合，碎屑岩中发育有风暴流沉积组构，部分地区上部夹薄层状碳酸盐岩。该层位不仅是区域内重要的磷质含矿层位之一，同时也是重要的页岩气有利勘探层位。

3. 沧浪铺组

厚164～229m，与下伏地层筇竹寺组整合接触。岩性下部以紫红色、黄灰色泥岩夹粉砂岩及细砂岩为主，中部夹有中粗粒含砾石英砂岩，上部以石灰岩为代表的海相碳酸盐岩为主。

4. 龙王庙组

厚90～180m，与下伏地层沧浪铺组整合接触。岩性主要为以石灰岩为代表的海相碳酸盐岩，上部发育有沉积后由古表生期风化作用形成的古岩溶体系，古岩溶体系中溶蚀孔、洞、缝非常发育，为川西和川中地区极其重要的天然气储层和产层。

（二）中寒武统

在川西和川中地区，自下而上依次被划分为陡坡寺组和西王庙组。

1. 陡坡寺组

厚50～60m，相当于毛庄阶和徐庄阶，与下伏地层龙王庙组沉积不整合接触。岩性下部主要为灰绿色粉砂质页岩，上部为浅灰色中、厚层状白云岩。

2. 西王庙组

厚150～170m，相当于张夏阶，与下伏地层陡坡寺组整合接触。岩性为一套紫红色含膏盐的粉-细粒砂岩、泥质粉砂岩和粉砂质页岩互层组合，在川北地区局部缺失。

（三）上寒武统

在川北地区缺失，仅在盆地西部有少量分布，称为二道水组；在盆地南部出露较多，称为后坝组或毛田组；而在盆地东部分布较为普遍，称为三游洞组。

1. 二道水组

厚 66～464m，相当于崮山阶、长山阶和凤山阶，但此三个阶的界线在该组中不清。岩性主要为一套碳酸盐岩夹碎屑岩组合，与下伏地层西王庙组整合接触。

2. 后坝组

厚 307m，相当于盆地西部二道水组下部的崮山阶至长山阶，与下伏地层西王庙组整合接触。岩性主要由灰-深灰色厚层至块状层白云岩组成，常夹薄层状或透镜状燧石白云岩，底部为浅灰-灰色厚层状细晶白云岩，夹角砾状或鲕状白云岩。

3. 毛田组

厚 200m，相当于盆地西部二道水组上部的凤山阶，与下伏地层后坝组整合接触。岩性主要为灰色、浅灰色厚层块状灰岩夹白云质灰岩和白云岩组合。

4. 三游洞组

厚 154～280m，相当于盆地西部二道水组，主要分布在城口—巫溪一带，与下伏中寒武统地层整合接触。岩性为一套灰色角砾状白云岩与灰岩互层组合。

三、奥陶系

奥陶系于区域内广泛分布，主要出露在盆地的四周，盆地内深埋地下无出露。在龙门山地区出露也很普遍，自下而上被划分为下、中、上奥陶统，共三统八组。

（一）下奥陶统

自下而上被划分为桐梓组和红花园组。

1. 桐梓组

厚 8～140m，对应两河口阶，在川西、川中和川东北地区都整合于上寒武统之上，而在川北的米仓山地区超覆于中、下寒武统之上。岩性主要为一套滨岸-潮坪相的紫红色、灰绿色细粒长石石英砂岩、粉砂岩夹泥岩组合，在川东地区则相变为一套碳酸盐台地相的灰岩。

2. 红花园组

主要分布于川东北地区，厚 22～80m。对应红花园阶，与下伏地层桐梓组整合接触。岩性主要为一套碳酸盐台地相的灰岩，但在盆地西部相变为混积陆棚相的泥岩、粉砂岩和泥灰岩夹透镜状生物灰岩的不等厚互层组合。

（二）中奥陶统

自下而上被划分为湄潭组和牯牛潭组。

1. 湄潭组

主要分布于川东地区的西侧，厚 27～390m，对应大湾阶，与下伏地层红花园组整合接触。其下部岩性为混积陆棚相的页岩夹粉砂岩和透镜状生物灰岩组合，上部岩性为混积陆棚相的泥质瘤状生物灰岩与砂岩、页岩的不等厚互层组合。

2. 牯牛潭组

分布在城口、巫溪一带，对应牯牛潭阶，厚约 20m，与下伏地层湄潭组整合接触。岩性主要为一套碳酸盐台地相的灰岩，顶部为薄层状含泥质瘤状灰岩。

（三）上奥陶统

该统地层在盆地西南部缺失，在川西地区部分缺失，但在盆地南部和东部地区保存较好，自下而上被划分为十字铺组、宝塔组、临湘组和五峰组四个岩石地层单元。

1. 十字铺组

分布在川南一带，对应庙坡阶，厚度较薄，仅十几米到三十余米，与下伏地层牯牛潭组整合接触。岩性主要为一套含头足类化石的灰岩，顶部为薄层含泥质瘤状灰岩与钙质泥岩的互层组合。

2. 宝塔组

分布广泛，厚 15～58m，对应宝塔阶，与下伏地层十字铺组整合接触。岩性为典型的"龟裂纹"灰岩，含大量的震旦角石化石。

3. 临湘组

于四川盆地范围内的分布局限，仅见于旺苍、南江及峨边—雷波一带，厚仅数米，对应临湘阶，与下伏地层宝塔组整合接触。岩性为薄层状灰岩夹泥岩。

4. 五峰组

于四川盆地范围内的分布也很局限，主要分布于川南和川东地区，厚度很薄，仅数米至十余米，对应五峰阶，与下伏地层临湘组整合接触。岩性较特别，主要为滞留深水陆棚相的薄层黑色碳质页岩夹硅质页岩和粉砂岩组合，富含笔石化石，局部地区顶部发育有一套俗称"观音桥灰岩"的生物碎屑灰岩。五峰组富含笔石的黑色页岩夹硅质页岩组合，是四川盆地东部和南部，以及周边地区最重要的页岩气有利勘探层位之一。

四、志留系

志留系地层单元的划分目前在国际上争议很大，认识很不统一。虽然在 1984 年国际地层委员会批准了志留系四分单元(兰多弗里统、文洛克统、拉德洛统和普里多利统)的决议方案，基本上平息了国际上对志留系地层单元划分的争议，但就中国的实际情况来看，要接受这一决议似乎还有一个过程，目前在习惯上仍采用下、中、上志留统三分方案。本书仍然采用国内常使用的三统六阶划分方案。

（一）下志留统

下志留统于四川盆地范围内分布广泛，保存较好，出露较为普遍和齐全，自下而上被划分为龙马溪组和石牛栏组。

1. 龙马溪组

厚 65~321m，对应龙马溪阶，于四川盆地范围内广泛发育，与下伏地层上奥陶统五峰组整合接触。典型的龙马溪组下部地层岩性为滞留深水陆棚相的黑色碳质页岩夹硅质页岩组合，含大量笔石化石，上部岩性多为浅水陆棚相的深灰色薄层状页岩夹粉砂岩组合，富含钙质结核，含少量笔石化石。需要指出的是，该地层单元下部厚数十米的黑色碳质页岩夹硅质页岩组合，是四川盆地及周边地区最重要的页岩气产出层位，也是迄今为止四川盆地页岩气勘探开发效益最高的层位。

2. 石牛栏组

主要分布在川东南一带，厚 63~169m，与下伏地层龙马溪组整合接触。其下部对应石牛栏阶，岩性主要为一套混积深水陆棚相的薄层状灰黑色钙质页岩与薄层状泥质瘤状灰岩互层组合，夹透镜状生物灰岩；上部对应白沙阶，岩性主要为一套混积浅水陆棚相的灰色泥质瘤状灰岩偶夹黄绿色页岩组合。

（二）中志留统

仅发育在川西、川北和川东南地区，与下伏地层石牛栏阶整合接触，而在川西北地区大部分缺失。在四川盆地深埋地下的该地层单元被称为韩家店组，岩性主要为混积深水陆棚相的深灰色页岩夹薄层状粉砂岩和泥质灰岩组合，而在龙门山地区被称为宁强群，岩性主要为混积浅水陆棚相的灰色含粉砂质页岩，间夹数层含生物碎屑灰岩和珊瑚灰岩。

（三）上志留统

上志留统在整个四川盆地内及周边都全部缺失。

五、泥盆系

四川盆地内绝大部分区域都缺失泥盆系，但其在盆地西北缘的龙门山地区发育很齐全，厚度也很大，自下而上被划分为下、中、上泥盆统，共三统八组。

（一）下泥盆统

自下而上被划分为平驿铺组、甘溪组和养马坝组。

1. 平驿铺组

仅发育在川西北的部分地区，相当于洛霍考夫阶，厚度变化很大，从几十米到两千余米，与下伏地层志留系呈平行不整合接触。岩性主要为细-中粒岩屑石英砂岩、粉砂岩、粉砂质泥岩和泥页岩的不等厚互层组合，产植物类、双壳类、小个体腕足类、海百合和介形虫化石等，可细分为三个河口湾→滨、浅海→陆棚→三角洲相的由粗变细复变粗的海侵-海退旋回。

2. 甘溪组

厚 30～50m，相当于布拉格阶，与下伏地层平驿铺组整合接触。岩性中、下部主要为灰-深灰色薄-中层状灰色粉-细粒砂岩、泥岩、含泥质灰岩与中-厚层状生物屑灰岩不等厚互层组合，上部为浅灰色中-厚层状生物屑灰岩与块状层孔虫-珊瑚灰岩互层组合，夹薄层状泥岩和泥质泥岩。泥岩和灰岩中产非常丰富的腕足类、双壳类、头足类、珊瑚、海百合、层孔虫和三叶虫化石等。按岩性可细分为三个岩性段，分别对应白柳坪段、甘溪段和谢家湾段，每个岩性段均有由粉-细粒砂岩→泥岩(或泥灰岩)→生物屑灰岩(或层孔虫-珊瑚灰岩)组成的混积滨岸→混积陆棚泥→混积陆棚浅滩(或点礁)相沉积序列的海侵-海退旋回。

3. 养马坝组

厚 100～500m，相当于埃姆斯阶，与下伏地层甘溪组整合接触。岩性主要为薄-中、厚层状灰色粉-细粒砂岩、暗色泥岩(或泥灰岩)和生物屑灰岩互层组合，同甘溪组，其泥岩和灰岩中产有非常丰富的各类底栖生物化石，且也可被划分为三个由粉-细粒砂岩→泥岩(或泥灰岩)→生物屑灰岩(或层孔虫-珊瑚灰岩)组成的混积滨岸→混积陆棚泥→混积陆棚浅滩(或点礁)相沉积序列的海侵-海退旋回，但在旋回中下部的滨、浅海相泥岩或泥灰岩中，往往夹有鲕状赤铁矿。

(二)中泥盆统

自下而上被划分为金宝石组和观雾山组。

1. 金宝石组

厚 200～647m，相当于艾菲尔阶，与下伏地层养马坝组整合接触。岩性主要由中-厚层状细-中粒砂岩、薄层状暗色泥岩(或泥灰岩)、薄-中层状泥质瘤状灰岩和厚层块状生物屑灰岩(或层孔虫-珊瑚灰岩)组成。也同甘溪组一样，其泥岩和灰岩中产有非常丰富的各类底栖生物化石，特别是在灰岩中，有更为丰富的大个体层孔虫、珊瑚化石和密集的苔藓虫化石。按岩性可被划分为 2 个由中-厚层状细-中粒砂岩→薄层状暗色泥岩(或泥灰岩)→薄-中层状泥质瘤状灰岩→厚层块状层孔虫-珊瑚礁(或生物屑灰岩)组成的碎屑滨岸→混积陆棚泥→近岸礁、滩相沉积序列的海侵-海退旋回。该地层单元与下伏地层甘溪组和养马坝组最大的不同是旋回下部的砂岩厚度减薄但粒度变粗，而上部的生物礁、滩相灰岩厚度明显增大，显示出其有更强的生物造礁和造滩作用。

2. 观雾山组

厚 385～724m，相当于吉维特阶，与下伏地层金宝石组整合接触。自下而上发育有 3 个岩性组合完全不同的海侵-海退旋回：下部的第一个旋回是由厚层块状细-中粒石英砂岩→薄-中层状粉砂岩、粉砂质页岩、泥晶灰岩互层→厚层块状层孔虫-珊瑚礁灰岩组成的河流→碎屑滨、浅海→混积陆棚→生物礁、滩相沉积序列的海侵-海退旋回；中、上部的 2 个旋回都属于开阔碳酸盐台地→台地边缘礁、滩相沉积组合，自下而上由薄层状含生物屑微晶灰岩→泥灰岩与泥-微晶灰岩薄互层组合→厚层块状层孔虫-珊瑚礁灰岩(或礁、滩相白云岩)组成海侵-海退旋回。其中礁、滩相灰岩强烈白云岩化，白云岩中以晶间孔为主的各类孔隙非常发育，具有良好的油、气储集性，不仅普遍具有油、气显示，而且个别探井已钻获商业性天然气流，目前已成为川西北地区重要的天然气勘探目标层。

（三）上泥盆统

自下而上被划分为土桥子组、沙窝子组和茅坝组。

1. 土桥子组

厚 100～212m，相当于弗拉斯阶早中期，与下伏地层观雾山组整合接触。自下而上为一个连续的海侵-海退旋回，旋回下部的海侵序列岩性以深水相的薄层状泥晶灰岩为主，向上泥灰岩和黑色碳质页岩增多；而旋回上部的海退序列岩性为生物屑泥晶灰岩与泥灰岩的韵律薄互层组合，夹角砾状白云岩、生物屑白云岩和含生物屑泥晶灰岩，属台地前缘斜坡相沉积；旋回的顶部夹有块状层孔虫-珊瑚礁灰岩，以及块状礁、滩相白云岩和核形石灰岩，属于台地边缘礁、滩相沉积组合。

2. 沙窝子组

厚度变化很大，为 40～623m，相当于弗拉斯阶中晚期，与下伏地层土桥子组整合接触。以沉积开阔-局限台地相的碳酸盐岩为主，岩性主要为鲕粒灰岩、砂砾屑灰岩、藻团粒或藻团块灰岩、生物屑灰岩、微晶灰岩，以及各种颗粒白云岩和微晶白云岩的不等厚互层组合。按岩性变化，可被划分为 2 个海侵-海退旋回，每个旋回自下而上都由生物屑泥晶灰岩→含生物屑泥质灰岩→生物屑、鲕粒或砂砾屑灰岩、藻团粒或藻团块灰岩，或各类颗粒白云岩、晶粒白云岩组成开阔台地相→局限台地相沉积序列，旋回的顶部夹有透镜状层孔虫-珊瑚礁灰岩或礁白云岩。

3. 茅坝组

厚度变化也很大，为 170～800m，相当于法门阶，与下伏地层沙窝子组整合接触。该地层单元基本上不含肉眼可见的生物化石。岩性以白云岩为主，由鲕粒白云岩、砂砾屑白云岩、藻团粒或藻团块白云岩以及泥-微晶白云岩组成 2 个具有开阔台地相→局限台地相沉积序列的海侵-海退旋回。

六、石炭系

四川盆地绝大部分区域都缺失石炭系，但在盆地西北缘的龙门山地区石炭系较发育，其可被划分为发育较全的上、下石炭统，在东部地区仅发育上石炭统。

(一)下石炭统

仅发育在盆地西北缘的龙门山中段至北段一带，在龙门山中段被称为长滩子组，而在龙门山北段被称为总长沟组，年代都相当于大塘阶—德坞阶，与下伏地层上泥盆统茅坝组整合接触，岩性主要为灰白色砂砾屑灰岩、生物屑灰岩、藻团粒灰岩等各种颗粒灰岩与紫红色微晶灰岩互层组合，夹少量各种白云岩化的颗粒灰岩，组成具有开阔台地相→局限台地相沉积序列的海侵-海退旋回。

(二)上石炭统

发育在四川盆地西北缘龙门山一带和盆地东部的渝东地区，被称为黄龙组，年代相当于滑石板阶，与下伏地层总长沟组(或长滩子组)整合接触，而在盆地东部的渝东地区黄龙组直接平行不整合地超覆在中志留统韩家店组之上。黄龙组之上相当于达拉阶至马平阶的上石炭统中上部地层在全盆地范围内缺失。在龙门山一带，黄龙组岩性主要为台地相沉积的生物屑灰岩、鲕粒灰岩、藻团粒灰岩和各种颗粒白云岩、晶粒白云岩与微晶灰岩的不等厚互层组合，顶部夹钙质泥岩，组成3～4个具有开阔台地相→局限台地相沉积序列的海侵-海退旋回，与上覆地层二叠系之间呈典型的岩性、岩相截然不同的不整合接触关系。而在川东地区，黄龙组岩性具有明显的"三分性"：下部岩性主要为一套海岸萨勃哈相的硬石膏岩与微晶白云岩和次生灰岩组合，厚数米至十余米，其中次生灰岩为硬石膏岩和微晶白云岩去膏去云化后的产物；中部岩性主要为一套陆棚浅滩相的颗粒白云岩、晶粒白云岩与微晶白云岩不等厚互层组合，厚 20～35m；上部岩性主要为一套浅海陆棚相的泥-微晶灰岩，夹少量生物屑灰岩，所含生物化石非常丰富，主要为腕足类、双壳类、海百合、有孔虫、蜓类、介形类和腹足类化石等，厚 0～20m。石炭纪末，川东地区的黄龙组受云南运动构造隆升影响，古表生期的风化作用极其强烈，黄龙组地层大部分转化为以岩溶角砾岩为标志的古岩溶体系，各种溶蚀孔、洞、缝非常发育，为良好的岩溶型储层，亦为四川盆地东部地区最重要的天然气产层之一。

七、二叠系

二叠系在四川盆地广泛发育，保存齐全，被划分为三统六阶七组。

(一)下二叠统

下二叠统厚仅数米至十数米，年代相当于紫松阶—隆林阶。区域上，该组地层不整合超覆在志留系、泥盆系或石炭系等不同年代的地层之上。在龙门山一带下二叠统被称为矿山梁组，与下伏地层上石炭统黄龙组呈不整合接触关系，其岩性主要为一套杂色和暗色碳质泥岩，富含残积型铝铁质组分，具有典型的风化壳特征。在四川盆地的中部、南部和东部等地，其被称为梁山组，岩性主要为海陆过渡带滨岸沼泽相和潟湖相的碳质泥岩夹粉砂岩、泥灰岩、颗粒灰岩透镜体组合，产舌形贝和丰富的植物化石及薄煤层，为四川盆地重要的含煤层位之一。

(二) 中二叠统

自下而上被划分为栖霞组和茅口组。

1. 栖霞组

厚 42～255m，对应栖霞阶，以岩性、岩相突变的不整合方式沉积超覆在梁山组之上。区域内该地层单元岩性分布很稳定，主要为开阔台地相的浅灰色厚层块状生物屑灰岩、砂屑灰岩和藻团粒灰岩等各种颗粒灰岩互层组合，夹"豹斑状"白云质含颗粒灰岩、微晶灰岩和灰白色微-粉晶白云岩，局部为砂糖状细-中晶白云岩，底部夹页岩，产丰富的盘形南京蜓、巨初房豆蜓、假纺锤蜓、威宁球蜓、短轴蜓、帕米尔蜓和早坂珊瑚等栖霞组化石组合。需要指出的是，该地层单元中的砂糖状细-中晶白云岩具有良好的油、气储集性。近期盆地局部地区栖霞组的油、气勘探已取得突破，因而栖霞组已成为油、气勘探的目标层。

2. 茅口组

厚 50～600m，对应茅口阶，与下伏地层栖霞组整合接触。区域上该组地层的岩性分布也很稳定，主要为开阔-局限台地相的灰色、深灰色薄-中、厚层状含燧石结核或燧石条带的泥-微晶生物屑灰岩和泥-微晶灰岩互层组合，夹薄层状硅质岩。灰岩中产有丰富的小李氏蜓、新希瓦格蜓、斯肯奴蜓、早坂蜓、球蜓和中华卡勒蜓等茅口组蜓化石组合。其顶部因受峨眉地裂运动和玄武岩喷发影响，在龙门山南段和盆地的西南部覆盖有大面积分布的峨眉山玄武岩，而在盆地内大部分地区，包括龙门山南段、华蓥山和中梁山等在内，为一区域上广泛发育的古暴露面和古岩溶体系，其上缺乏部分上二叠统地层。有意思的是，在龙门山北段该地层不仅不发育峨眉山玄武岩的喷发作用，而且其与上二叠统吴家坪组呈连续沉积的整合接触关系，因而在该地层单元顶部不发育古暴露面且缺失于区域上广泛发育的古岩溶体系。需要特别指出的是，发育于茅口组顶部的古岩溶体系是区域上非常重要的含气层位，已有多口探井钻获高产商业性天然气流。

(三) 上二叠统

在龙门山一带被划分为吴家坪组和大隆组，而在盆地的大部分地区相变为龙潭组和长兴组，其中大隆组和长兴组为本书研究的主要目的层。

1. 吴家坪组

对应吴家坪阶，在龙门山地区吴家坪组地层厚度变化较大，为 20～300m，与下伏地层茅口组呈整合接触关系。按岩性组合分为三段：下段岩性主要为深灰色、黑灰色薄层状硅质岩夹碳质页岩组合，产化石欧姆贝 (*Oldhamina*)；中段岩性主要为深灰色燧石灰岩，产蜓化石 *Codonofusiella paradoxical*、*Palaeofusulina minima* 和梁山珊瑚 *Liangshanophyllum* sp.等吴家坪阶标准化石；上段岩性主要为深灰色、灰黑色薄层状硅质岩与碳硅质页岩互层组合，顶部夹二层硅质微-粉晶白云岩。

2. 龙潭组

厚 44～370m，该地层单元为对应于吴家坪阶的与吴家坪组同时异相沉积的产物，广泛分布在龙门山南段、中段，以及龙门山以东的盆地内的大部分地区。其俗称"龙潭煤系"，与下伏地层茅口组呈假整合接触关系。按岩性组合变化分为两段：下段为海陆交互相的煤系地层，其岩性主要为灰色薄层状粉砂质泥岩、深灰-灰黑色薄层状碳质页岩夹薄煤层和透镜状铝土矿及鲕状赤铁矿；上段岩性主要为深灰色薄层状钙质泥页岩、硅质页岩、碳质页岩夹泥晶灰岩组合，顶部夹薄层状硅质岩。

3. 大隆组

厚数米至 93m，对应长兴阶。在龙门山北段地区，大隆组下部与下伏地层吴家坪组呈连续沉积的整合接触关系，岩性主要为黑色薄层状硅质岩夹碳质页岩和数层灰白色沉凝灰岩，沉凝灰岩的单层厚度仅数厘米至十余厘米。中、上部为薄层状灰黑色硅质岩夹黑色页岩、泥灰岩、条带状泥质灰岩和含生物碎屑泥-微晶灰岩，夹二十余层灰白色沉凝灰岩层。自下而上，硅质、泥质组分减少而灰质和凝灰质组分增多，其中沉凝灰岩的单层厚度不大，为数厘米至二十余厘米，最厚可达 40cm。沉凝灰岩中富含火山锆石碎屑，而薄层状硅质岩和泥质灰岩中含丰富的放射虫、菊石和牙形刺化石。其中，菊石化石为 *Pseudqtirolites* (*Pseudotirolites*) sp.、*P.* (*Pseudotirolites*) *mapingensis* 和 *Pseudogastrioceras lioui* 带组合；牙形刺化石为 *Hindeodus changxingensis changxingensis*、*H. changxingensis hump*、*Neogondolella changxingensis*、*N. meishanensis*、*N. highcaina*、*N. praetavlorae*、*N. carinata*、*N. laii* 和 *N. subcarinata* 带组合。*Neogondolella meishanensis* 牙形刺化石组合带的最后出现，在生物地层角度上表明晚二叠纪沉积历史结束。

4. 长兴组

厚 50～143m，为对应于长兴阶的与大隆组同时异相沉积的产物，广泛分布在龙门山南段、中段和盆地的大部分地区，与下伏地层龙潭组整合接触，局部与吴家坪组整合接触。该地层单元在盆地西南部主要为冲积平原相和潟湖-潮坪相的细碎屑岩沉积组合，岩性主要为薄层状粉砂质泥岩和粉砂岩互层夹细粒砂岩组合。中段在盆地中部、东部和东北部广大区域内为开阔-局限台地相的灰色、深灰色中、厚层状泥-微晶生物屑灰岩、海绵礁灰岩、海绵礁白云岩与泥-微晶灰岩不等厚互层组合，也为川中、川东和川东北地区重要的含气层位。

八、三叠系

三叠系在四川盆地广泛发育，保存也非常齐全，被划分为三统七阶。

（一）下三叠统

自下而上被划分为飞仙关组和嘉陵江组。

1. 飞仙关组

厚 120～200m，相当于印度阶，于四川-浅水范围内稳定发育，与下伏上二叠统地层有两种接触关系：其一，与大隆组整合接触；其二，与长兴组平行不整合接触。岩性主要为一套深海-滨、浅海相的紫红-暗紫色页岩、粉砂岩与泥灰岩、鲕粒灰岩、鲕粒白云岩、泥-微晶灰岩不等厚互层组合。按岩性组合的变化，可细分为 4 个岩性段，其中一段和三段在盆地的西部地区以深水-半深水相的薄板状含泥质泥-微晶灰岩为主，二者也为本书研究的主要目的层；而在盆地的中部和东部地区，一段和三段以半深水-浅水相的薄层状泥-微晶灰岩与中-厚层状鲕粒灰岩、鲕粒白云岩互层组合为主。二段和四段以泥页岩和泥灰岩、膏盐岩互层组合为主。近年来在川东和川东北地区，已对飞仙关组一、三岩性段的鲕滩相白云岩和晶粒白云岩取得重大油气勘探突破，发现了罗家寨、铁山坡、渡口河、普光和大湾等众多超大型和大、中型气田。

2. 嘉陵江组

厚 100～300m，相当于奥伦尼克阶，也于四川盆地范围内稳定发育，与下伏地层飞仙关组整合接触。岩性主要为一套局限-蒸发台地相的含膏盐碳酸盐岩沉积建造，为灰白-浅灰色泥-微晶白云岩、晶粒白云岩与生物屑灰岩、鲕粒灰岩和膏盐岩不等厚互层组合。

(二) 中三叠统

自下而上被划分为雷口坡组和天井山组。

1. 雷口坡组

厚 510～1370m，相当于安尼阶早、中期，在四川盆地范围内稳定发育，与下伏地层嘉陵江组整合接触。其因具有形似豆粒的火山泥球结构而被称为绿豆岩。其底部广泛分布有一层厚度不足 1m 的近同时期生成的浅灰绿色火山碎屑岩，下部岩性主要为局限台地潮坪相的藻纹层白云岩；中部岩性为由局限台地潟湖相的薄层状云质微晶灰岩、泥灰岩或钙质页岩不等厚互层组成的高频韵律旋回；上部岩性为蒸发台地相的浅色白云岩或与石膏互层组合，局部夹有厚层状盐岩层。该地层单元的顶部为区域上广泛发育的古暴露面，所发育的古岩溶体系也是区域上非常重要的含气层位，已有多口探井钻获高产商业性天然气流。

2. 天井山组

厚 0～330m，相当于安尼阶晚期，仅在四川盆地西部有所发育和保存，而在盆地内及盆地的南部、东部等极大部分地区缺失，与下伏地层雷口坡组整合接触。其下部岩性主要为混积陆棚相的灰岩与碎屑岩互层组合；上部岩性主要为开阔台地相的浅灰色中-厚层状含燧石团块的生物屑灰岩与泥晶灰岩互层组合，局部夹海绵礁灰岩。需要指出的是，该地层单元在近期的地层清理方案中已被建议取消，其被归并为雷口坡组天井山段。

(三) 上三叠统

上三叠统被划分为马鞍塘组、小塘子组和须家河组。

1. 马鞍塘组

仅发育于四川盆地西部地区，盆地的其余地区缺失。厚度变化很大，为0～200m，年代相当于拉丁阶，与下伏地层雷口坡组或天井山组(或雷口坡组天井山段)平行不整合接触。岩性主要为一套潮坪相→浅海陆棚相的碎屑岩地层，由灰色、深灰色薄-中层状粉-细粒砂岩与泥页岩不等厚互层组合组成向上变细加深的海侵沉积序列，局部夹有中-厚层状细粒砂岩与生物碎屑灰岩透镜体。

2. 小塘子组

在龙门山南段又被称为跨洪洞组(二者为同时异相的关系)，主要分布在龙门山中、北段，以及川西拗陷和盆地北部地区，盆地的其余地区缺失。厚度变化很大，为0～500m，年代相当于诺利阶早、中期，与下伏地层马鞍塘组整合接触。该地层单元原系广元工农镇剖面须家河组下部地层，属于海相地层单元，被称为须一段，但因与须家河组中、上部的陆相地层差异太大而被单独划分出来，并被命名为小塘子组。岩性主要为一套三角洲相(或潮坪相)→浅海陆棚相的灰色、深灰色薄层状粉-细粒砂岩与泥页岩不等厚互层组合，局部夹中-厚层状细-中粒砂岩和生物碎屑灰岩透镜体。跨洪洞组仅分布在龙门山南段，主要为一套三角洲相的地层，岩性主要为中-厚层状细-中粒砂岩与粉砂质泥岩、泥页岩不等厚互层组合，滑塌包卷层理和枕状构造非常发育，下部产有丰富的海相双壳类化石，上部夹有薄煤层和煤线。

3. 须家河组

受印支运动影响，晚三叠世中、晚期是四川盆地由被动大陆边缘盆地向前陆盆地转换、海相沉积转换为陆相沉积的重要变革时期，也是形成四川盆地雏形的重要构造-沉积演化时期。盆地的演化过程为：诺利阶晚期，川西地区仍处于滨、浅海-陆棚相沉积期，至诺利阶末期海水逐渐退出，在瑞替期开始进入类前陆盆地构造演化阶段，充填有巨厚的须家河组冲积扇、河流、湖泊和湖泊三角洲相组合的陆相含煤碎屑岩沉积体系，沉积中心在川西彭县—灌县一带，向东、向北东和向南西三个方向明显减薄和尖灭，其中向东、向南方向有向川中古隆起逐层超覆沉积的特点。

须家河组于四川盆地及周边地区广泛分布，年代相当于诺利阶晚期至瑞替阶，厚度巨大，可达数千米，与下伏地层小塘子组(或跨洪洞组)平行不整合接触。岩性主要为一套河流、湖泊和湖泊三角洲相的灰色中-厚层状细-中粒岩屑石英砂岩与粉砂岩、粉砂质泥岩和泥岩夹煤层的不等厚互层组合。按岩性组合特征，自下而上可被划分为五个岩性段，其中须二段、须四段和须六段以砂岩为主，常由中-厚层状砂岩夹薄层状泥岩、粉砂岩的韵律互层组成，是四川盆地内陆相地层中极其重要的天然气产层，而须三段和须五段是薄层状泥岩与粉砂岩不等厚互层夹薄煤层的含煤层系，富含植物类及淡水双壳类化石，为四川盆地重要的产煤层位和须家河组油、气藏的烃源岩系发育层位。需要指出的是，须四段中、下部在盆地的西部边缘和北部边缘主要为冲积扇相的厚层块状中-粗砾岩，而须六段砂岩在盆地西北部普遍缺失。

第三节　上扬子地区 P—T 之交岩相古地理概况

晚古生代晚期上扬子地区受中古特提斯洋的打开影响,区域构造和岩相古地理格局及演化发生巨大变化,特点为:早二叠世沉积期,上扬子地区主要为滨岸平原环境,梁山组的沉积具有明显的填平补齐作用;中二叠世早期开始发生广泛海侵,伴随着海水深度的加深,区域上由梁山组海岸沼泽相的含煤碎屑岩沉积建造演变为栖霞组浅水台地相的碳酸盐岩沉积建造,并稳定延续至中二叠世晚期的茅口组;中二叠世末期受"峨眉地裂运动"影响,上扬子地区西南缘发生了由地幔柱上涌引起的大规模区域构造隆升和板内裂陷作用,以及峨眉山玄武岩的大规模强烈喷溢活动;晚二叠世在被动大陆边缘伸展构造背景下,上扬子地区西北侧和东南边缘分别出现沿板块边缘活动的构造裂陷作用,造成上扬子地区西北和东南两侧进一步分裂,并在裂陷槽内出现频繁的火山喷发活动,区域上,广阔的台地因受构造裂陷影响,形成浅水台地与深水台盆交替展布的构造-沉积格局;至早、中三叠世,包括四川盆地及周缘地区在内的上扬子地区以发育相对稳定的克拉通盆地为主,区域上广泛发育由开阔台地向局限台地和蒸发台地转化的碳酸盐岩和蒸发岩沉积建造;而中三叠世末期,由于受印支晚期区域构造隆升的影响,海水逐渐全部撤出上扬子地区,结束了上扬子地区海西期至印支早、中期的被动大陆边缘盆地海相沉积演化史,上扬子地区进入印支晚期—燕山期以陆内碰撞、造山和挤压拗陷作用为主的类前陆盆地构造演化阶段,区域沉积建造由海相碳酸盐岩-蒸发岩沉积建造转化为陆相含煤碎屑岩沉积建造和红层碎屑岩沉积建造。

一、晚二叠世岩相古地理概况

P—T 之交的晚二叠世,上扬子地区受东吴运动(即"峨眉地裂运动")与峨眉山玄武岩喷溢活动的影响,台内发生以区域性大规模隆升成陆和遭受剥蚀为主的构造运动,之后发育了具有海陆过渡环境性质的以龙潭组为代表的海岸平原沼泽相沉积建造,形成了区域上广泛且稳定分布的厚仅数米至二十余米的含煤泥、粉砂岩沉积建造。对应台内的构造隆升暴露,台缘之外的前缘斜坡和深水盆地受到以拉张沉降为主的"跷跷板"式构造运动影响,分布于上扬子地区西北边缘和南东边缘的台地前缘斜坡和深水盆地发生了晚二叠世早期的广泛海侵,形成了吴家坪组碳质页岩、硅质岩和泥灰岩交替发育的深水相碳、硅、泥或碳、硅、灰沉积建造;至长兴早、中期,上扬子地区受到更为强烈的构造拉张和裂陷运动影响,受北东向基底断裂拉张伸展活动控制的上扬子西北边缘地区,出现更大规模的海侵,以及沿台地北西边缘的北东向断裂同生拉张活动,从而加大形成更深的盆地和碳酸盐台地前缘斜坡沉积环境,而且深海底部的硅质热水沉积和火山喷发活动极为频繁,发育了非常典型的吴家坪组和大隆组薄层状灰黑色碳质硅质岩、碳硅质页岩、深灰色泥灰岩夹灰白色薄层状沉凝灰岩沉积组合。台内则以浅水台地相的长兴组碳酸盐岩广泛沉积超覆在龙潭组煤系地层之上为主要特征,而且在平面上沿北西基底断裂发生台内拉张断陷,形成分割台地的北西向台盆,并进一步形成浅水台地与深水台盆交替展布的沉积格局(图2-4)和具有礁、滩镶边的碳酸盐岩台地沉积序列，同时在开阔台地内也广泛发育丘状和点状生物礁与生物滩。台盆内以沉积富含有机质的薄层状暗色碳质硅质岩、碳质页岩和深灰色泥灰岩为主，局部夹有多层灰白色薄层状沉凝灰岩。长兴晚期构造沉降趋于减弱和稳定，碳酸盐台地进一步加积扩大，形成了长兴组向上变浅的沉积层序，分割台地的台盆也因充填变浅而与广泛发育的开阔台地融为一体。

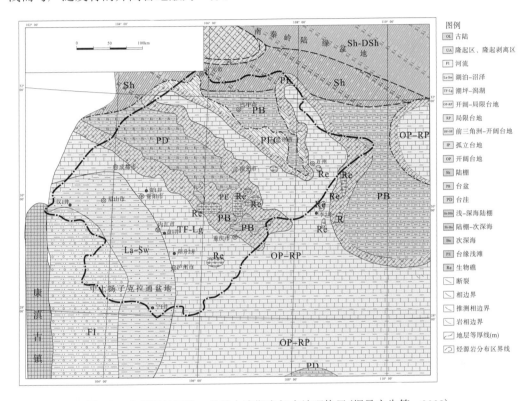

图 2-4   上扬子地区晚二叠世中晚期岩相古地理格局(据马永生等，2009)

综上所述，上扬子地区晚二叠世岩相古地理格局的展布在横向和纵向上的变迁都是迅速而复杂的，纵向上沉积环境的变化趋势是海水先迅速加深，然后缓慢退出，相带的展布主要受同生断裂控制。从总体上看，在自西向东的横剖面上，该地区具有沉积相分异强烈的深水盆地、台地前缘斜坡和浅水台地格局。平面上，该地区具有深水台盆分割浅水台地的交替展布格局，并且以深水台盆发育频繁的火山喷发活动为显著特点。这一构造-沉积格局的形成从晚二叠世吴家坪组沉积期开始，并持续到大隆组沉积晚期，于晚二叠世末期发生大规模海退和台地主体暴露成陆而结束。

二、早三叠世岩相古地理概况

P—T 之交的早三叠世初期，上扬子地区再次发生广泛而迅速的区域性海侵，在川滇古陆东缘的峨眉山一带发育有河流和滨岸相的陆源碎屑岩红层沉积，晚二叠世具盆-台交替展布格局的上扬子地区主体转化为统一的浅水开阔-局限台地，局部转化为蒸发台地的沉积区

(图 2-5)。区域上以沉积紫红色薄-中层状微晶灰岩和泥灰岩的小等厚互层组合为主,局部夹有巨厚的鲕粒灰岩、鲕粒白云岩和膏盐岩。而上扬子地区西北缘的龙门山及其以西地区,仍为深水盆地至台地前缘缓斜坡带相区,以沉积暗紫红色的薄板状泥灰岩和泥-微晶灰岩为主。从总体上看,上扬子地区早三叠世早期的岩相古地理格局,在自西向东的横剖面上,以具有较稳定的深水盆地及台地前缘斜坡、浅水台地互成过渡关系的分带性沉积和展布为主要特点,而在平面上,以具有隆凹相间展布的开阔台地、局限台地和蒸发台地的沉积格局为主要特征。

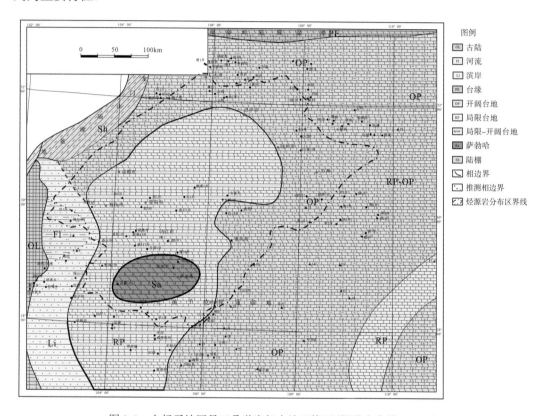

图 2-5　上扬子地区早三叠世岩相古地理格局(据马永生等,2009)

第三章　PTB 界线地层描述

第一节　上扬子地区 PTB 界线地层发育概况

　　龙门山北段广元羊木镇龙凤剖面二叠系至三叠系地层发育齐全，出露非常完整和连续。本书选取该剖面为主要研究对象，研究过程中采用传统的岩石地层划分方案（辜学达和刘啸虎，2008），由老到新将该剖面 PTB 界线地层单元划分为上二叠统吴家坪组（P_3w）及大隆组（P_3d）和下三叠统飞仙关组一段（T_1f_1），总厚度为 119.93m，细分为 25 个小层（图 3-1）。在剖面测量过程中，本书详细描述了各地层单元的基本特征，包括各小层的厚度、岩性组合以及古生物和沉积相类型等，并系统采集了各小层相关样品。

一、下三叠统飞仙关组一段（T_1f_1）

　　广元羊木镇龙凤 PTB 界线地层剖面中出露的飞仙关组一段下部地层完好，厚度大于 6.92m，岩性主要为略带暗紫-紫红色薄-中层状含泥质的泥-微晶灰岩（图 3-1 和图 3-2），属于碳酸盐台地前缘斜坡相带的下部沉积，自上而下细分为 3 个小层（25→23 小层）。

　　25 小层：厚 3.03m，岩性为暗紫灰色薄-中层状微晶灰岩，风化后呈略带暗紫的灰色。露头和岩石薄片中均未见任何生物化石和生物活动留下的痕迹。

　　24 小层：厚 2.14m，岩性为灰色、略带暗紫色的薄层状泥-微晶灰岩、泥质灰岩，夹极薄层状钙质泥岩和泥灰岩，也未见任何生物化石和生物活动留下的痕迹。

图 3-1　下三叠统飞仙关组一段下部地层与大隆组呈连续沉积的整合接触关系

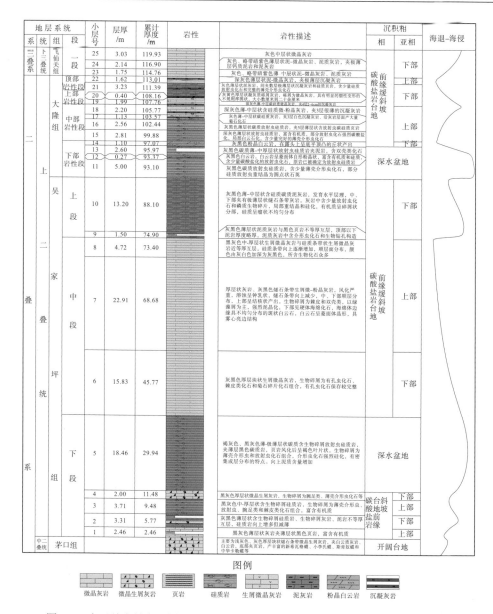

图 3-2　广元羊木镇龙凤剖面 P₃—T₁ 地层沉积相与海侵-海退旋回综合剖面柱状图

23 小层：厚 1.75m，岩性为灰色、略带暗紫-紫红色的薄-中层状泥-微晶灰岩和泥质灰岩，具水平层理，沿层面分布有泥质薄膜。露头和岩石薄片中仍然均未见任何生物化石和生物活动留下的痕迹，但产有牙形刺化石 *Isarcicella lobate*，与下伏地层大隆组呈连续沉积的整合接触关系(图 3-1)。

二、上二叠统大隆组(P₃d)

剖面中大隆组较薄，厚仅 24.91m，岩性主要为深灰色或灰黑色薄层状硅质岩、深灰色含硅质灰岩、黑色碳质页岩与深灰色泥灰岩互层组合，夹 27 层灰白色薄-中层状沉凝灰岩和凝灰质页岩。其属于深水盆地与台地前缘缓斜坡下部过渡带沉积环境的产物，具有完整的海侵-海退旋回，以具有突出的岩性组合与沉积环境和海侵-海退旋回为显著特征，因而被本书列为重点研究对象。按岩性组合特征，可将大隆组划分为顶部、上部、中部和下部 4 个岩性段及 12 个小层(图 3-2)，各岩性段和各小层的岩性和古生物特征自上而下描述如下。

1. 顶部岩性段

即 22 小层，厚 1.62m，为一高幅韵律性海退沉积旋回。岩性为深灰色薄层状泥-微晶灰岩与薄层状泥灰岩互层组合，中、下部夹 3 层厚度仅为 3～8cm 的灰白色沉凝灰岩，沉凝灰岩中含有少量的火山锆石晶屑。灰岩中含有保存完整但已碳酸盐化的放射虫和薄壳介形虫化石，产丰富的牙形刺化石 *Isarcicella lobate*、*Hindeodus parvus*、*H. changxingensis changxingensis* 和 *H. changxingensis hump*。该岩性段与上覆地层飞仙关组一段底部虽然呈连续沉积的整合接触关系，但在岩性和岩相，特别是在反映还原环境(暗色)条件与氧化环境(紫红色)条件的岩性色率特征上呈突变关系(图 3-1)。

2. 上部岩性段

由 19～21 小层叠加组成，厚 5.62m，为一低幅韵律性海退沉积旋回。

21 小层：厚 3.23m，岩性为深灰色薄层状泥灰岩和灰黑色硅质页岩，间夹 9 层厚仅 2～5cm 的极薄层状灰白色沉凝灰岩。沉凝灰岩中含较多的火山锆石晶屑，泥灰岩和硅质页岩中发育有水平纹层理，层理由有机质或泥质构成，并含有少量硅质放射虫化石和完整的薄壳介形虫化石，也产有丰富的牙形刺化石 *Hindeodus changxingensis changxingensis* 和 *H. changxingensis hump*。

20 小层：厚 0.40m，岩性为灰色厚层状凝灰质砾屑灰岩(图 3-3)。砾屑成分为微晶灰岩，呈浑圆状和有明显塑性变形的不规则浑圆状，大小为数厘米至二十余厘米，含量在 60%以上，"漂浮状"产在强烈脱玻化的由玻屑和晶屑组成的凝灰质基质中，显示其具有一定的沉积坡度，且是高密度火山泥石流沉积作用的产物。支撑微晶灰岩砾屑的凝灰质基

图 3-3　凝灰质砾屑灰岩，砾屑"漂浮状"产在强烈脱玻化的由玻屑和晶屑组成的凝灰质基质中

质中含丰富的火山锆石晶屑，砾屑中产有与相邻地层相同的牙形刺化石 *Neogondolella changxingensis*，反映出微晶灰岩砾屑为来自火山喷发时震裂滑塌的台地前缘斜坡带同期的沉积物。

19 小层：厚 1.99m，岩性为深灰色薄-中层状碳硅质微晶灰岩，夹 4 层厚仅 2～6cm 的纹层状灰白色沉凝灰岩，微晶灰岩中含少量硅质放射虫、硅质海绵骨针及有孔虫、介形虫碎片和薄壳型腕足类化石等。沉凝灰岩以玻屑为主，玻屑大部分脱玻化为黏土矿物，含丰富的火山锆石晶屑和少量石英晶屑，产有牙形刺化石 *Neogondolella meishanensis*、*N. changxingensis*、*N. praetavlorae* 和 *N. laii*。

3. 中部岩性段

由 15～18 小层叠加组成，厚 8.70m，为一高幅韵律性海退沉积旋回。

18 小层：厚 2.20m，岩性为深灰色薄-中层状含硅质微-粉晶灰岩，夹 3 层薄层状灰白色沉凝灰岩，凝灰质组分为已脱玻化的玻屑，大部分转化为黏土矿物。发育有火山碎屑充填的生物钻孔，钻孔充填物含少量粉砂级的石英晶屑和火山锆石晶屑。灰岩中含少量放射虫化石和保存完整的有孔虫、薄壳介形虫及小个体薄壳型腕足类化石。沿沉凝灰岩层面产有丰富的菊石类化石 *Pseudqtirolites*（*Pseudotirolites*）sp.，该化石有保存完整和密集重叠分布的特点；微-粉晶灰岩中产丰富的牙形刺化石 *Neogondolella changxingensis*、*N. highcaina*、*N. carinata* 和 *N. laii*。

17 小层：厚 1.13m，岩性为灰色薄-中层状碳硅质灰岩，夹 3 层灰白色沉凝灰岩，风化后呈灰黄色。碳硅质灰岩内产较丰富的硅质海绵、放射虫和薄壳介形虫以及少量小壳型腕足类和双壳类化石，产上二叠统标准菊石化石 *Pseudqtirolites*（*Pseudotirolites*）sp.和丰富的牙形刺化石 *Neogondolella subcarinata*；沉凝灰岩夹层厚仅 3～6cm，含少量石英、长石、云母晶屑和丰富的火山锆石晶屑，沿沉凝灰岩层面也产有保存完整和密集重叠分布的菊石化石 *Pseudqtirolites*（*Pseudotirolites*）sp.（图 3-4）。

图 3-4　沿沉凝灰岩夹层层面发育的保存完整和密集重叠分布的菊石化石

16 小层：厚 2.56m，岩性为灰黑色薄层状碳质放射虫硅质岩，夹 5 层薄层状碳硅质页岩。硅质岩含有丰富的放射虫化石和少量硅质海绵骨针与薄壳型双壳类、介形虫化石，部分放射虫化石已碳酸盐化，而部分双壳类和介形虫化石则硅化。沿碳硅质页岩夹层层面，产有丰富的、重叠分布的且保存完整的菊石化石 *Pseudqtirolites*（*Pseudotirolites*） sp.、*Pseudqtirolites*（*Pseudotirolites*） *mapingensis* 和 *Pseudogastrioceras lioui*。

15 小层：厚 2.81m，岩性为连续沉积的深灰-灰黑色薄层状放射虫硅质岩，富含有机质，部分放射虫化石强烈碳酸盐化，局部白云石化，此外还含少量保存完整的薄壳介形虫化石。与下伏地层 14 小层呈微型超覆沉积关系（图 3-5）。

4. 下部岩性段

该岩性段由 11～14 小层叠加组成，厚 8.97m，为一低幅韵律性海退沉积旋回。

14 小层：厚 0.50～1.10m，在露头剖面上，该小层呈底平上凸的丘状体产出（图 3-5），岩性为灰黑色硅质微-粉晶白云岩，产少量白云石化的放射虫化石（图 3-6）。该丘状白云岩富含碳质和硅质组分，其中硅质组分由微晶石英和玉髓组成，因与碳质物混合充填在白云岩的晶间孔中而使岩石呈灰黑色。白云岩丘状体的顶部与上覆薄层状放射虫硅质岩呈由丘状体底部向丘状体顶部逐层爬升的超覆沉积关系。

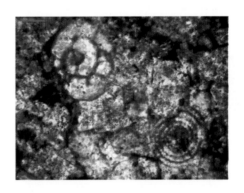

图 3-5　14 小层，薄层状放射虫硅质岩中
呈丘状体产出的硅质粉晶白云岩

图 3-6　14 小层，丘状硅质粉晶白云岩中
产放射虫化石，其结构保存完整，单偏光

13 小层：厚 2.60m，岩性为灰黑色薄-中厚层状碳质放射虫硅质岩，夹薄层状碳硅质页岩，含丰富的放射虫化石和薄壳型双壳类化石，放射虫化石内部结构保存完好（图 3-7）。

12 小层：厚 0.27m，岩性为灰黑色粉晶白云岩，产较多碳酸盐化的放射虫化石（原岩被确定为含放射虫硅质白云岩）。粉晶白云岩呈菱面体自形晶，也富含有机质和硅质，但大部分白云岩晶间孔被微晶石英、玉髓和碳质物组成的混合物充填。产牙形刺化石 *Neogondolella changxingensis*、*N. highcaina* 和 *N. carinata*。

11 小层：厚 5.00m，岩性为连续沉积的大套灰黑色薄层状碳质放射虫硅质岩（图 3-8），偶含少量薄壳介形虫化石，部分硅质放射虫重结晶为圆点状微晶石英集合体。与下伏地层吴家坪组呈连续沉积的整合接触关系（图 3-9）。

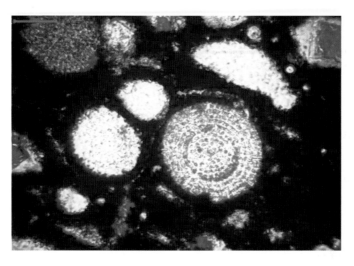

图 3-7　大隆组 13 小层，放射虫硅质岩中内部结构保存完好的放射虫化石，单偏光

图 3-8　大隆组下部岩性段 11 小层大套薄层状　　图 3-9　大隆组下部岩性段 11 小层放射虫硅质岩
　　　　放射虫硅质岩夹硅质页岩组合　　　　　　　　　与吴家坪组呈连续沉积的整合接触关系

三、上二叠统吴家坪组（P₃w）

上二叠统吴家坪组厚 88.10m，自下而上具有完整的海侵-海退旋回，特点为：中、上部岩性主要为灰色至深灰色薄-中层状碳硅质泥灰岩与条带状、结核状燧石质生屑微晶灰岩互层组合，灰岩中产欧姆贝及喇叭蜓等标准吴家坪阶化石，属于台地前缘缓斜坡相带的沉积产物，发育有向上灰质组分增多的海退沉积旋回；下部岩性为大套灰黑色薄-中层状放射虫硅质岩与碳硅质页岩互层组合，属于台地前缘缓斜坡相带下部与深水盆地过渡相带环境沉积的产物，发育有向上硅质组分增多的海侵沉积旋回。本书同样以岩性组合与沉积环境和海侵-海退旋回的关系为研究重点，按岩性组合特征将吴家坪组划分为上部、中部和下部 3 个岩性段及 10 个小层，各岩性段和各小层岩性特征描述如下。

1. 上部岩性段

该岩性段由 9～10 小层叠加组成，厚 14.70m，为一次级海侵-海退沉积旋回。

10 小层：厚 13.20m，岩性为灰黑色薄-中层状含硅质碳质泥灰岩，发育有水平层理，局部重结晶和硅化，碳质呈碎屑状分布，燧石条带呈不均匀分布的条带状和瘤状。中、上部灰岩含较多钙质和磷质生物碎片化石。灰岩中含有的条带状和瘤状燧石条带向上减少而生物碎片化石增多，显示该小层为低幅韵律性海退旋回沉积作用的产物。

9 小层：厚 1.50m，岩性为灰黑色薄-中层状泥质灰岩与黑色薄层状碳质页岩不等厚互层组合，底部的泥质灰岩厚度略大，单层大于 10cm。泥质灰岩中发育有生物钻孔构造，并含有少量放射虫化石和介形虫碎片化石，显示其为韵律性快速海侵旋回沉积作用的产物。

2. 中部岩性段

该岩性段由 6～8 小层叠加组成，厚 43.46m，为一低幅韵律性海退沉积旋回。

8 小层：厚 4.72m，岩性为黑灰色中-厚层状硅质生屑微晶灰岩（图 3-10）。硅质组分主要为玉髓组成的燧石，燧石呈条带状、团块状和结核状顺层面分布，自下而上含量逐渐增加，燧石新鲜面颜色为灰黑色，风化后为灰白色。灰岩中所含的生物碎屑类型众多，计有棘皮类、腕足类、双壳类、介形虫类、腹足类和有孔虫、红藻屑、绿藻屑等，大部分生物碎屑强烈泥晶化。产牙形刺化石 *Neogondolella subcarinata*。

图 3-10　吴家坪组 8 小层硅质生屑微晶灰岩中燧石呈条带状、团块状和结核状顺层面分布

7 小层：厚 22.91m，岩性为灰色、灰黑色厚层块状含硅质生屑微-粉晶灰岩，硅质组分主要由玉髓组成，燧石在该小层的中部和上部主要呈顺层分布的团块状结核，而在下部呈顺层分布的条带状产出，自下而上燧石结核的含量也有逐渐增多的特点。灰岩富含强烈泥晶化的生物碎屑，以棘皮类、双壳类和绿藻屑（绿松藻）为主。下部见硬体海绵化石，海绵体边缘具不均匀分布的粉晶白云石斑块，且具菱面体晶形和雾心亮边结构，为成岩期产物。

6 小层：厚 15.83m，岩性为灰黑色厚层块状生屑微晶灰岩，生物碎屑主要为保存较完整的有孔虫化石，部分为棘皮类化石和菊石碎片化石。该小层在露头上呈进积的楔状体（图 3-11），自东向西与下伏地层深水盆地相的薄层状碳质含生屑放射虫硅质岩呈明显的下超沉积关系。

图 3-11　吴家坪组 6 小层，斜坡相的生屑微晶灰岩进积楔状体下超于盆地相放射虫硅质岩之上

3. 下部岩性段

该岩性段由 1～5 小层叠加组成，厚 29.94m，为一高幅韵律性海侵沉积旋回。

5 小层：厚 18.46m，岩性为大套连续沉积的褐灰色、黑灰色薄-极薄层状碳质含生屑放射虫硅质岩，夹薄层状黑色碳质页岩组合(图 3-12)，自下而上泥质组分增加且页岩夹层增多，页岩夹层风化后呈褐色叶片状。硅质岩中的生物碎屑为薄壳介形虫与放射虫化石组合，介形虫化石强烈硅化，且有密集成带分布的特点。

图 3-12　吴家坪组 5 小层，大套黑色薄层状碳质放射虫硅质岩夹薄层状黑色碳质页岩组合

4 小层：厚 2.00m，岩性为黑灰色厚层状微晶生屑灰岩，生物碎屑为腕足类、薄壳介形虫和棘皮类化石组合。

3 小层：厚 3.71m，岩性为黑灰色中-厚层状含生屑硅质岩，生物碎屑为薄壳介形虫、放射虫、腕足类和棘皮类化石组合，富含有机质。

2 小层：厚 3.31m，岩性为灰黑色薄层状含生屑硅质岩与微晶生物碎屑灰岩、泥质灰岩不等厚互层组合，硅质岩向上增多但单层厚度减薄。

1 小层：厚 2.46m，岩性为黑灰色薄层状灰岩夹薄层状黑色碳质页岩，富含有机质。与下伏地层中二叠统茅口组呈连续沉积的整合接触关系(图 3-13)。

图 3-13 吴家坪组 1 小层，薄层状放射虫硅质岩与下伏地层茅口组灰岩呈整合接触关系

四、中二叠统茅口组

中二叠统茅口组，厚 120～200m，岩性主要为深灰色、灰色中-薄层状微-粉晶灰岩与灰黑色、灰色泥质灰岩不等厚互层组合，夹中层状或透镜状生屑微-粉晶灰岩，泥质灰岩风化后呈"疙瘩状"。产中华卡勒蜓、早坂蜓、球蜓等中二叠统茅口阶标准化石，属于台地前缘缓斜坡相带沉积。因中二叠统茅口组已不属于 P—T 之交界线地层的讨论范围，故本书不再对其进行小层细分和分层描述。

第二节 P—T 之交典型剖面精细描述

本书选取的上扬子地区三条 PTB 界线的地层剖面分别为川北地区广元市羊木镇龙凤村采石场的龙凤剖面、川中地区华蓥市溪口镇前进煤矿附近的涧水沟剖面，以及重庆市中梁山的尖刀山剖面，各剖面的具体地理位置如图 3-14 所示。在野外研究工作中，主要对这三个剖面中于 P—T 之交发育的地层和 PTB 界线特征进行了精细测量、详细描述、采样和分析，其中重点测量和描述了广元市羊木镇龙凤村采石场 PTB 界线地层剖面的各项特征。

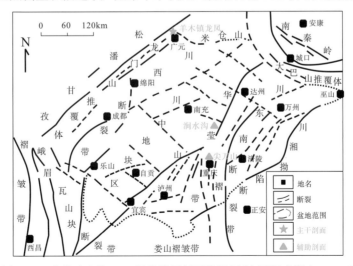

图 3-14 本书选取的 PTB 界线地层剖面位置图(底图据童崇光，1985)

一、广元羊木镇龙凤剖面 P—T 界线地层描述

广元羊木镇龙凤 P—T 界线地层剖面位于龙门山北段推覆体的核心部位（图 3-14），该剖面的地理位置位于广元市以北偏西约 50km 处，有县级双车道公路连通，路面状况良好，交通很方便。其地理坐标位置为：北纬 32°31.437′；东经 105°44.592′。剖面沿广元羊木镇龙凤村采石场一新开挖的剥离面分布，PTB 界线地层发育完整，地层出露连续，露头较新鲜，为上扬子地区深水盆地-台地前缘斜坡相 PTB 界线地层剖面的典型代表（图 3-15），距

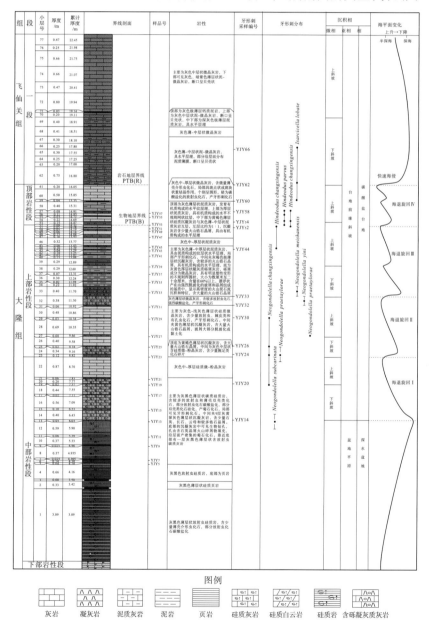

图 3-15　广元羊木镇龙凤 PTB 界线地层剖面沉积相划分与海侵-海退旋回综合柱状图

离上扬子地区剑阁县上寺二叠-三叠系标准剖面北偏东方向约 60km。另外，此二剖面都位于龙门山北段，相隔距离也较近，但如与 P—T 之交生物灭绝事件和地质事件研究程度较高的上寺剖面(李子舜等，1986)相比较，那么新近发现的广元羊木镇龙凤剖面的 P—T 界线地层其出露和连续性更好，剖面特征更鲜明，所含牙形刺化石更丰富，因而对于 P—T 界线地层的研究，其研究潜力更大。该剖面的发现，为研究上扬子地区 P—T 之交重大地质事件及探索晚二叠世末期生物大灭绝事件的原因提供了又一新的剖面材料。

广元羊木镇龙凤 PTB 界线地层剖面位于晚二叠世至早三叠世的岩相古地理位置，属于上扬子板块西缘碳酸盐台地前缘斜坡下部与深水盆地的过渡带(图 2-4 和图 2-5)。该剖面上二叠统至下三叠统海相地层保存完整(图 3-2)，且连续性和出露都较好，按传统的岩石地层划分和命名方案，本书自下而上将 P—T 界线地层依次划分为吴家坪组(P_3w)、大隆组(P_3d)和飞仙关组(T_1f)。对 P—T 界线地层的研究从该剖面的上二叠统大隆组中部岩性段深水盆地相的灰黑色硅质岩开始，至下三叠统飞仙关组一段下部台地前缘斜坡相的紫红色薄层状泥质灰岩为止。在对野外露头进行"系""统""组""段"和"小层"划分的基础上(图 3-15)，结合岩矿薄片鉴定，对各岩性-岩相段进行单一岩性的小层精细划分和描述。

(一)下三叠统飞仙关组一段下部岩性-岩相段

下三叠统飞仙关组一段下部岩性-岩相段主要为一套灰色、浅紫灰色泥-微晶灰岩与泥灰岩薄-中层状不等厚互层组合，其上部(77→70 小层)属于碳酸盐台地前缘斜坡相带上部环境沉积产物，具有向上缓慢变浅的沉积序列，下部(69→62 小层)属于碳酸盐台地前缘斜坡相带下部环境沉积产物，具有向上迅速加深的沉积序列，除产有少量牙形刺化石外(蒋武等，2000)，不含任何肉眼和在显微镜下可见的生物。自上而下，各小层岩性特征描述如下。

77 小层：厚 0.47m，岩性为灰色中层状泥-微晶灰岩。

76 小层：厚 0.25m，岩性为浅紫灰色薄-中层状泥-微晶灰岩。

75 小层：厚 0.66m，岩性为浅紫灰色薄-中层状含泥质微晶灰岩，风化后为灰褐色。

74 小层：厚 0.66m，岩性为浅紫灰色薄-中层状微晶灰岩，断口呈贝壳状。

73 小层：厚 0.47m，岩性为浅紫灰色薄-中层状泥-微晶灰岩，断口呈贝壳状。

72 小层：厚 0.80m，岩性为灰-浅紫灰色薄层状泥-微晶灰岩，断口呈贝壳状。

71 小层：厚 0.03m，岩性为浅紫灰色极薄层状钙质泥岩，风化后呈叶片状(图 3-16)。

70 小层：厚 0.20m，岩性为灰色略带暗紫色的中层状泥-微晶灰岩。

69 小层：厚 0.40m，岩性为深灰色、略带暗紫色的极薄层状泥质灰岩，具水平层理，风化后呈叶片状(图 3-16)。

68 小层：厚 0.41m，岩性为浅紫灰色薄-中层状微晶灰岩，具水平层理，风化后呈非常规则的薄板状(图 3-16)。

67 小层：厚 0.30m，岩性为浅紫灰色极薄层状泥灰岩，具泥质薄膜构成的水平层理，风化后呈叶片状(图 3-16)。

图 3-16　65～71 小层灰色略带暗紫色泥晶灰岩与薄层状泥灰岩互层组合

　　66 小层：厚 0.25m，岩性为浅紫灰色薄-中层状泥-微晶灰岩（图 3-16），具泥质薄膜构成的水平层理。产有牙形刺化石 *Isarcicella lobate*（图 3-17），该牙形刺化石在上扬子地区是首次被发现，在生物地层研究和 PTB 界线地层研究方面具有极其重要的意义和应用价值。

图 3-17　66 小层，牙形刺化石：*Isarcicella lobate*

［样品号 YJY-66，左侧为口视照片（×270），右侧为侧视照片（×300）］

　　65 小层：厚 0.30m，岩性为浅紫灰色薄层状泥质灰岩，具水平层理，沿层面分布有泥质薄膜。

　　64 小层：厚 0.25m，岩性为紫灰色、浅紫灰色极薄层状泥质灰岩，具水平层理，风化后呈土黄色叶片状（图 3-18）。

　　63 小层：厚 0.20m，岩性为灰色、略带暗紫色薄-中层状泥-微晶灰岩，风化后呈土黄色（图 3-18）。

　　62 小层：厚 0.75m，岩性为灰色、略带暗紫色中-厚层状泥质灰岩，断口呈贝壳状，风化后呈黄灰色叶片状（图 3-18）。产有牙形刺化石 *Isarcicella lobate*（图 3-19）。基于该小层及其以上地层的岩性和色率与下伏地层均呈突变关系，并具有飞仙关组一段底部为紫灰色薄板状含泥质灰岩的典型岩性特征，本书按传统的岩石地层划分方案，将该小层底面确定为岩石地层单元的三叠系底界面，并将其界线称为 PTB（R）界线（图 3-18）。以该界线为界，下三叠统飞仙关组与上二叠统大隆组呈连续沉积的整合接触关系。

图 3-18　57～64 小层，泥质灰岩与微晶灰岩互层，泥质灰岩风化后呈土黄色叶片状

图 3-19　62 小层，牙形刺化石：*Isarcicella lobate*

[样品号 YJY-62，左侧为侧视照片(×150)，右侧为侧视照片(×350)]

(二)上二叠统大隆组

上二叠统大隆组在广元羊木镇龙凤 PTB 界线地层剖面中保存和出露完整，与上覆地层下三叠统飞仙关组和下伏地层上二叠统吴家坪组都呈连续沉积的整合接触关系。按岩性和地层的旋回性以及研究需要，本书将该地层单元划分为顶部、上部、中部和下部四个岩性-岩相段，各岩性-岩相段的岩性-岩相特征和小层划分描述如下。

1. 顶部岩性-岩相段

该岩性-岩相段厚 1.73m，由 53～61 小层叠加组成，在层位上相当于詹承凯和蒋伟杰 (1989)和黄思静等(2008)在研究 P—T 界线特征时划分的过渡层。其上部岩性为灰色、深灰色薄层状至中-厚层状泥-微晶灰岩与泥质灰岩不等厚互层组合，属于台地前缘斜坡相带上部环境的沉积产物，具有向上变浅的沉积序列；中、下部岩性为深灰色薄-中层状泥-微晶灰岩与灰白色极薄层状沉凝灰岩互层组合，单个小层厚度明显变薄且色率加深，属于台地前缘斜坡相带下部环境的沉积产物，也具有向上变浅的沉积序列。自上而下，该岩性-岩相段被划分为 9 个小层(61→53 小层)。

61 小层：厚 0.20m，岩性为灰色中层状含泥质泥-微晶灰岩，风化后呈叶片状（图 3-18），含微量保存较完整的薄壳介形虫化石（图 3-20）。

60 小层：厚 0.50m，岩性为灰-深灰色中-厚层状含硅泥质泥-微晶灰岩，风化后呈极薄的薄板状（图 3-18），产放射虫化石［放射虫化石多呈碳酸盐化的斑块状或圆点状分布（图 3-21）］和牙形刺化石 *Isarcicella lobate*（图 3-22）。该小层也是广元羊木镇龙凤剖面中最早出现牙形刺化石 *Isarcicella lobate* 的层位。

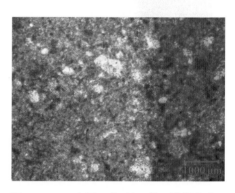

图 3-20　61 小层，泥-微晶灰岩，　　　　图 3-21　60 小层，含硅泥质泥-微晶灰岩，
　含薄壳介形虫化石，单偏光　　　　　结晶的圆点为碳酸盐化的放射虫，单偏光

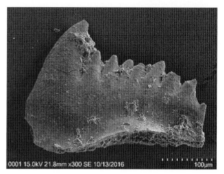

图 3-22　60 小层，牙形刺化石：*Isarcicella lobate*

［样品号 YJY-60-3，左侧为侧视照片（×270），右侧为侧视照片（×300）］

59 小层：厚 0.04m，岩性为深灰色薄层状硅泥质泥-微晶灰岩（图 3-18），发育有由有机质和硅泥质构成的水平纹层理。

58 小层：厚 0.40m，岩性为灰色中-厚层状泥质灰岩，风化后呈非常规则的薄板状，发育有由有机质构成的水平层理和不规则网状纹层理，含少量放射虫化石（放射虫化石呈碳酸盐化的斑点状分布），并含有少量薄壳型双壳类化石和介形虫化石，产牙形刺化石 *Hindeodus parvus*（图 3-23）和 *H. changxingensis*。

57 小层：厚 0.08m，岩性为灰白色薄层状硅质沉凝灰岩，风化后呈土黄色叶片状（图 3-18），具纹层状构造，主要为硅质纹层，薄片中有方沸石条带和纹层（图 3-24），为火山凝灰物质经水解后蚀变的产物，含少量火山锆石晶屑。

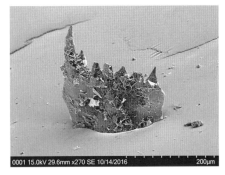

图 3-23　58 小层，牙形刺化石：*Hindeodus parvus*

[样品号 YJY-58-4，左侧和右侧都为侧视照片（×300）]

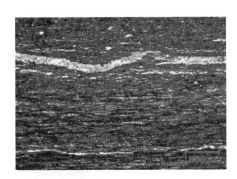

图 3-24　57 小层，硅质沉凝灰岩中的硅质纹层和条带状方沸石脉

[左侧为单偏光照片，右侧为正交偏光照片，方沸石条带全消光]

　　56 小层：厚 0.11m，岩性为灰色薄-中层状含硅质和泥质的泥-微晶灰岩，具有机质构成的水平层理，并含少量碳酸盐化和呈斑点状分布的放射虫化石，风化后呈叶片状（图 3-25）。

图 3-25　50～56 小层，泥质灰岩与微晶灰岩互层，泥质灰岩风化后呈土黄色叶片状

　　55 小层：厚 0.03m，岩性为灰白色极薄层状沉凝灰岩，风化后呈土黄色（图 3-25），含少量放射虫化石和火山锆石晶屑，产牙形刺化石 *Hindeodus parvus*。

　　54 小层：厚 0.22m，岩性为灰色中-厚层状微晶灰岩（图 3-25），风化后呈非常规则的薄板状，含少量薄壳型双壳类化石和介形虫化石，产牙形刺化石 *Hindeodus parvus*（图 3-26）和 *H. changxingensis hump*（图 3-27）。

图 3-26　54 小层，牙形刺化石：*Hindeodus parvus*　　　　图 3-27　54 小层，牙形刺化石：*Hindeodus*
　　　　[样品号 YJY-54，侧视照片（×300）]　　　　　　　　　　　　　　　*changxingensis hump*

　　　　　　　　　　　　　　　　　　　　　　　　　　　　　　[样品号 YJY-54-2，侧视照片（×300）]

　　53 小层：厚 0.15m，岩性为灰褐色中-厚层状含灰质沉凝灰岩，在距顶面 0.05m 处夹有 0.02m 厚的泥质灰岩。沉凝灰岩中含少量火山锆石晶屑，风化后呈灰白色叶片状（图 3-25）。凝灰质灰岩中产牙形刺化石 *Hindeodus parvus*（图 3-28）和放射虫化石,部分放射虫重结晶为硅质斑块。

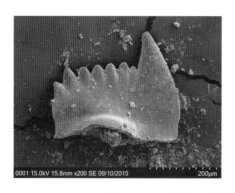
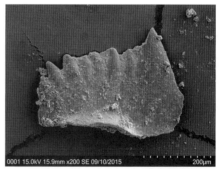

图 3-28　53 小层，牙形刺化石：*Hindeodus parvus*

[样品号 YJY-53，左侧和右侧都为侧视照片（×200）]

　　需要指出的是，53 小层沉凝灰岩中的泥质灰岩夹层是广元羊木镇龙凤 PTB 界线地层剖面中牙形刺化石 *Hindeodus parvus* 最早出现的层位。按国际地层委员会 2000 年通过的、国际地质科学联合会 2001 年批准的以 *Hindeodus parvus* 首现作为 P—T 界线标志的划分方案（殷鸿福和鲁立强，2006），理论上应该将该剖面中三叠系生物地层的底界面确定在距53 小层顶面 0.05m 处，但考虑到本书所划分出的 53 小层沉凝灰岩的厚度仅为 0.15m，加上大隆组中、上部发育的沉积韵律(或各级次的沉积旋回)都是在火山喷发之后形成的规律，因此，本书将 53 小层的沉凝灰岩划归为 53→54 小层沉积韵律的底部，以及将该剖面三叠系生物地层的底界线确定在 53 小层底面，并将该界线称为 PTB(B)界线。

2. 上部岩性-岩相段

该岩性-岩相段厚 5.62m，由 23～52 小层叠加组成。岩性主要为灰-深灰色薄层状至中-厚层状含凝灰质、硅质和泥质的泥-微晶灰岩与灰白色薄层状沉凝灰岩不等厚互层组合，中部夹有一层凝灰质砾屑灰岩，属于台地前缘斜坡相带环境沉积的产物。垂向上，具有灰质组分增多和灰岩单层厚度略趋加大且向上变浅的沉积序列。自上而下，该岩性-岩相段被划分为 30 个小层(52→23 小层)。

52 小层：厚 0.08m，岩性为灰色薄层状泥灰岩，风化后呈薄板状，产牙形刺化石 *Hindeodus changxingensis*(图 3-29)和 *H. changxingensis hump*。

图 3-29　52 小层，牙形刺化石：*Hindeodus changxingensis*

[样品号 YJY-52，左侧为侧视照片(×250)，右侧为侧视照片(×230)]

51 小层：厚 0.05m，岩性为灰白色薄层状沉凝灰岩，风化后呈黄灰色叶片状(图 3-25)，含少量放射虫化石(图 3-30)和火山锆石晶屑。

50 小层：厚 0.05m，岩性为灰色薄层状泥灰岩，风化后呈薄板状(图 3-25)，含少量完整的薄壳介形虫化石(图 3-31)。

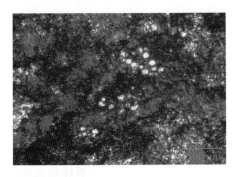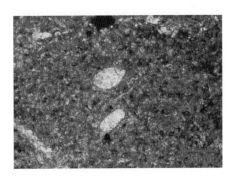

图 3-30　51 小层，沉凝灰岩，含少量
放射虫化石，单偏光

图 3-31　50 小层，泥灰岩，含少量完整的
薄壳介形虫化石，单偏光

49 小层：厚 0.06m，岩性为灰白色薄层状沉凝灰岩，风化后呈黄灰色叶片状（图 3-32），发育有泥质构成的水平纹层理，含少量火山锆石晶屑。

48 小层：厚 0.15m，岩性为灰-深灰色中层状含凝灰质泥灰岩，风化后呈薄板状（图 3-32），凝灰质呈不均匀团块状分布，具水平纹层理。

47 小层：厚 0.16m，岩性为灰白色薄-中层状沉凝灰岩，风化后呈黄灰色叶片状（图 3-32），含丰富的火山锆石晶屑。

46 小层：厚 0.32m，岩性为灰-深灰色中层状含泥质灰岩，风化后呈薄板状，层面规则平整（图 3-32）。

45 小层：厚 0.06m，岩性为灰白色薄层状沉凝灰岩，风化后呈黄褐色叶片状（图 3-32），发育有由泥质构成的水平纹层理，含火山锆石晶屑。

44 小层：厚 0.10m，岩性为灰色中层状泥质灰岩，发育有由有机质构成的纹层状水平层理（图 3-33），产牙形刺化石 *Hindeodus changxingensis hump*（图 3-34）。

 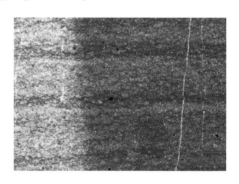

图 3-32　38～49 小层，灰色薄板状泥质灰岩　　　图 3-33　44 小层，泥质灰岩，发育有由有机质
　　　　与灰白色叶片状沉凝灰岩互层组合　　　　　　　　构成的纹层状水平纹层理，单偏光

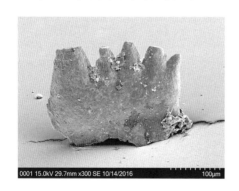 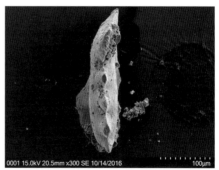

图 3-34　44 小层，牙形刺化石：*Hindeodus changxingensis hump*

［样品号 YJY-44，左侧为侧视照片（×300），右侧为口视照片（×300）］

43 小层：厚 0.04m，岩性为浅灰白色极薄层状沉凝灰岩，发育有由泥质组成的水平层理，风化后呈灰褐色叶片状（图 3-32），含少量火山锆石晶屑。

42 小层：厚 0.18m，岩性为灰色中-厚层状硅泥质灰岩，含少量凝灰物质，发育有水平层理，风化后呈叶片状（图 3-32）。

41 小层：厚 0.03m，岩性为灰白色薄层状沉凝灰岩，风化后呈叶片状(图 3-32)，碎屑组分以脱玻化的玻屑为主，含少量石英晶屑和大量火山锆石晶屑。

40 小层：厚 0.15m，岩性为灰色薄-中层状硅质泥灰岩，发育有水平纹层理，风化后呈叶片状(图 3-32)，具生物钻孔构造(图 3-35)，钻孔内充填富含有机质的灰泥和细小的生物碎屑。

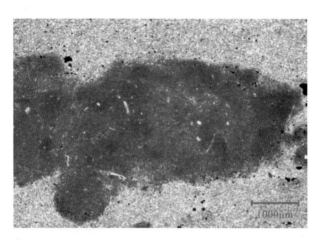

图 3-35　40 小层，泥灰岩中发育的生物钻孔构造，充填灰泥和细小的生物碎屑，单偏光

39 小层：厚 0.29m，岩性为灰色极薄层状沉凝灰岩，具有机质水平纹层理，风化后呈叶片状(图 3-32)，含较多火山锆石晶屑。

38 小层：厚 0.29m，岩性为灰色中-厚层状含凝灰质泥质灰岩，风化后呈薄板状，层面非常规则平整(图 3-32)。

37 小层：厚 0.07m，岩性为灰白色极薄层状沉凝灰岩，风化后呈黄褐色叶片状(图 3-36)，含少量火山锆石晶屑。

图 3-36　30~37 小层，深灰色薄-中层状泥 图 3-37　33 小层，凝灰质砾屑灰岩，扁圆状
质灰岩与灰白色薄层状沉凝灰岩互层组合　　砾屑在凝灰质基质中呈"漂浮状"产出

36 小层：厚 0.30m，岩性为灰色中层状硅质泥灰岩，风化后呈薄板状，层面非常规则平整(图 3-36)，发育有由有机质构成的水平纹层理。

35 小层：厚 0.02m，岩性为灰白色极薄层状沉凝灰岩，风化后呈黄褐色叶片状(图 3-36)，含较多火山锆石晶屑。

34 小层：厚 0.22m，岩性为灰色薄-极薄层状硅质泥灰岩，风化后呈薄板状，层面非常规则平整(图 3-36)，发育有由有机质构成的水平纹层理。

33 小层：厚 0.40m，岩性为灰黄-深灰色斑杂状厚层块状凝灰质砾屑灰岩(图 3-36)，露头中砾屑呈"漂浮状"产在强烈黏土化的凝灰质基质中，且呈有明显塑性变形的不规则扁圆状(图 3-37)，大小为数厘米至二十余厘米，含量在 60% 以上，成分为深灰色泥-微晶灰岩，砾屑中产有较丰富的牙形刺化石 *Neogondolella meishanensis*(图 3-38)。凝灰质基质中含有大量火山锆石晶屑(图 3-39)，显示与火山喷发和地震作用密切相关的近源高密度火山泥石流沉积成因特征。

图 3-38　33 小层，产于灰岩砾屑中的牙形刺化石：*Neogondolella meishanensis*

[样品号 YJY-33，左侧为口视照片(×210)，右侧为侧视照片(×300)]

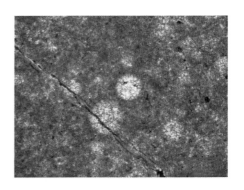

图 3-39　从 33 小层凝灰质砾屑灰岩基质中分离出来的火山锆石晶屑　　图 3-40　32 小层，硅质泥-微晶灰岩，含少量碳酸盐化的斑点状放射虫化石，单偏光

32 小层：厚 0.38m，岩性为灰色薄层状硅质泥-微晶灰岩，发育有由有机质构成的水平层理，风化后呈叶片状。含较多放射虫化石，大部分硅质放射虫化石强烈碳酸盐化，呈斑点状(图 3-40)。产牙形刺化石 *Neogodolella yini*(图 3-41)。

31 小层：厚 0.06m，岩性为灰白色、黄色薄层状沉凝灰岩，风化后呈灰黄色叶片状(图 3-36)，玻屑大部分脱玻化或黏土化，含大量火山锆石晶屑(图 3-42)。

图 3-41　32 小层，牙形刺化石：*Neogondolella yini*

［样品号 YJY-32，左侧为口视照片（×180），右侧为侧口视照片（×180）］

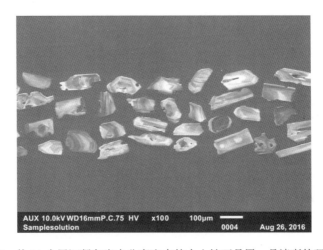

图 3-42　从 31 小层沉凝灰岩中分离出来的火山锆石晶屑，具清晰的环带结构

30 小层：厚 0.48m，岩性为浅灰色薄层状硅质泥-微晶灰岩，具泥质构成的水平层理，风化后呈叶片状（图 3-36）。含少量有孔虫、棘皮类和放射虫化石。产有牙形刺化石 *Neogondolella changxingensis*（图 3-43）。

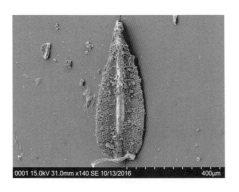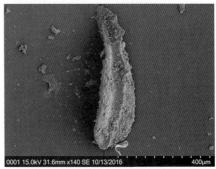

图 3-43　30 小层，牙形刺化石：*Neogondolella changxingensis*

［样品号 YJY-30，左侧为口视照片（×160），右侧为侧口视照片（×200）］

29 小层：厚 0.03m，岩性为灰白色薄层状沉凝灰岩，风化后呈灰黄色叶片状（图 3-44），凝灰质组分以玻屑为主，强烈黏土化，含丰富的火山锆石晶屑。

图 3-44　23～29 小层，深灰色薄-中层状泥质灰岩与灰白色薄层状沉凝灰岩互层组合

28 小层：厚 0.69m，岩性为深灰色薄层状碳质微晶灰岩，风化后呈薄板状（图 3-44），发育有由有机质和硅质构成的水平层理，含少量放射虫化石和硅质海绵骨针化石。产有牙形刺化石 *Neogondolella praetavlorae*（图 3-45）。

图 3-45　28 小层，牙形刺化石：*Neogondolella praetavlorae*

[样品号 YJY-28，左侧为侧口视照片（×160），右侧为口视照片（×200）]

27 小层：厚 0.08m，岩性为灰白色薄层状沉凝灰岩，风化后呈黄褐色叶片状（图 3-44），含大量火山锆石晶屑。

26 小层：厚 0.40m，岩性为灰色中层状含硅质泥灰岩，具水平层理，风化后呈叶片状。含薄壳型腕足类化石，产有牙形刺化石 *Neogondolella laii*（图 3-46）和 *N. changxingensis*（图 3-47）。

25 小层：厚 0.02m，岩性为灰白色薄层状硅质沉凝灰岩，风化后呈黄褐色叶片状。硅质呈纹层分布，构成水平纹层理，含少量火山锆石晶屑。

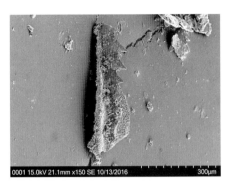
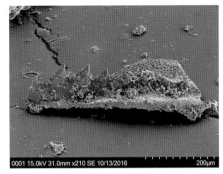

图 3-46　26 小层，牙形刺化石：*Neogondolella laii*（P1 分子，幼年）

［样品号 YJY-26，左侧为横口视照片（×150），右侧为横侧视照片（×210）］

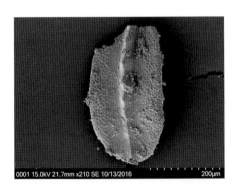

图 3-47　26 小层，牙形刺化石：*Neogondolella changxingensis*

［样品号 YJY-26，左侧为横口视照片（×150），右侧为横侧视照片（×210）］

24 小层：厚 0.34m，岩性为灰色中层状含硅质微-粉晶灰岩，含少量薄壳型腕足类化石碎片，产有非常丰富的牙形刺化石 *Neogondolella changxingensis*（图 3-48）、*N. praetaylorae*（图 3-49）、*N. carinata*（图 3-50）和 *N. highcaina*。

23 小层：厚 0.12m，岩性为灰白色薄层状沉凝灰岩，具泥质构成的水平层理，风化后呈叶片状（图 3-44）。产薄壳型双壳类化石和硅质生物碎屑，含大量火山锆石晶屑。

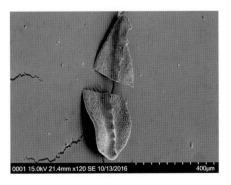

图 3-48　24 小层，牙形刺化石：*Neogondolella changxingensis*

［样品号 YJY-24，左侧为横口视照片（×170），右侧为口视照片（×120）］

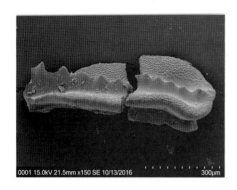

图 3-49　24 小层，牙形刺化石：*Neogondolella praetaylorae* Kozur，2004

［样品号 YJY-24，左侧为横口视照片（×150）；右侧为口视照片（×110）］

图 3-50　24 小层，牙形刺化石：*Neogondolella carinata* Clark，1959

［样品号 YJY-24，左侧为口视照片（×150）；右侧为口视照片（×210）］

3. 中部岩性-岩相段

该岩性-岩相段厚 8.70m，由 1～22 小层叠加组成。上部岩性主要为一套灰-深灰色薄-中层状硅质或凝灰质含生物屑粉-泥、微晶灰岩与灰白色薄层状沉凝灰岩不等厚互层组合，自下而上，灰质组分增多且单层加厚，具有台地前缘斜坡相带下部向台地前缘斜坡相带上部迁移且颜色逐渐变浅的海退沉积序列；中部岩性主要为深灰-灰黑色薄-中层状碳质放射虫硅质岩与灰白色薄层状沉凝灰岩不等厚互层组合，自下而上，具有泥质和凝灰质组分略增加且深水盆地向台地前缘斜坡相带下部迁移的低幅海退沉积序列；下部岩性为深灰-灰黑色薄-中层状碳质放射虫硅质岩与灰黑色薄层状碳质页岩不等厚互层组合，具有持续稳定的深水盆地相低幅海侵沉积序列。下部、中部、上部岩性组合的叠加，组成了深水盆地→台地前缘斜坡相带的完整海侵-海退旋回。自上而下，可细分为 22 个小层（22→1 小层）。

22 小层：厚 0.87m，岩性为深灰色中-厚层状含碳硅质微-粉晶灰岩（图 3-51）。

21 小层：厚 0.06m，岩性为灰白色薄层状沉凝灰岩，具泥质水平纹层理和生物钻孔构造，钻孔内充填含石英晶屑的火山碎屑，风化后呈黄褐色叶片状（图 3-51）。含少量火山锆石晶屑，沿层面产密集重叠分布和保存完整的菊石化石 *Pseudqtirolites*（*Pseudotirolites*）sp.（图 3-52）。

图 3-51　19～22 小层，深灰色薄-中层状泥质灰岩与灰白色薄层状沉凝灰岩互层组合

图 3-52　左侧照片为沿 21 小层沉凝灰岩层面密集重叠分布和保存完整的菊石化石，右侧照片为左侧照片中菊石化石的近拍照片

20 小层：厚 0.20m，岩性为灰白色薄层状含凝灰质泥-微晶灰岩，含少量薄壳介形虫化石。产牙形刺化石 *Neogondolella changxingensis*（图 3-53）。

图 3-53　20 小层，牙形刺化石：*Neogondolella changxingensis*

[样品号 YJY-20，左侧为口视照片（×100）；右侧为口视照片（×150）]

19 小层：厚 0.02m，岩性为灰白色薄层状沉凝灰岩，风化后呈黄褐色叶片状（图 3-51）。火山碎屑组分为强烈蚀变为黏土的玻屑，含少量石英和火山锆石晶屑。

18 小层：厚 0.44m，岩性为深灰色、灰黑色薄-中层状含碳硅泥质泥-微晶灰岩，发育有由硅质和泥质构成的水平层理，风化后呈薄板状（图 3-54），产保存完整的有孔虫化石和少量放射虫、介形虫、小个体薄壳型腕足类化石，以及沿层面密集重叠分布和保存完整的菊石化石。

图 3-54　14～18 小层，深灰色薄-中层状泥质灰岩与灰白色薄层状沉凝灰岩互层组合

17 小层：厚 0.02m，岩性为灰白色薄层状沉凝灰岩，风化后呈黄褐色叶片状（图 3-54），含少量石英、长石、云母晶屑和较多火山锆石晶屑。

16 小层：厚 0.56m，岩性为灰色薄层状碳硅质页岩，发育有由硅质和有机质构成的水平层理，风化后呈叶片状（图 3-54），含丰富的放射虫化石和菊石化石，以及少量薄壳型双壳类化石。菊石化石有保存完整和沿页岩层面密集重叠分布的特点（图 3-55），属种为 *Pseudqtirolites*（*Pseudotirolites*）sp.。

15 小层：厚 0.10m，岩性为灰白色薄层状硅质沉凝灰岩，风化后呈黄褐色叶片状（图 3-54）。硅质呈斑点状不均匀分布，含较多火山锆石晶屑，沿沉凝灰岩层面有密集重叠分布且保存完整的菊石化石 *Pseudqtirolites*（*Pseudotirolites*）sp.。

14 小层：厚 0.40m，岩性为深灰色薄-中层状碳硅质微晶灰岩，发育硅质和有机质水平纹层理，风化后呈薄板状（图 3-54），含丰富的放射虫化石和薄壳介形虫化石（图 3-56），放射虫化石强烈碳酸盐化。产牙形刺化石 *Neogondolella subcarinata*（图 3-57）。

13 小层：厚 0.05m，岩性为灰白色薄层状沉凝灰岩，风化后呈黄灰色叶片状（图 3-58），产少量放射虫化石和硅质海绵骨针化石，含丰富的火山锆石晶屑。

12 小层：厚 0.59m，岩性为灰黑色薄层状碳质硅质岩，呈非常规则的薄板状（图 3-58），含丰富的放射虫化石和少量薄壳型双壳类与介形虫化石，部分放射虫化石碳酸盐化，双壳类化石硅化。沿层面产丰富且保存完好的菊石化石 *Pseudqtirolites* sp. 和 *P. mapingensis*。

11 小层：厚 0.06m，岩性为灰白色薄层状沉凝灰岩，风化后呈黄灰色叶片状（图 3-58），含大量火山锆石晶屑。

图 3-55　沿 16 小层灰黑色凝灰质页岩层
面密集分布和保存完整的菊石化石

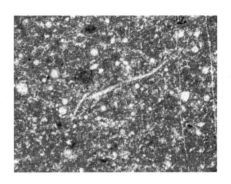

图 3-56　14 小层，碳硅质灰岩含丰富的放射虫
化石和薄壳介形虫化石，单偏光

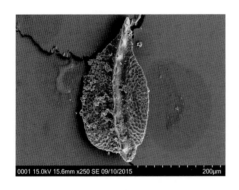

图 3-57　14 小层，牙形刺化石：*Neogondolella subcarinata*

［样品号 YJY-14，左侧为口视照片（×250）；右侧为横侧视照片（×300）］

图 3-58　8～13 小层，深灰色薄层状硅质岩与灰白色薄层状沉凝灰岩互层组合

　　10 小层：厚 0.37m，岩性为灰黑色薄层状碳质硅质岩，硅质岩露头呈非常规则的薄板状（图 3-58），含放射虫化石和薄壳型双壳类化石，部分放射虫化石碳酸盐化。沿层面产保存完整和密集重叠分布的菊石化石 *Pseudqtirolites mapingensis* 和 *Pseudogastrioceras lioui* sp.。

　　9 小层：厚 0.025m，岩性为灰白色薄层状沉凝灰岩，风化后呈黄灰色叶片状（图 3-58），含大量火山锆石晶屑。

　　8 小层：厚 0.57m，岩性为灰黑色薄层状碳质放射虫硅质岩（图 3-59），露头上的硅质岩呈非常规则的薄板状（图 3-58），沿层面产丰富且完整的菊石化石 *Pseudqtirolites*（*Pseudotirolites*）sp.、*P. mapingensis* 和 *Pseudogastrioceras lioui*。

　　7 小层：厚 0.025m，岩性为灰白色薄层状硅质沉凝灰岩，风化后呈黄灰色叶片状（图 3-60），含大量火山锆石晶屑。

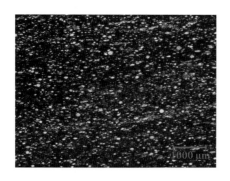

图 3-59　8 小层，碳质放射虫硅质岩，放射　　　　　图 3-60　1～7 小层，薄层状硅质岩
虫化石密集均匀分布，单偏光　　　　　　　　　夹灰白色薄层状硅质沉凝灰岩组合

　　6 小层：厚 0.14m，岩性为灰黑色薄层状碳质硅质岩，露头上的硅质岩呈非常规则的薄板状（图 3-60），产微量放射虫化石和硅质海绵骨针化石，发育有方沸石细脉。

　　5 小层：厚 0.04m，岩性为灰白色薄层状沉凝灰岩，风化后呈黄灰色叶片状（图 3-60），含火山锆石晶屑。

　　4 小层：厚 0.66m，岩性为灰黑色薄层状碳质放射虫硅质岩，露头上的硅质岩呈非常规则的薄板状（图 3-60），含丰富的放射虫化石和少量硅质海绵骨针化石（图 3-61）。

　　3 小层：厚 0.08m，岩性为灰黑色薄层状含放射虫碳质页岩，呈叶片状（图 3-60）。

　　2 小层：厚 0.33m，岩性为灰黑色薄层状碳质硅质岩，露头上的硅质岩呈非常规则的薄板状，发育有由泥质和有机质构成的水平层理，富含密集均匀分布的细小放射虫化石及少量薄壳型双壳类化石（图 3-62）。

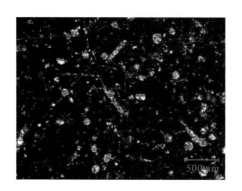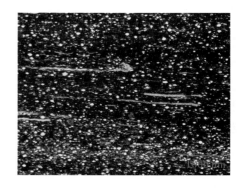

图 3-61　4 小层，碳质放射虫硅质岩，产放射虫　　　图 3-62　2 小层，放射虫硅质岩，放射虫化石呈
化石和海绵骨针化石，正交偏光　　　　　　密集均匀分布，含少量薄壳型双壳类化石，单偏光

1 小层：厚 3.09m，岩性为大套连续沉积的薄-中层状灰黑色薄层状碳质放射虫硅质岩（图 3-63），富含密集呈条带状分布且大小不一的放射虫化石及少量薄壳介形虫化石（图 3-64），部分放射虫化石碳酸盐化，与下伏地层吴家坪组呈连续沉积的整合接触关系。

 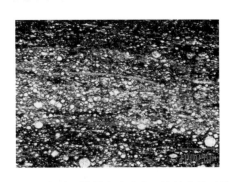

图 3-63　1 小层，大套连续沉积的灰黑色　　图 3-64　1 小层，放射虫硅质岩，放射虫化石呈密
薄-中层状碳质放射虫硅质岩　　　　　　集条带状分布，含少量薄壳型双壳类化石，单偏光

4. 下部岩性-岩相段

该岩性-岩相段厚 8.97m，为一低幅海侵旋回（图 3-2 中的 11～14 小层）。在露头剖面上，该岩性-岩相段以顶部发育有 2 层分别厚 0.5～1.1m 和 0.2m 的灰黑色硅质微-粉晶白云岩为显著特征，其中位于顶部 14 小层的白云岩呈底平上凸的丘状体外形，产放射虫化石（图 3-5 和图 3-6）。如与中部和上部岩性-岩相段相比较，下部岩性-岩相段的主体以大套深水盆地相的碳质放射虫硅质岩为主（图 3-8），虽然也夹有较多层薄-极薄层状碳硅质页岩，但未见灰白色沉凝灰岩夹层，尤其是在硅质岩和碳硅质页岩的层面上也未见密集重叠分布的菊石化石，与下伏地层吴家坪组呈岩性渐变的连续沉积的整合接触关系。有关该岩性-岩相段和吴家坪组地层发育状况的详细内容，在本章第一节中已有详细描述，这里不再赘述。

二、华蓥山涧水沟剖面 P—T 界线地层描述

华蓥山涧水沟 PTB 界线地层剖面位于华蓥市溪口镇东北方向 5km 处前进煤矿附近的乡镇公路边，其构造位置属于川中地块中段东缘（图 3-14）。晚二叠世该剖面的古地理位置属于上扬子台地台内礁滩相带（图 2-4），曾多次经受暴露和风化剥蚀作用，早三叠世初期发生了快速海侵，其加深为开阔台地潮下低能带（图 2-5）。该剖面也为上扬子地区浅水台地型 PTB 界线地层剖面的典型代表之一，剖面沿乡镇公路分布，出露良好，从老到新依次被划分和命名为龙潭组（P_3l）、长兴组（P_3ch）和飞仙关组（T_1f）3 个地层单元，各地层单元之间都呈沉积不连续的平行不整合接触关系（张遴信和吴望始，1981）。本书对 PTB 界线地层的研究从该剖面的上二叠统长兴组上部礁滩相灰岩开始，至下三叠统飞仙关组一段底部开阔台地相潮下低能带的紫红色薄层状泥质灰岩为止（图 3-65），厚 13.91m，细分为 2 个组、3 个岩性-岩相段和 12 个小层。

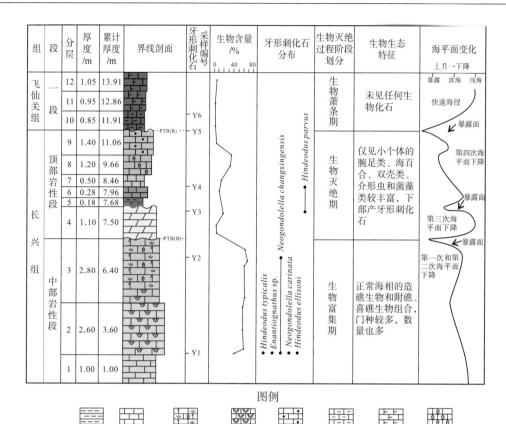

图3-65 华蓥山涧水沟剖面PTB界线地层和沉积相与海平面升降变化综合柱状图

(一)下三叠统飞仙关组一段底部岩性-岩相段

该岩性-岩相段厚度大于 2.85m，岩性主要为非常典型的紫灰色薄板状含泥质灰岩与泥灰岩互层组合，被认为是飞仙关组一段底部的典型岩性。该岩性-岩相段属于开阔台地潮下低能带沉积，为早三叠世初期快速海侵条件下形成的区域性超覆沉积作用的产物。自上而下，分为 3 个小层(12→10 小层)。

12 小层：厚 1.05m，岩性为紫灰色薄层状含泥质灰岩，风化后呈灰褐色。

11 小层：厚 0.95m，岩性为紫灰-灰褐色薄层状泥质灰岩，风化后呈灰褐色。

10 小层：厚 0.85m，岩性为深灰色薄层状泥质灰岩，该小层以岩性和岩相突变的方式，平行不整合超覆在长兴组顶部的古暴露面上(9 小层顶面)。

基于该岩性-岩相段及其以上地层具有飞仙关组一段底部岩性的典型特征，按传统的岩石地层划分方案，将该剖面三叠系岩石地层单元的底界面确定在 10 小层的底面上，其与长兴组 9 小层顶部的古暴露面呈平行不整合接触关系，这即为岩石地层划分方案中二叠系与三叠系的分界线。如前所述，本书将该界线称为 PTB(R)界线。

(二)上二叠统长兴组

华蓥山地区上二叠统长兴组主要为一套开阔台地台相沉积，具有隆、拗相间的台内礁、滩与礁、滩间潮下低能带沉积格局(胡忠贵等，2015)。由于受晚二叠世晚期浅水台地多次发生大幅度区域性海退作用影响，其主要表现为一套经历多次早期暴露作用和大气水淋滤改造的残积型生物礁灰岩、生屑灰岩、残积型灰岩和古土壤层的互层组合，虽然保存的地层较少，但频繁出现的古暴露面和古土壤层为示踪古海平面的升降变化提供了众多有用的信息。该剖面自上而下细分为2个岩性-岩相段和9个小层(9→1小层)。

1. 长兴组顶部岩性-岩相段

该岩性-岩相段厚4.66m，相当于詹承凯和蒋伟杰(1989)划分出的过渡层，属于有频繁暴露的台内礁、滩相沉积。岩性主要为残积型生物屑灰岩与残积型钙质泥岩(古土壤层)的互层组合，以残积型钙质泥岩中含有残积型灰岩碎块、渗滤豆层和火山凝灰物质，以及具有多个向上变浅且暴露的次级海退沉积旋回为显著特征。自上而下，被划分为5个小层(9→4小层)。

9小层：厚1.40m，主要为一套褐灰-灰绿色含灰岩碎块的残积层夹渗滤豆层(或豆状钙质泥岩)。该小层顶面为一古暴露面(图3-66左)。渗滤豆成团"漂浮状"产在褐灰色的泥晶方解石与黏土矿物混合组成的残积型泥质物中(图3-66中)，球形体直径0.8～1.5cm，由泥-微晶方解石组成，同心圈层结构清晰(图3-66右)，豆内常包裹有介壳类和藻类化石，其成因与持续暴露和大气水渗滤沉淀作用有关。在古暴露面之下出现渗滤豆层，说明9小层形成于海平面大幅度下降期，其沉积后曾经历了较为持久的强烈暴露和大气水侵蚀与渗滤改造作用。因此，在传统的岩石地层划分方案中，该小层顶面古暴露面之上的10小层底面即被作为PTB(R)界线的所在位置，也为区域地层对比的重要标志。

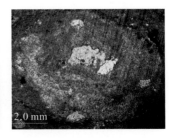

图3-66　华蓥山涧水沟剖面9小层，古土壤层中的渗滤豆和顶部的古暴露面

[左侧为9小层的渗滤豆层和顶部古暴露面的露头照片(右下角为记号笔)；中部为左侧照片的近照，渗滤豆"漂浮"在残积型泥质物中(比例尺为1cm)；右侧为渗滤豆的显微照片(单偏光)]

8小层：厚1.20m，中、下部岩性为含生屑微晶灰岩，上部为风化残积成因的灰色薄-中层状黄铁矿质生屑灰岩(图3-67)，顶部为一古暴露面。生物碎屑主要为海百合化石，部分为双壳类和腹足类化石碎片，属于开阔台地台内浅滩相沉积。此小层在准同生期曾遭受大气水强烈淋滤改造，其上部一度被改造为富集氧化铁的残积型铁质生屑灰岩，粒间溶孔和溶缝内均充填有大量的氧化铁组分，为其古表生暴露期形成的残积成因标志，而成岩期大部分铁质组分被黄铁矿交代，局部形成黄铁矿结核，个别黄铁矿结核大如鸡蛋，但黄铁矿结核周围的生屑灰岩仍保存有完好的大气水溶蚀组构，溶蚀孔、缝内残留有少量氧化铁(褐铁矿)胶结物。

图 3-67　8 小层，黄铁矿质生屑灰岩，生屑边缘被溶蚀

[染色薄片，单偏光，对角线长 4.6mm]

7 小层：厚 0.50m，岩性为残积型灰绿色含泥质生屑粉晶灰岩(图 3-68)，岩石松软破碎，生物碎屑含量低且难以辨认，为开阔台地滩间潮下低能带沉积。该小层底部产丰富的牙形刺化石 *Hindeodus parvus*。

6 小层：厚 0.28m，岩性为中-厚层状灰色含生屑粉晶灰岩，生物碎屑含量低，主要为双壳类、腹足类和介形虫化石组合。

5 小层：厚 0.18m，主要为褐黄色黏土层(图 3-68)，岩石非常松软破碎，经 X 射线衍射分析，其物质组成以非常细小的石英(44.7%)和针铁矿(47.1%)为主，含少量黏土矿物(6.0%)和锐钛矿(2.2%)，其中黏土矿物由伊利石(40.0%)和高岭石(60.0%)组成，表明该黏土层属于风化残积型古土壤层，对下伏地层 4 小层顶部凹凸不平的古风化面有明显的充填补平作用，可代表发生过规模较大且持续时间较长的海平面下降事件与古暴露作用。

图 3-68　华蓥山涧水沟剖面 4～7 小层和古暴露面

4 小层：厚 1.10m，岩性为浅灰色中层状生屑泥-微晶白云岩，生物碎屑主要为介形虫、腹足类化石（图 3-69）和一些菌藻类（或蓝细菌）丝状体（图 3-70），并含有较丰富的莓球状黄铁矿（约 1%），该小层顶面为一凹凸不平的古暴露面（图 3-68）。在距离该小层顶面 0.1m 处产有数量巨大但品种单一的牙形刺化石 *Hindeodus parvus*（图 3-71）。

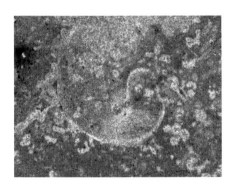 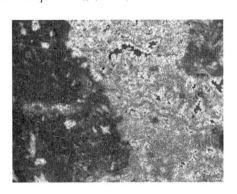

图 3-69　华蓥山涧水沟剖面 4 小层下部，含生屑泥-微晶白云岩，含腹足类化石

［单偏光，照片对角线长 4.6mm］

图 3-70　华蓥山涧水沟剖面 4 小层下部，泥晶白云岩，具絮状蓝细菌丝状体结构，为微生物岩

［单偏光，照片对角线长 4.6mm］

图 3-71　4 小层，牙形刺化石：*Hindeodus parvus*

［样品号 Y-3，侧视照片］

需要指出的是，该小层是华蓥山涧水沟剖面中最早出现牙形刺化石 *Hindeodus parvus* 的层位，按国际地质科学联合会划分 P—T 界线的原则，应该将三叠系生物地层的底界线确定在距离该小层顶面 0.1m 处。但笔者认为该小层属于台内生物碎屑滩相沉积，是某一次风浪颠选作用后留下的沉积记录，整个滩体可被视为一个等时体，任何颗粒和生物碎屑及完整的化石在滩体中的分布都具有随机性，按生物地层划分方案将三叠系底界线确定在距该小层顶面 0.1m 处的滩体内部并不可取，恰当的三叠系生物地层底界线应被确定在该小层底面上，该界线被称为 PTB（B）界线。

有意思的是，该剖面 4 小层白云岩的成因和沉积相类型也众说不一，如 Reinhardt（1988）在对华蓥山溪口剖面的研究中认为其属于潮上蒸发坪沉积的产物；Wignall 和 Hallam（1996）依据重庆老龙洞 PTB 界线剖面中相当层位的生物组合和沉积相特点，认为与该小层相当的白云岩代表了较深水相贫氧沉积环境，否定了 Reinhardt（1988）的潮上蒸发坪观点；同样，Kershaw（2004）在对华蓥山东湾 PTB 界线剖面的研究中也提出了与该小层层位相当的微-粉晶白云岩为较深水相微生物岩成因的观点。

华蓥山涧水沟剖面生物礁之上的微-粉晶白云岩中生物碎屑含量较少，仅出现少量介形类、腹足类、双壳类化石和一些具有絮状结构的蓝细菌丝状体化石，局部含有莓球状黄铁矿，含量高的部位其含量可达 1%。因此，本书既同意 Wignall 和 Hallam（1996）对于这套微-粉晶白云岩属于较深水相贫氧沉积环境产物的解释，也赞同 Kershaw 等（1999，2002）和 Ezaki 等（2003）将此类型岩石划归为微生物岩成因的观点，本书认为这套微-粉晶白云岩属于在较深水相贫氧环境中形成的微生物岩。

2. 长兴组中部岩性-岩相段

该岩性-岩相段厚度大于 6.4m，主要为一套正常的台内礁、滩相沉积，自上而下细分为 3 个小层（3→1 小层）。

3 小层：厚 2.8m，岩性为灰白色含云泥晶球粒生屑灰岩（图 3-72），生物碎屑类型较丰富，以海百合和有孔虫化石为主，其次为苔藓虫和介形虫以及双壳类和腹足类化石等。这些生物碎屑具有较好的分选性和磨圆度，属于有较强波浪颠选改造作用的台内礁坪滩相沉积产物。距该小层顶面 0.1m 处产牙形刺化石 *Neogondolella changxingensis*（图 3-73）、*N. carinata*、*N. typicalis* 和 *Hindeodus ellisoni* 等，以及一些未定属种的枝形分子。该小层顶部为波状起伏的受大气水强烈溶蚀作用的古暴露面，溶蚀孔、洞发育，并充填有少量陆源碎屑。这表明，该古暴露面之上的 4 小层底面系本书确定的生物地层 P—T 界线即 PTB（B）界线所在位置。

图 3-72　华蓥山涧水沟剖面 3 小层，含白云质微晶球粒 生屑灰岩，生物碎屑有较好的分选性和磨圆度 ［单偏光，照片对角线长 4.6mm］	图 3-73　华蓥山涧水沟剖面 3 小层牙形刺化 石：*Neogondolella changxingensis* ［样品号 Y-2，上侧为口视照片，下侧为反口视照片］

2 小层：厚 2.6m，岩性主要为褐灰色厚层块状泥晶海绵障积礁灰岩（图 3-74）。礁灰岩中，海绵化石保持原地生长生态特征。

1 小层：厚度大于 1.0m，岩性主要为灰褐色、褐灰色块状海绵骨架礁灰岩。

需要指出的是，与广元羊木镇龙凤剖面西相比较，华蓥山涧水沟剖面顶部岩性-岩相段直接超覆在中部岩性-岩相段之上，其间侵蚀或缺失上部岩性-岩相段，其原因及相关的解释在第四章中将予以详细描述，这里不再赘述。

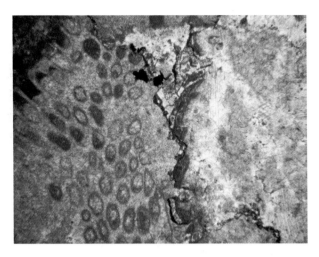

图 3-74　华蓥山涧水沟剖面 2 小层，海绵骨架礁灰岩

[单偏光，照片对角线长 4.6mm]

三、重庆中梁山尖刀山剖面 P—T 界线地层描述

重庆中梁山尖刀山 PTB 界线剖面位于重庆市北侧中梁山地区尖刀山南坡山麓一个名叫范家湾的山坳内，其构造位置属于川东南断皱带中段西缘(图 3-2)。该剖面晚二叠世的古地理位置位于台地边缘浅滩相带(图 2-4)，晚时也有频繁的间歇性暴露和风化剥蚀作用，早三叠世早期发生了快速海侵，其加深为台地前缘斜坡相带(图 2-5)，属于浅水台地与台盆斜坡过渡带类型的 PTB 界线剖面。该剖面沿范家湾山坳内一私人溜马场小路边分布，PTB 界线地层有效描述范围内的地层出露良好，被划分为长兴组(P_3ch)上部和飞仙关组一段(T_1f_1)下部，以长兴组顶部的古暴露面为界，与飞仙关组一段下部呈明显的平行不整合接触关系。实测的 PTB 界线地层从上二叠统长兴组顶部的微晶生屑灰岩开始，至下三叠统飞仙关组一段底部的紫灰色薄层状泥质灰岩结束，厚仅 7.60m，细分为 2 个组、3 个岩性-岩相段和 15 个小层(图 3-75)。

(一)下三叠统飞仙关组下部岩性-岩相段

该岩性-岩相段厚度大于 2.0m，因岩性单一而未再进行细分，只分为 15 小层(图 3-75)，岩性也为飞仙关组一段底部所特有的发育有水平层理的紫灰色薄板状泥质灰岩，属于台地前缘斜坡相带上部沉积，不含任何肉眼和在显微镜下可见的生物化石，为早三叠世初期快速海侵条件下的区域性沉积超覆作用产物。基于该小层具备飞仙关组一段底部的典型岩性特征，按传统的岩石地层划分方案，将该小层底面确定为三叠系岩石地层单元底界面，即 PTB(R) 界线。

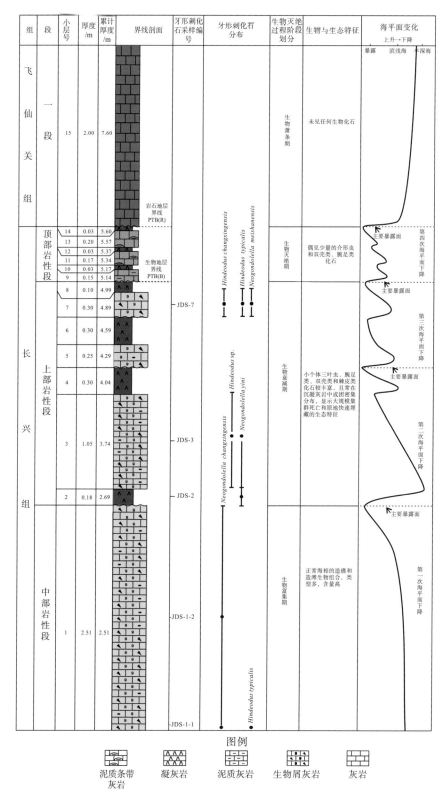

图 3-75 重庆中梁山尖刀山剖面 PTB 界线地层和沉积相与海平面升降变化综合柱状图

(二)上二叠统长兴组

1. 顶部岩性-岩相段

该岩性-岩相段厚仅0.61m，也相当于詹承凯和蒋伟杰(1989)所划分出的上二叠统顶部过渡层，岩性主要为一套有多次早期暴露和经大气水淋滤改造的台地边缘礁、滩相沉积组合，反映出晚二叠世晚期浅水台地有多次较大幅度的区域性海退作用。自上而下，可细分为6个小层(14→9小层)。

14小层：厚0.03m，岩性为灰白色薄层状沉凝灰岩，风化后因受上覆地层飞仙关组一段下部富含铁、锰质的紫灰色泥质灰岩风化物的浸染而呈斑杂状紫灰色，其顶面为一凹凸不平且富含铁、铝质斑块的古暴露面，属于古表生期古土壤化的火山灰残积层，与上覆地层飞仙关组底部紫灰色薄层状泥质灰岩呈岩性和岩相突变的接触关系，因而在传统的岩石地层划分方案中，该小层顶面古暴露面之上的15小层的底面被作为PTB(R)界线的所在位置，其也为区域地层对比的重要标志。

13小层：厚0.20m，岩性为灰色薄-中层状含泥质条带状微晶灰岩，含少量二叠纪小个体薄壳型腕足类、海百合、双壳类、介形虫和腹足类化石等，属于台地边缘滩后潮坪相沉积。

12小层：厚0.03m，岩性为灰白色沉凝灰岩，风化后呈黄灰色叶片状，属于台地边缘滩间潮下低能带沉积，其顶部为一古暴露面。

11小层：厚0.17m，岩性为灰色薄-中层状含泥质微晶灰岩，泥质呈条带状分布，属于台地边缘滩后潮坪相沉积。

10小层：厚0.03m，岩性为灰白色薄层状沉凝灰岩，风化后呈黄灰色叶片状，属于台地边缘滩间潮下低能带沉积。

9小层：厚0.15m，岩性为灰色薄-中层状或透镜状、条带状泥质微晶灰岩，属于台地边缘滩后潮坪相沉积。

2. 上部岩性-岩相段

该岩性-岩相段厚2.30m，岩性也主要为一套有多次早期暴露和经大气水淋滤改造的台地边缘残积型礁、滩相灰岩与灰白色薄层状沉凝灰岩互层组合，依然反映晚二叠世晚期浅水台地有多次较大幅度的区域性海退作用。自上而下，可细分为7个小层(8→2小层)。

8小层：厚0.10m，下部岩性为灰白色薄层状沉凝灰岩，风化后呈黄灰色叶片状，含有非常丰富的沿层面密集成团分布且保存完整的三叶虫、小个体腕足类、双壳类化石等，属于台地边缘滩间潮下低能带沉积；上部为斑杂状黄灰褐色古土壤层，顶部为一凹凸不平的古暴露面，古暴露面的凹坑内富含铁铝质团块，也属于古表生期古土壤化的火山灰残积层。

7小层：厚0.30m，岩性为灰色薄-中层状含生屑微晶灰岩，属于台地边缘滩后潮坪相沉积，产丰富的牙形刺化石 *Neogondolella meishanensis*(图3-76和图3-77)、*Hindeodus typicalis*(图3-78)。

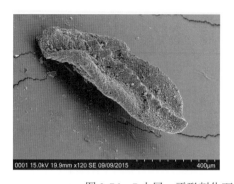

图 3-76　7 小层，牙形刺化石：*Neogondolella meishanensis*

［样品号 JDS-7，左侧为斜侧视照片（×120），右侧为斜侧视照片（×200）］

图 3-77　7 小层，牙形刺化石：*Neogondolella meishanensis*

［样品号 JDS-7，左侧为侧视照片（×180）；右侧为侧视照片（×210）］

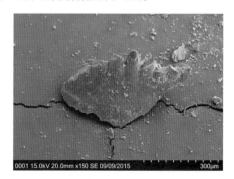

图 3-78　7 小层，牙形刺化石：*Hindeodus typicalis*

［样品号 JDS-7，左侧为斜侧视照片（×150），右侧为斜侧视照片（×150）］

　　6 小层：厚 0.30m，岩性为灰白色薄-中层状沉凝灰岩，属于台地边缘滩间潮下低能带沉积，风化后呈黄灰色叶片状，产少量小个体腕足类、三叶虫化石等（图 3-79）。

　　5 小层：厚 0.25m，岩性为灰色薄层状含燧石结核生屑灰岩，含保存完整的小个体腕足类化石和蜓化石，属于台地边缘生物滩相沉积。

　　4 小层：厚 0.30m，岩性为灰白色沉凝灰岩，风化后呈黄灰色叶片状，含非常丰富的生物化石，特别是近顶面产成团分布且保存完整的三叶虫、小个体腕足类、苔藓虫、海百合化石等（图 3-80），属于台地边缘滩间潮下低能带沉积。

图3-79　6小层，灰白色沉凝灰岩中保存　　　图3-80　4小层，沉凝灰岩中成团分布的三叶虫、
　　　　完整的三叶虫化石　　　　　　　　　　　　腕足类、海百合化石，显示集群死亡特征

3小层：厚1.05m，岩性为灰色中厚层状含燧石结核生屑灰岩，含丰富且保存完整的三叶虫、小个体腕足类、双壳类化石等，呈顺层密集分布，属于台地边缘生物滩相沉积。该小层下部和上部都产牙形刺化石 *Neogondolella yini*（图3-81）。

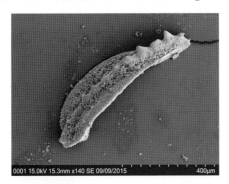

图3-81　3小层，牙形刺化石：*Neogondolella yini*

[样品号JDS-3，左侧为侧视照片（×140）；右侧为反口视照片（×120）]

2小层：厚0.18m，岩性为灰白色薄层状沉凝灰岩，产丰富且保存完整的小个体三叶虫、苔藓虫、腕足类和海百合化石等，属于台地边缘滩间潮下低能带沉积，产牙形刺化石 *Neogondolella yini*（图3-82）。

图3-82　2小层，牙形刺化石：*Neogondolella yini*

[样品号JDS-2，左侧为侧视照片（×200），右侧为侧视照片（×150）]

3. 中部岩性-岩相段

该岩性-岩相段浮土覆盖较严重，仅出露 2.51m，岩性单一，故未进行小层细分，主要为台地边缘礁、滩相组合的中-厚层状含燧石结核生屑灰岩夹灰白色薄层状沉凝灰岩，顶部为凹凸不平的被上覆地层 2 小层沉凝灰岩沉积超覆的古暴露面，反映晚二叠世晚期浅水台地有较大幅度的区域性海退作用，产较丰富的牙形刺化石 *Neogondolella changxingensis*（图 3-83 和图 3-84）和 *Hindeodus typicalis*（图 3-85）。

图 3-83　1 小层，牙形刺化石：*Neogondolella changxingensis*（幼体）

［样品号 JDS-1，左侧为口视照片（×200），右侧为侧视照片（×200）］

图 3-84　1 小层，牙形刺化石：*Neogondolella changxingensis*

［样品号 JDS-1，左侧和右侧均为斜横视照片（×200）］

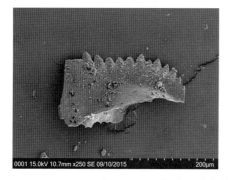

图 3-85　1 小层，牙形刺化石：*Hindeodus typicalis*

［样品号 JDS-1，左侧为斜侧视照片（×250），右侧为口视照片（×200）］

第四章　上扬子地区 PTB 界线类型与区域对比

第一节　上扬子地区 PTB 界线类型

在对 PTB 界线标定之前，首先要了解 PTB 界线的性质及其两侧地层的基本特征和相互关系，以及区域上各剖面 PTB 界线的可对比性。上扬子地区二叠系与三叠系 PTB 界线的划分方案有两种：其一，在区域地质调查和固体与流体矿产资源勘探工程等生产实践中广泛使用的是《中国地层典：二叠系》《中国地层典：三叠系》中提出的岩石地层划分方案（表 4-1），为描述方便，本书将此类二叠系与三叠系之间的岩石地层 PTB 界线简称为 PTB（R）界线；其二，在与 PTB 界线相关的重大地质事件研究中，如生物演化史、生物灭绝事件、快速海侵事件和缺氧事件研究等，引用的是国际地层委员会在 2000 年通过的国际地质科学联合会在 2001 年批准的以 *Hindeodus parvus* 首现作为二叠系—三叠系 PTB 界线标志的生物地层划分方案，同样为描述方便，本书将此类二叠系与三叠系之间的生物地层 PTB 界线简称为 PTB（B）界线。这两类 PTB 界线的划分方案不尽相同，不仅体现在岩性、岩相、古生物类型及界线两侧地层的接触关系等方面，而且各有各的识别标志和地质意义，产出位置也有很大差异，其中 PTB（R）界线的产出位置往往位于 PTB（B）界线上方数米处。

表 4-1　扬子区二叠系与三叠系岩石地层单元划分和区域对比关系（据《中国地层典》编委会，2000）

系	统	阶	底界年代/Ma	上扬子地层区			中扬子地层区						下扬子区 煤山剖面
				龙门山地区	川中地区	川东—黔北地区	鄂西—黔东地区	大冶地区	黔中地区		黔西南地区		
三叠系	下三叠统	巢湖阶	251.0	嘉陵江组	嘉陵江组	嘉陵江组	嘉陵江组	嘉陵江组	安顺组		紫云组		巢湖组
		印度阶	251.9	飞仙关组	飞仙关组	大冶组	大冶组	大冶组	夜郎组		罗楼组		殷坑组
二叠系	乐平统	长兴阶	254.0	长兴组	长兴组/大隆组	长兴组	长兴组	长兴组	宣威组	龙潭组	长兴组	长兴组/大隆组	长兴组
		吴家坪阶	260.4	吴家坪组	吴家坪组/龙潭组	吴家坪组/龙潭组	吴家坪组/龙潭组	龙潭组	宣威组	龙潭组	龙潭组	吴家坪组	龙潭组

一、PTB 界线类型和特征

（一）PTB（R）界线特征

1. 上二叠统长兴阶地层特征

据《中国地层典：二叠系》，上扬子地区 PTB 界线下侧的上二叠统长兴阶地层属于扬子地层分区，为二叠系最上部的地层单元。长兴组层型剖面位于浙江北部长兴县煤山，为一套半深海台盆-斜坡相的碳酸盐岩沉积，而广泛分布于上扬子地区的长兴组其主体为开阔-局限海台地相沉积，仅部分区域为半深海的台盆-斜坡相碳酸盐岩沉积。与长兴组等时异相的大隆组其层型剖面位于广西合山市大隆煤矿附近，以合山红水河马滩剖面为标准剖面，岩性主要为一套富含有机质的泥质灰岩与页岩薄互层组合，局部夹薄层状硅质岩。在宽阔的上扬子台地内，长兴组与大隆组呈碳酸盐岩台地与台盆-斜坡相沉积的同时异相关系，平面上二者具有交替展布的格局（图 2-4）。而在龙门山北段西侧，大隆组为一套深水盆地-台地前缘斜坡相沉积，岩性主要为一套富含有机质的薄层状碳硅质泥灰岩、碳硅质和碳质页岩交替发育的碳、泥、硅或碳、灰、硅沉积建造，并频繁夹有火山碎屑岩。

上扬子地区所发育的大隆组与长兴组这两个等时异相的长兴阶岩石地层单元，在不同沉积相区其地层发育特征和区域分布各不相同。

1）龙门山北段西侧长兴阶地层发育特征

分布在龙门山北段西侧广元一带深水盆地-台地前缘斜坡相区的长兴阶地层为大隆组，该地层单元与下伏地层吴家坪组呈连续沉积的整合接触关系。在区域地质研究中，该地层单元被划分为下部明月峡段和上部朝天段，其中下部明月峡段的岩性主要为灰黑色薄层状放射虫硅质岩、硅质页岩与灰白色沉凝灰岩互层组合，上部朝天段为硅、泥质灰岩与灰白色沉凝灰岩互层组合，夹薄层状放射虫硅质岩。所含化石主要出现在下部明月峡段，除了放射虫化石之外，一般以菊石类化石为主，部分含有少量薄壳型小个体腕足类、双壳类、介形虫和有孔虫化石等，化石组合的总体面貌、属种和组合特征完全可与浙江煤山长兴组深水台盆相的以菊石为代表的化石组合相对比。区域上，大隆组以出现连续沉积的大套硅质岩作为划分大隆组与吴家坪组分界线的标志，与上覆地层飞仙关组也呈连续沉积的整合接触关系，并以出现大套紫灰色薄层板状泥质灰岩对大隆组暗色灰岩超覆沉积作为划分上二叠统大隆组与下三叠统飞仙关组的分界线和进行区域对比的标志。

2）华蓥山地区长兴阶地层发育特征

分布在华蓥山地区开阔-局限台地相的长兴阶地层为长兴组，该地层单元与下伏地层龙潭组呈平行不整合接触关系。其下部岩性以灰色、深灰色厚层块状海绵礁灰岩和中-厚层状生屑灰岩与薄-中层状生屑微晶灰岩的不等厚互层组合为主，含燧石结核。中、上部岩性为浅灰至灰色中-厚层状生屑灰岩与白云质灰岩互层组合，也含燧石结核或条带。顶部岩性为青灰色薄层状泥-微晶灰岩与白云质灰岩和泥-微晶白云岩不等厚互层组合，常夹有多层古土壤化的黏土层。同时顶部往往发育有经强烈侵蚀作用形成的古暴露面，与上覆地层飞仙关组呈岩性和岩相都突变的平行不整合接触关系。

3) 中梁山地区长兴阶地层发育特征

分布在中梁山地区的长兴阶地层中属于台地边缘礁、滩相与台地前缘斜坡相上部的地层为长兴组，而属于台盆相与台地前缘斜坡相下部的地层为大隆组，二者呈同时异相关系。本书所涉及的 PTB 界线主要发育在台地边缘礁、滩相与台地前缘斜坡相上部的长兴组。剖面中，该地层单元的岩性主要为普遍含有燧石条带和结核的台地边缘礁、滩相的灰色、深灰色厚层块状海绵礁灰岩以及生物滩相的中-厚层状生屑灰岩与滩后、滩间或台地前缘斜坡相的中-薄层状生屑微晶灰岩、沉凝灰岩和少量灰黑色钙质页岩、硅质岩的不等厚互层组合。该地层单元也频繁发育古暴露面和古土壤化的泥岩夹层，与下伏地层吴家坪组呈连续沉积的整合接触关系，而与上覆地层飞仙关组呈岩性和岩相突变的平行不整合接触关系。

2. 下三叠统印度阶地层特征

据《中国地层典：三叠系》，上扬子地区 PTB 界线上侧的下三叠统印度阶也属扬子地层分区，飞仙关组(三个剖面均为飞仙关组)为三叠系中最古老的地层单元。该地层单元的层型剖面位于四川省广元市朝天镇飞仙关村，为一套海相暗紫红色或暗紫灰色薄板状泥质灰岩、泥灰岩与页岩的不等厚互层组合，夹鲕粒灰岩、粉-细晶白云岩和膏盐岩，局部夹薄层状泥质粉砂岩。飞仙关组可分为四个岩性段，其中飞一段岩性以灰紫色、紫红色和灰绿色泥质灰岩为主；飞二段岩性以灰紫色及紫色泥质灰岩、生物碎屑灰岩和泥页岩为主，夹少量薄中层状膏盐岩；飞三段岩性为以暗紫红色和紫灰色泥页岩为主，夹少量砂屑灰岩和鲕粒灰岩、鲕粒白云岩及粉-细晶白云岩；飞四段岩性为以暗紫灰色和紫红色泥页岩为主，夹少量泥灰岩，局部夹中-厚层状膏盐岩，以顶部紫红色泥灰岩作为其与上覆地层下三叠统嘉陵江组灰色微晶灰岩底界面的分界线标志。

3. PTB(R)界线划分

上扬子地区 PTB 界线的划分标志是非常清晰的：区域上以飞仙关组一段底部紫灰色薄层板状泥质灰岩与下伏地层大隆组深灰色灰岩在岩性和岩相上的突变方式或不连续的超覆沉积方式作为划分和识别 PTB(R)界线的标志。

(二)PTB(B)界线特征

依据国际地质科学联合会以 *Hindeodus parvus* 首现作为划分二叠系—三叠系界线的生物地层标志，在确定 PTB(B)界线位置时无须考虑界线在岩层中的具体位置，即按国际地质科学联合会的建议，此类界线既可出现在岩层的层面上或岩层的底面上，也可出现在岩层的内部，只需考虑 *Hindeodus parvus* 首现的位置而无须考虑 *Hindeodus parvus* 首现位置所代表的界线两侧的岩性和岩相变化及组合特征，因而确定此类界线的位置很方便。但在实际应用过程中，测定 *Hindeodus parvus* 首现位置有时非常困难，不仅需要在每一个小层采集密度足够高的牙形刺化石样品(每个样品的重量在 2kg 以上)以进行牙形刺化石分析，还需要得到保存较完好的、可供鉴定和命名的 *Hindeodus parvus* 化石样品。因此，确定 PTB(B)界线不仅成本高、难度大，还需要有足够的耐心和机遇，这在生产实践中是很不方便的，甚至是很难执行的，因而仅应用于纯理论性的科学研究中。

二、各剖面 PTB 界线标定

(一)各剖面 PTB(R)界线标定

本书对三个剖面的地层单元划分和对 PTB(R)界线的标定,采用的是区域地质研究中所使用的传统的岩石地层划分方案,即 PTB(R)界线之上为下三叠统飞仙关组,之下为上二叠统大隆组或同时异相的长兴组。三个剖面的岩石地层单元划分和 PTB(R)界线标定有一定的相似性和差异性,具体特征描述如下。

1. 广元羊木镇龙凤剖面 PTB(R)界线标定

该剖面的 PTB(R)界线被标定在 61～62 小层之间(图 3-15),依据如下。

(1)从岩性特征上看,61 小层为灰-深灰色薄层状至中-厚层状泥-微晶灰岩,含微量保存完整的薄壳介形虫化石,具大隆组顶部的典型岩性。而 62 小层为灰色和略带暗紫色的薄-中层状泥质灰岩,断口呈贝壳状,不含任何肉眼或在显微镜下可见的生物化石,具飞仙关组一段底部的典型岩性。由于此二小层在颜色和岩性及岩相方面的差异非常明显和易于识别,因而在区域地质调查和资源勘察等生产实践中历来被作为划分 P—T 之交界线地层和进行区域对比的重要标志。

(2)53～61 小层呈一个有火山频繁喷发活动的、海平面持续稳定下降的海退沉积序列,而 62～77 小层呈一个快速而连续的海侵沉积序列(图 3-15)。因此,62 小层底面与 61 小层顶面之间的 PTB(R)界线相当于区域性海退旋回折向海侵旋回的转换面,其也是一个连续沉积的整合面。

如上所述,从沉积学和岩石学角度出发,将该剖面的 PTB(R)界线确定在 62 小层底界面的位置是最为恰当的。

2. 华蓥山涧水沟剖面 PTB(R)界线标定

该剖面的 PTB(R)界线被标定在 9～10 小层之间(图 3-65),依据如下。

(1)10 小层为一套深灰-紫灰色的薄板状泥质灰岩,不含任何肉眼或在显微镜下可见的生物化石,具有飞仙关组一段底部岩性的典型特征,并以岩性和岩相突变的方式平行不整合地超覆在 9 小层顶部的古暴露面上。

(2)9 小层为一古土壤化的残积层,其顶面为一古暴露面,古暴露面之下为一被包含在古土壤层中的渗滤豆层,被 9 小层古土壤层覆盖的 8 小层也为一弱古土壤化的灰色薄-中层状含凝灰质残积型生屑粉晶灰岩,所含生物碎屑主要为海百合,部分为双壳类和腹足类生物碎屑,其岩性和生物化石常见于长兴组上部。

(3)4～9 小层呈一个有多次海平面大幅度下降的海退沉积序列,而 10～12 小层呈一个快速且连续的海侵沉积序列。因此,9 小层顶面与 10 小层底面之间的 PTB(R)界线是一个明显的区域性大幅度海退旋回折向广泛快速海侵旋回的转换面。

综合上述特点,从沉积学和岩石学角度出发,将该剖面的 PTB(R)界线确定在 10 小层底界面的位置是最为合适的。

3. 重庆中梁山尖刀山剖面 PTB(R)界线标定

该剖面的 PTB(R)界线被标定在 14～15 小层之间(图 3-75)，依据如下。

(1)同华蓥山涧水沟剖面，重庆中梁山尖刀山剖面 15 小层也为一套深灰-紫灰色的薄板状泥质灰岩，也不含任何肉眼或在显微镜下可见的生物化石，具有飞仙关组一段底部岩性的典型特征，并以岩性和岩相突变的方式平行不整合地超覆在 14 小层顶部的古暴露面上。

(2)14 小层岩性为灰白色沉凝灰岩，其顶面为凹凸不平且富含铁铝质斑块的古暴露面，与上覆地层 15 小层紫灰色薄板状泥质灰岩呈岩性和岩相突变的平行不整合接触关系。

(3)1～13 小层除含沉凝灰岩夹层之外，其岩性主体为灰色含泥质和燧石条带的生屑微晶灰岩，产小个体腕足类、双壳类、海百合、腹足类和介形虫化石，其岩性也常见于长兴组上部。

(4)1～13 小层也为一个有多次海平面大幅度下降和火山喷发活动频繁的海退沉积旋回，而 15 小层属于早三叠世初期区域性快速海侵沉积产物，其对 14 小层顶部的古暴露面有明显的沉积超覆作用。因此，14 小层顶面与 15 小层底面之间的 PTB(R)界线也是一个明显的区域性大幅度海退旋回折向广泛快速海侵旋回的转换面。

综合上述特点，从沉积学和岩石学角度出发，将该剖面的 PTB(R)界线确定在 15 小层底界面的位置是最为合适的。

(二)各剖面 PTB(B)界线标定

本书对三个剖面 PTB(B)界线的标定采用国际地质科学联合会提出的生物地层划分方案，即以 *Hindeodus parvus* 首现作为二叠系—三叠系生物地层 PTB 界线的标志和划分依据。标定结果表明，三个剖面 PTB(B)界线所在地层单元的岩性、岩相及古地理位置有很大的差异，但都位于相当于长兴阶靠顶部的位置，一般距离飞仙关组一段底部 PTB(R)界线数米处。各剖面 PTB(B)界线的标定情况如下。

1. 广元羊木镇龙凤剖面 PTB(B)界线标定

该剖面的 *Hindeodus parvus* 首现位置为 53 小层沉凝灰岩中的灰岩夹层，按国际地质科学联合会的建议，PTB(B)界线应被确定在 53 小层灰岩夹层的底面。考虑到在该剖面中任何沉积韵律或沉积旋回(如火山喷发旋回、海退旋回和生态环境旋回等)的开始都是以沉凝灰岩的出现为底界面，因此，本书将 PTB(B)界线确定在 53 小层沉凝灰岩的底界面上(图 3-15 和图 3-25)，此外还有如下 2 个依据。

(1)52 小层灰色薄层状泥灰岩产牙形刺化石 *Hindeodus changxingensis changxingensis* 和 *H. changxingensis hump*，该小层的牙形刺化石组合带相当于浙江长兴煤山剖面长兴组上段的 *Hindeodus deflecta*、*Clarkina changxingensis* 牙形刺化石组合带(Yin et al.，2001)以及 *H. changxingensis*、*H. eurypyge*、*H. praeparvus*、*H. inflaius* 和 *H. iypicalis* 牙形刺化石组合带。

(2)继 53 小层首现 *Hindeodus parvus* 之后，54、55 和 58 小层都产有 *Hindeodus parvus* 牙形刺化石，而 60、62 和 66 小层都产有牙形刺化石 *Isarcicella lobate*，在形成 *Hindeodus parvus* 牙形刺化石组合带的基础上，形成了年代略晚的 *Isarcicella lobate* 牙形刺化石组合带。

需要特别指出的是，在广元羊木镇龙凤 PTB 界线剖面中 60、62 和 66 小层所产的 *Isarcicella lobate* 牙形刺化石是在上扬子地区首次发现，其保存完好，不仅填补了 *Hindeodus parvus* 牙形刺化石带上缺失 *Isarcicella lobate* 牙形刺化石的空白，而且更重要的是为我国研究 PTB 界线的生物地层特征增添了不可多得的新材料。

2. 华蓥山涧水沟剖面 PTB(B) 界线标定

该剖面中 *Hindeodus parvus* 首现位置在 4 小层内部 (图 3-65)，具体位置为距 4 小层顶面 0.1m、距底面 0.9m 处，但本书并不将 PTB(B) 界线确定在距 4 小层顶面 0.1m 处的内部，而是将其确定在 4 小层底面，依据如下。

(1) 4 小层属于礁坪生屑滩相的含腹足类和介形虫化石的灰色中层状生屑泥-微晶白云岩，其在形成过程中受波浪颠选改造作用较为强烈，整个滩体可被视为一个等时体，牙形刺化石 *Hindeodus parvus* 在小层中出现的位置具有很大随机性，即可将整个 4 小层都视为 *Hindeodus parvus* 的首现位置，因而将 PTB(B) 界线确定在 4 小层底面更为合理。

(2) 3 小层也为波浪颠选改造作用强烈的礁坪生屑滩相沉积，其岩性为含有较多海百合、腕足类、苔藓虫、有孔虫、腹足类、瓣鳃类和介形虫等生物碎屑的灰白色中-厚层状微晶球粒生屑灰岩，富含牙形刺化石 *Hindeodus changxingensis changxingensis*、*H. carinata*、*H. ellisoni* 和 *H. typicalis* 等，以及一些未定属种的枝形分子，因而可将 3 小层视为 *Hindeodus changxingensis* 牙形刺化石组合带。

(3) 3 小层顶面为一曾遭受大气水溶蚀改造作用的古暴露面，而 4 小层底面为一沉积超覆面，因而将 PTB(B) 界线确定在 4 小层底面更为恰当。

3. 重庆中梁山尖刀山剖面 PTB(B) 界线标定

重庆中梁山尖刀山剖面到目前为止还未发现 *Hindeodus parvus* 化石及其首现位置，因此标定其 PTB(B) 界线很困难，但如果厘清如下几个基础地质问题，则仍有可能对重庆中梁山尖刀山剖面 PTB(B) 界线进行标定。

(1) 14 小层为一个强烈古土壤化的沉凝灰岩层，其顶面为一古暴露面，该古暴露面具有直接被飞仙关组一段底部经快速海侵形成的紫灰色薄板状泥灰岩沉积超覆的特点，系区域地质研究中被广泛认可的二叠系与三叠系之间的界线，即 PTB(R) 界线。

(2) 8 小层也为一个强烈古土壤化的沉凝灰岩层，其顶面为古暴露面，其上部被 9 小层的生屑微晶灰岩超覆。如以发育于 14 小层顶部的古暴露面为顶界面，以 9 小层对 8 小层的沉积超覆面为底界面，则虽然 9～14 小层尚无牙形刺化石带被发现，但其在岩性上主要为一套有多次早期暴露和经大气水淋滤改造的台地边缘礁、滩相沉积组合 (图 3-75)，具有与詹承凯和蒋伟杰 (1989) 划分出的过渡层类似的性质。

(3) 古土壤化的 8 小层之下的 1～7 小层沉积序列中，1 小层产牙形刺化石 *Neogondolella changxingensis*，其层位相当于华蓥山涧水沟剖面 2～3 小层的 *Neogondolella changxingensis* 牙形刺化石组合带，2 小层和 3 小层都产牙形刺化石 *Neogondolella yini*，7 小层产牙形刺

化石 *Neogondolella meishanensis*，因而本书认为重庆中梁山尖刀山剖面的 2～8 小层在层位上相当于华蓥山涧水沟剖面 3 小层顶部时间跨度相当的 *Neogondolella yini* 和 *Neogondolella meishanensis* 两个牙形刺化石带的古暴露面。

(4)重庆中梁山尖刀山剖面的 1～14 小层呈一个连续的海退沉积序列，而 15 小层呈一个快速海侵沉积序列，因而 14 小层顶部的古暴露面也是区域性海退旋回折向快速海侵旋回的转换面。

依据上述几个小层的岩性和岩相组合、古暴露面位置、海退和海侵的规程，以及牙形刺化石带特征与华蓥山涧水沟剖面对应的各项特征的对比关系，可确定重庆中梁山尖刀山剖面 9～14 小层在层位上相当于华蓥山涧水沟剖面中具 *Hindeodus parvus* 牙形刺化石组合带的 4～7 小层，2～8 小层相当于华蓥山涧水沟剖面 3 小层顶部的古暴露面，1 小层相当于华蓥山涧水沟剖面的 2～3 小层。以这几个对比关系为依据，可将对 8 小层沉凝灰岩顶部古暴露面有直接沉积超覆作用的 9 小层底面确定为重庆中梁山尖刀山剖面 PTB(B)界线的所在位置。

第二节　上扬子地区 PTB 界线的区域对比

综前所述，本书测量的三条 PTB 界线其地层剖面所在位置的沉积盆地性质和界线特征有明显差别，其中广元羊木镇龙凤剖面属于上扬子板块西缘的被动大陆边缘盆地，华蓥山涧水沟剖面属于上扬子板块中东部的板内克拉通盆地，而重庆中梁山尖刀山剖面属于上扬子板块东部的板缘裂陷盆地(马永生等，2009)。在古构造-古地理位置上，广元羊木镇龙凤剖面属于上扬子台地西缘大陆斜坡带与甘孜-理塘洋深海盆地的过渡带，其在 P—T 之交具有连续的深水相沉积序列，其 PTB(B)界线和 PTB(R)界线都表现为连续沉积的整合接触关系；华蓥山涧水沟剖面属于上扬子台地中东部开阔台地台内礁滩带(周刚等，2012)，其在 P—T 之交具有频繁的大幅度海退和强烈暴露的沉积序列，因而其 PTB(B)界线和 PTB(R)界线都表现为沉积不连续的间断接触关系；而重庆中梁山尖刀山剖面属于上扬子台地中偏东部的台地边缘与台盆斜坡的过渡带(刘萍等，2018)，其在 P—T 之交也有多次大幅度海退和间歇暴露的沉积序列，因而其 PTB(B)界线和 PTB(R)界线也都表现为沉积不连续的间断接触关系。由此可见，本书所测量的三个剖面可被视为上扬子地区 P—T 之交不同盆地性质、古地理位置和沉积相类型的 PTB 界线地层剖面的典型代表。各剖面之间的区域对比关系，对于揭示上扬子地区 P—T 之交所发生的重大地质事件、演化规律，以及其与生物大灭绝事件的关系有重要地质意义。

一、PTB 界线的区域对比

(一)PTB(R)界线的区域对比

上扬子地区 PTB(R)界线的区域对比标志非常清晰(图 4-1)，都是以飞仙关组一段底部的广泛海侵面作为 PTB(R)界线位置和区域对比标志，该 PTB(R)界线位置也是上扬子地区乃至整个扬子区与华南区于 P—T 之交由连续的区域性海退旋回折向区域性海侵旋回的转换面，同时还是非常重要的生物大灭绝过程中的生命灭绝线。

(二)PTB(B)界线的区域对比

1. PTB(B)界线地层对比的技术方法

本书选取和测量的三条 PTB 界线的地层剖面，由于位于上扬子地区不同的构造单元和古地理位置，且具有不同的构造-沉积格局，因而其 PTB(B)界线发育位置的盆地类型、古地理位置、岩性和岩相组合及沉积序列等都有很大的差异。在进行 PTB(B)界线对比时，除了利用牙形刺化石鉴定结果和带化石划分的微观生物地层技术方法外，基本上无法获取特定的或统一的岩石学、矿物学、地球化学等区域性对比标志，因此，本书主要采用牙形刺化石鉴定结果和带化石划分的微观生物地层技术方法进行区域地层划分和对比，划分和对比过程按如下几个步骤进行。

1) 实测剖面的 PTB(B)界线地层划分

实测剖面的 PTB(B)界线地层划分是进行 PTB(B)界线区域对比的基础，本书对三个实测剖面的 PTB 界线地层划分如下。

(1)广元羊木镇龙凤剖面，在密集采集和分析、鉴定牙形刺化石样品的基础上，对该剖面的 PTB(B)界线地层进行划分。首先以 PTB(R)界线为顶界面，建立与大隆组岩性段相对应的可与浙江长兴煤山剖面进行对比的牙形刺化石带(图 3-15)，其自下而上依次为 *Neogondolella changxingensis* 牙形刺化石带，对应于大隆组中部岩性段；*Neogondolella yini* 牙形刺化石带，对应于大隆组上部岩性段下部地层；*Neogondolella meishanensis* 牙形刺化石带，对应于大隆组上部岩性段上部地层；*Hindeodus parvus* 牙形刺化石首现层位至 PTB(R)界线处，对应于大隆组顶部岩性段(或过渡层)。以该剖面中 4 个牙形刺化石带及相对应的岩性段划分方案为区域等时对比标志，建立以牙形刺化石为地层对比依据的长兴阶等时地层格架(图 4-1)。

(2)对华蓥山涧水沟剖面也采用了密集采集和分析、鉴定牙形刺化石样品的技术方法，所获得的牙形刺化石带样品虽然较少，但代表性较好。因此，本书仍采用带化石划分的微观生物地层技术方法对华蓥山涧水沟剖面进行牙形刺化石带的生物地层划分。结果表明，以 PTB(R)界线为顶界面，可建立 2 个可供进行区域对比的牙形刺化石带(图 3-65)，其自下而上依次为对应于长兴组中部岩性段的 *Neogondolella changxingensis* 牙形刺化石带；对应于长兴组顶部岩性段的 *Hindeodus parvus* 牙形刺化石带。这两个牙形刺化石带之间虽然缺失了相当于 *Neogondolella yini* 和 *Neogondolella meishanensis* 两个牙形刺化石带的长兴组上部岩性段地层，但仍可与广元羊木镇龙凤剖面进行对比(图 4-1)，其中 *Hindeodus parvus* 首现层位至 PTB(R)界线处的 *Hindeodus parvus* 牙形刺化石带的顶部岩性段与广元羊木镇龙凤剖面的顶部岩性段(或过渡层)具有很好的区域对比关系。

(3)对于重庆中梁山尖刀山剖面，仍依靠以密集采集和分析、鉴定所取得的牙形刺化石样品为基础的微观生物地层技术方法，建立了可与广元羊木镇龙凤剖面对比的 3 个牙形刺化石带(图 3-75)，其自下而上依次为对应于长兴组中部岩性段的 *Neogondolella*

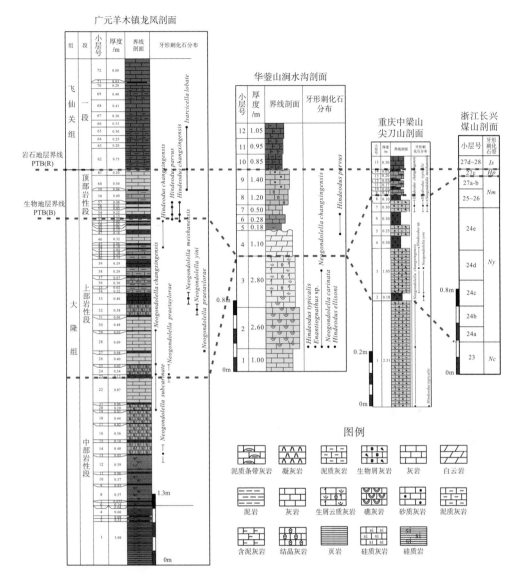

图 4-1　上扬子地区长兴阶地层格架以及两类 PTB 界线和岩性段区域对比

changxingensis 牙形刺化石带；对应于长兴组上部岩性段下部地层的 *Neogondolella yini* 牙形刺化石带；对应于长兴组上部岩性段上部地层的 *Neogondolella meishanensis* 牙形刺化石带。但是在 *Neogondolella meishanensis* 牙形刺化石带之上至 PTB（R）界线处，目前还未获得 *Hindeodus parvus* 牙形刺化石及其首现位置，不过依据地层岩性特征进行区域对比，仍可确定相当于 *Neogondolella meishanensis* 牙形刺化石带之上的 9 小层至 PTB（R）界线处地层的岩性组合，其为可与华蓥山涧水沟剖面进行对比的相当于长兴组顶部过渡层的顶部岩性段（图 4-1）。

2) 实测剖面的 PTB(B) 界线地层区域对比

在确定 *Hindeodus parvus* 首现层位及其所代表的 PTB(B) 界线位置的基础上,对实测剖面的 PTB(B) 界线地层进行区域对比。由于获得 *Hindeodus parvus* 牙形刺化石样品往往有很大的难度,因而 PTB(B) 界线位置的确定和区域对比也有很大的难度,并存在一定的不确定性。如在本书测量的三条 PTB 界线的剖面中,根据 *Hindeodus parvus* 首现所确定的 PTB(B) 界线位置虽然都位于 PTB(R) 界线之下数米处,但其具体的产出位置和保存状况各异,特别是重庆中梁山尖刀山剖面,几经周折但目前仍未发现 *Hindeodus parvus* 牙形刺化石,因而不能确定其在 PTB(B) 界线中的首现位置。因此,本书对 PTB(B) 界线位置的区域对比采用了如下 3 个步骤。

(1) 在已有的牙形刺化石分析结果的基础上,先建立各剖面的牙形刺化石带和确定 *Hindeodus parvus* 首现位置,其中一个明显的区域地层对比标志为 PTB(B) 界线与 PTB(R) 界线之间的地层,相当于大隆组(或长兴组)顶部岩性段(或过渡层,详见第三章第二节)。

(2) 将各剖面的牙形刺化石带与浙江长兴煤山剖面中可用于全球 PTB(B) 界线地层对比的 *Neogodolella changxingensis*、*N. yini*、*N. meishanensis* 和 *Hindeodus parvus* 4 个牙形刺化石带(不包括下三叠统飞仙关组)进行对比。

(3) 在将各剖面与浙江长兴煤山剖面牙形刺化石组合带进行对比的基础上,确定上述 3 个剖面的 PTB(B) 界线位置和进行区域对比。

2. 各剖面牙形刺化石带与浙江长兴煤山剖面的对比关系

(1) 广元羊木镇龙凤剖面与浙江长兴煤山剖面的对比关系。如前所述,在已有的牙形刺化石分析结果的基础上,自下而上可将广元羊木镇龙凤剖面 PTB 界线地层划分为 *Neogondolella changxingensis*、*N. yini*、*N. meishanensis* 和 *Hindeodus parvus* 4 个牙形刺化石带(图 3-15 和图 4-1)。与浙江长兴煤山剖面进行对比,该剖面 14～30 小层的 *Neogondolella changxingensis* 化石带、32 小层的 *Neogondolella yini* 化石带、33 小层的 *Neogondolella meishanensis* 化石带和 53～58 小层的 *Hindeodus parvus* 化石带可分别与浙江长兴煤山 D 剖面殷坑组的 23 小层、25～26 小层和 27c 小层(Yin et al., 2001;王成源,2008)进行同带名对比。有意思的是,在 *Hindeodus parvus* 化石带之上,60～62 小层新增的 *Isarcicella lobate* 化石带取代了浙江长兴煤山剖面 *Isarcicella staeschei* 化石带的位置,这被认为应该与环境变化有关。从总体上看,广元羊木镇龙凤剖面所发育的牙形刺化石带与浙江长兴煤山 D 剖面殷坑组牙形刺化石带具有非常好的区域可对比性。

(2) 华蓥山涧水沟剖面与浙江长兴煤山剖面的对比关系。对于华蓥山涧水沟剖面,目前仅识别出 *Neogondolella changxingensis* 和 *Hindeodus parvus* 2 个牙形刺化石带(图 3-65 和图 4-1)。如与浙江长兴煤山剖面对比,华蓥山涧水沟剖面 2～3 小层的 *Neogondolella changxingensis* 化石带和 4 小层的 *Hindeodus parvus* 化石带可分别与浙江长兴煤山 D 剖面殷坑组的 23 小层和 27c 小层(Yin et al., 2001;王成源,2008)进行同带名对比,但对应于 3 小层顶部的古暴露面缺失长兴阶上部的 *Neogondolella yini* 和 *Neogondolella meishanensis* 2 个牙形刺化石带,这应该与 3 小层沉积之后 4 小层沉积前曾发生过长时间的暴露和强烈侵蚀作用有关,即与相当于 *Neogondolella yini* 和 *Neogondolella meishanensis* 2 个牙形刺化石带的地层在海退过程中因被侵蚀而缺失有关，也即 3 小层顶部的古暴露面应该对应于相当于 *Neogondolella yini* 和 *Neogondolella meishanensis* 2 个牙形刺化石带地层的时间跨度。因此，位于 3 小层与 4 小层之间的 PTB(B) 界线具有较长时间跨度的穿时性。

（3）重庆中梁山尖刀山剖面与浙江长兴煤山剖面的对比关系。对于该剖面，目前识别出 *Neogondolella changxingensis*、*N. yini* 和 *N. meishanensis* 3 个牙形刺化石带（图 3-75 和图 4-1），它们分别与浙江长兴煤山 D 剖面殷坑组的 23 小层、24 小层和 25～27 小层同带名（Yin et al.，2001；王成源，2008），其中 1 小层的 *Neogondolella changxingensis* 牙形刺化石带与华蓥山涧水沟剖面 2～3 小层的 *Neogondolella changxingensis* 牙形刺化石带相当，而层位高一些的 3～7 小层的 *Neogondolella yini* 和 *Neogondolella meishanensis* 牙形刺化石带相当于华蓥山涧水沟剖面 3 小层顶部的古暴露面，即相当于 *Neogondolella yini* 和 *Neogondolella meishanensis* 牙形刺化石带的地层在华蓥山涧水沟剖面中因受侵蚀而缺失。需要指出的是，在重庆中梁山尖刀山剖面 9～14 小层采集的牙形刺化石样品中，目前还未发现 *Hindeodus parvus* 牙形刺化石及其首现位置，因而目前无法确定该剖面 PTB(B) 界线的位置，但依据 9～14 小层岩性组合与华蓥山涧水沟剖面 4～9 小层相似，并且 14 小层顶部的古暴露面具有被飞仙关组一段底部紫灰色薄板状泥灰岩直接沉积超覆的特点，推断该剖面 9～14 小层的层位应该与华蓥山涧水沟剖面中 *Hindeodus parvus* 首现的 4～9 小层即大隆组顶部岩性段相当。以此为依据，将重庆中梁山尖刀山剖面的 PTB(B) 界线确定在 9 小层底部的沉积超覆面上，同样具有重要的区域对比意义。

二、两类 PTB 界线区域对比的地质意义

如上所述，本书测量的三条 PTB 界线的地层剖面受到了盆地类型、古地理位置、岩性和岩相组合差异很大的影响，在区域上很难对这三条 PTB 界线的地层剖面进行统一的岩性段划分和区域对比。严格地说，它们在岩性段的划分和区域对比方面存在明显的等时异相关系。为更好地描述和刻画上扬子地区 P—T 之交所发生的一系列重大地质事件及其相互之间的成因联系，以及 P—T 之交所发生的一系列重大地质事件与生物大灭绝事件的关系，利用前述两类 PTB 界线的等时性进行岩性段划分和区域等时对比，是最为简捷和行之有效的技术方法（详见第五章和第六章相关内容）。

综前所述，对上扬子地区广元羊木镇龙凤剖面、华蓥山涧水沟剖面、重庆中梁山尖刀山剖面两类 PTB 界线及其相关的岩石地层单元和生物地层单元所进行的区域对比结果（图 4-1）表明，利用各剖面长兴阶的两类 PTB 界线划分出的顶部、上部、中部和下部岩性段，在区域上都具有很好的可对比性。需要指出的是，虽然各剖面在区域构造-沉积格局和古地理位置以及岩性、岩相和古生物化石组合、界线类型和接触关系等方面有很大的差异，但各剖面中 P—T 之交与这两类 PTB 界线相关的重大地质事件却都具有一定的相似性和密切的相关性，以及同步演化等特点。

第五章 上扬子地区 P—T 之交重大地质事件

在 P—T 之交约 0.5Ma 的短时间内，发生过超过 90%的海洋生物和绝大多数陆生植物大规模集群死亡的灭绝事件。对于 P—T 之交生物大灭绝事件的原因已有数十年的研究历史，但迄今为止学术界对此仍众说纷纭、争论不休，因而 P—T 之交短时间内全球性生物生态环境遭受重创并恶化和生物大规模集群死亡与灭绝的原因成为地质学家、古生物学家和生命与环境学家长期以来持续研究的热门重大科学问题之一(杨遵仪等，1987，1991；Visscher et al.，1996；Bowring et al.，1998；Ward et al.，2000)。不同学者从不同的研究角度出发，提出了不同的 P—T 之交生物大灭绝事件的原因假说，以期合理解释生物大规模集群死亡与灭绝这个重大地质事件的原因(Renne et al.，1995；Hallam，1997；Wignall et al.，1998；Hallam and Wignall，1999；Becher et al.，2001；Retallack，2001；Kump et al.，2005a，2005b；Sheldon，2006)。自 20 世纪 80 年代以来，科学家们依据 P—T 之交生物大灭绝事件与全球性古生态环境变化之间的关系，提出了陨石撞击事件、海平面大幅度下降事件、火山喷发事件、基性岩浆喷溢期大规模 CO_2 放气事件、海洋严重贫氧事件、海洋酸化事件、海底甲烷水合物(可燃冰)突然大规模释放 CH_4 事件和大陆风化增强事件等假说，以期阐述和解释 P—T 之交发生的重大地质事件与全球性古生态环境恶化和生物大灭绝事件之间的因果关系。上述提出的 P—T 之交发生的地外事件和地内事件，有些已得到证实和认可，但也有一些由于证据不够充分而仍存在争议。上扬子地区是研究 P—T 之交生物大灭绝事件原因最理想且也是最引人瞩目的地区之一。就本书所测量的三条 PTB 界线的地层剖面而言，其在 P—T 之交可被识别的事件包括火山喷发事件、海底热液喷流-沉积事件、海平面下降事件、生物灭绝事件和地球化学事件等一系列重大地质事件，其中以广元羊木镇龙凤剖面为代表的 PTB 界线地层剖面，对 P—T 之交所发生的各重大地质事件的记录相对较为齐全和清晰，因而本书以该剖面为例，对上扬子地区可被识别的各重大地质事件进行详细描述。

第一节 火山喷发事件

地质历史中最为常见并可被直接观察的地球内动力地质作用之一是火山喷发作用，火山喷发过程可对岩石圈、水圈和大气圈产生巨大影响，这些影响主要包括以下三个方面。

(1)释放能量，喷出大量岩浆，岩浆冷却凝固后形成岩石和火山碎屑物质。

(2)喷出大量气溶性胶体物质和凝灰质固体物质，特别是悬浮在空气中的颗粒状和尘埃状火山碎屑物质，它们是地球表面沉积物的主要来源之一，不仅对生态环境有影响，更重要的是，由火山碎屑物质堆积形成的岩层真实地记录了火山喷发过程中的大部分地球物理和地球化学信息。

(3)火山喷发将给大气圈和水圈带来大量有害气体、液体和胶体物质，如 CO_2、CH_4、SO_2、H_2S 和水蒸气等，对气候和生态环境有严重的污染和恶化作用，可造成生物大量快速死亡，特别是突变性的全球性大规模火山喷发事件，可造成生物瞬间大规模集群死亡与灭绝。

龙门山北段广元羊木镇龙凤 PTB 界线剖面位于深水盆地与大陆斜坡下部的过渡带，其最大的特点是沉积环境相对稳定和连续，但火山喷发活动频繁，剖面中可被观察到的且可被描述和采样的沉凝灰岩沉积层多达 27 层(图 3-15)。本书在对 PTB(R)和 PTB(B)两类界线进行标定和区域地层对比以及分析火山喷发特征等的基础上，依据 27 层沉凝灰岩的物质组分、沉积厚度、分布频率和沉凝灰岩中所含火山锆石晶屑的数量、粒度和形态等标型特征，以及火山锆石晶屑的 U-Pb 测年结果等资料，对上扬子地区 P—T 之交火山喷发事件的基本特征展开了深入研究，并较为深入地探讨了火山喷发事件与 P—T 之交所发生的各项重大地质事件，特别是与生物大灭绝事件的成因关系，为进一步印证殷鸿福等(1989)提出的"大规模火山喷发作用是引起 P—T 之交生物大灭绝事件主要原因"的观点提供了更多更有说服力的依据。

一、沉凝灰岩地质特征

(一)沉凝灰岩产状和岩石学特征

本书研究和测量的三条 PTB 界线的剖面，其于 P—T 之交的地层都夹有沉凝灰岩或含有火山凝灰物质，其中以广元羊木镇龙凤剖面中的沉凝灰岩层数最多、保存最好和最为新鲜，因而该剖面成为本书研究 P—T 之交火山喷发事件的重点剖面。

1. 野外地质产状特征

广元羊木镇龙凤剖面中沉凝灰岩的野外地质产状有如下几个特点。

(1)新鲜的野外沉凝灰岩呈灰白色，较为细腻光滑，遇水后迅速膨胀且易破碎，风化后呈浅黄褐色叶片状，用肉眼观察时其与一般的泥岩和粉砂质泥岩无明显区别，因此，在前人的研究中其通常被描述为泥岩、页岩或黏土岩。

(2)在呈深水相沉积的富含有机碳的暗色细粒岩(含碳、泥、硅或碳、硅、灰)沉积建造中，沉凝灰岩以含很少有机碳组分的灰白色在暗色细粒岩系中呈色率反差巨大的夹层产出(图 5-1)，显示其为突发性的和非正常沉积作用的产物。

(3)与上、下岩层呈整合但岩性和色率突变的关系，单层以厚 0.02～0.05m 的薄层为主，部分为厚 0.06～0.40m 的中-厚层，表明沉凝灰岩与正常深水相暗色细粒岩有截然不同的物质来源和快速沉积作用。

(4)在广元羊木镇龙凤剖面中，沉凝灰岩岩层内一般很少含有肉眼可观察的化石，但有时沿沉凝灰岩层面分布有保存完整和密集重叠的菊石化石(图3-4)，而在重庆中梁山尖刀山剖面的沉凝灰岩中，有时有成团分布的完整小个体三叶虫、腕足类和双壳类化石等(图3-79和图3-80)，这反映出火山喷发不仅给沉凝灰岩提供了物质来源，同时还造成沉积环境剧烈恶化和生物大规模集群死亡与灭绝。

图 5-1 大隆组中部岩性段灰白色叶片状沉凝灰岩与深灰色薄-中层状硅质岩互层组合

(5)33 小层凝灰质砾屑灰岩的出现(图 3-36 和图 3-37)说明，火山喷发时伴有强烈地震，这不仅能造成大陆斜坡带的沉积物崩塌、破碎并与火山灰流混合形成高密度的水下火山碎屑流，还能将火山碎屑流搬运至更深的、与深水盆地过渡的大陆斜坡下部。

(6)基于此类火山碎屑岩不仅黏土化强烈、沉积构造以发育水平层理为主，而且可含有生物化石和钙质、硅质组分，特别是层面上经常出现密集重叠分布的菊石化石，反映出其沉积时可混入一定数量的外来正常沉积物，因而本书在成因上将其归为以火山碎屑为主的、可含有外来正常沉积物(一般含量<20%)的沉凝灰岩。

2. 岩石结构构造特征

在显微镜下可发现，广元羊木镇龙凤剖面沉凝灰岩主要发育含晶屑泥状结构[图 5-2(a)]，其常见的沉积构造呈薄-极薄层状，部分呈中-厚层状。沉凝灰岩常有由泥质构成的水平层理，偶尔可见生物扰动和钻孔构造(图 3-35)。

3. 物质组分特征

采自广元羊木镇龙凤剖面的 27 件沉凝灰岩的全岩 XRD 分析结果(表 5-1)表明，沉凝灰岩的物质组分主要为黏土矿物(19.6%～92.6%)，其次为石英(2.5%～48.4%)和方解石(0%～68.3%)，再次为斜长石(0%～11.9%)和钾长石(0%～4.6%)，以及少量的白云石、重晶石、方沸石、铁白云石、锆石、硬石膏、黄铁矿、菱铁矿和赤铁矿等，个别样品含有较多氟磷灰石，偶含角闪石。

表 5-1 广元羊木镇龙凤剖面沉凝灰岩全岩 XRD 分析结果

样品号	含量/%													
	黏土矿物	石英	钾长石	斜长石	重晶石	锆石	方解石	铁白云石	白云石	菱铁矿	黄铁矿	赤铁矿	氟磷灰石	硬石膏	方沸石
YJY5	88.4	6.3	2.5	2.8		微量									
YJY7	85.7	4.6		8.0		微量					1.5	0.1		0.1	
YJY9	84.4	9.2	1.8	3.7		微量	0.9								

续表

样品号	含量/%														
	黏土矿物	石英	钾长石	斜长石	重晶石	锆石	方解石	铁白云石	白云石	菱铁矿	黄铁矿	赤铁矿	氟磷灰石	硬石膏	方沸石
YJY11	86.0	5.4	0.3	5.7		微量	2.6								
YJY13	30.3	48.4	3.9	4.3		微量	1.4					0.8	10.5	0.4	
YJY15	80.3	7.7	4.6	5.5		微量	1.8		0.1						
YJY17	79.9	7.9	3.4	6.4		微量						0.6		0.6	1.2
YJY19	52.6	5.1		8.6		微量	31.7		0.1	0.1	0.3	0.3			
YJY21	19.6	5.8	0.6	4.4		微量	68.3								
YJY23	57.4	4.9	1.1	4.6		微量	31.1				0.9				
YJY25	63.4	6.2	0.9	5.6		微量	23.2		0.1		0.3	0.3			
YJY27	48.0	7.6	0.8	2.5	0.1	微量	38.3			0.1				0.8	
YJY29	82.6	9.7	0.1	2.9		微量	4.2				0.2	0.2			
YJY31	92.1	4.9	1.0	1.2		微量	0.4				0.4				
YJY33-1	92.6	5.8				微量	1.4				0.2				
YJY33-2	69.9	19.8	2.1	7.3		微量	0.9								
YJY35	80.8	2.5				微量	16.7								
YJY37	40.5	19.1	0.5	7.6		微量	22.4		9.4			0.4			
YJY39	27.8	15.7	0.2	6.6		微量	13.1	33.9		0.1		2.1		0.5	
YJY41	74.0	5.3	0.8	8.3		微量	6.6				2.6	0.8		1.6	
YJY43	51.6	24.9	0.5	11.9		微量	4.8		2.4	0.3	2.6	0.5		0.5	
YJY45	43.0	17.1	1.0	6.8	0.2	微量	30.9				0.2	0.2		0.6	
YJY47	80.3	5.8	0.5			微量	11.3		0.8	0.1		1.2			
YJY49	50.9	23.5	2.7	5.8	0.1	微量	14.8		0.3	0.3	0.5			0.7	0.2
YJY51	45.5	26.1	1.2	7.9	0.2	微量	14.3		3.0	0.4	0.5	0.3		0.3	0.3
YJY53	41.6	15.9	0.6	3.4		微量	37.0		0.3	0.1	0.5			0.6	
YJY55	38.3	12.8	0.3	3.6	0.2	微量	30.6	10.6		0.2	1.3	1.5		0.4	0.2

注：样品号中的数字与小层号相对应；空白处表示物质组分含量为0%。

1) 黏土矿物组分特征

广元羊木镇龙凤剖面沉凝灰岩黏土矿物的 XRD 分析结果（表 5-2）表明，除 YJY57 样品全由伊利石组成、YJY47 样品含有 1% 的高岭石之外，其余样品中的黏土矿物均主要由规则伊-蒙混层（28%～96%）与伊利石（4%～72%）组成。

表 5-2　广元羊木镇龙凤剖面沉凝灰岩黏土矿物 XRD 分析结果

样品号	黏土矿物相对含量/%				伊-蒙混层比/%
	伊利石(I)	高岭石(K)	绿泥石(C)	伊-蒙混层(I/S)	
YJY57	100				
YJY55	71			29	15
YJY53	72			28	15
YJY51	59			41	15
YJY49	58			42	15

样品号	黏土矿物相对含量/%				伊-蒙混层比/%
	伊利石(I)	高岭石(K)	绿泥石(C)	伊-蒙混层(I/S)	
YJY47	5	1		94	20
YJY45	72			28	15
YJY43	68			32	15
YJY41	5			95	20
YJY39	69			31	15
YJY37	72			28	15
YJY35	6			94	15
YJY33	59			41	15
YJY31	6			94	20
YJY29	5			95	20
YJY27	7			93	20
YJY25	10			90	20
YJY23	9			91	20
YJY21	47			53	20
YJY19	7			93	20
YJY17	8			92	20
YJY15	9			91	20
YJY13	70			30	10
YJY11	7			93	20
YJY9	9			91	20
YJY7	8			92	20
YJY5	4			96	20

注：样品号中的数字与小层号相对应。

各小层沉凝灰岩的伊-蒙混层和伊利石含量有较大差异，其中：伊-蒙混层含量高于50%的样品占样品总量约59.3%，伊-蒙混层比为15%～20%；伊利石含量高于50%的样品占样品总量约40.7%，但仍含有29%～42%的伊-蒙混层，相对应的伊-蒙混层比降低为10%～15%。据胡作维等(2008)对华蓥山天池镇剖面PTB界线附近黏土层的成因研究结果，该黏土层也主要由规则伊-蒙混层组成，伊-蒙混层比为10%～23%，其原始母质被确定为火山物质，这已成为上扬子海PTB界线附近存在火山喷发活动的主要依据，由此可推断火山物质是在碱性的海水介质中沉积和发生蚀变作用而形成黏土岩的。广元羊木镇龙凤剖面沉凝灰岩黏土矿物组分和成因特征，与前人在华南煤山等地区对应层位取得的研究成果(何锦文，1981；金若谷等，1986；吴顺宝等，1990；黄思静，1992，1993a，1993b；王尚彦和殷鸿福，2001；张素新等，2004a，2004b，2004c，2006，2007)基本一致。沉凝灰岩在野外产状、物质组分、成因特征及所特有的晶屑泥状结构[图 5-2(a)]等各方面都具有较好的一致性，这对于揭示沉凝灰岩中黏土矿物的成因及其所具有的共通性和其原始母质为火山物质具有重要地质意义。从总体上看，上扬子地区与华南其他地区一样，其PTB界线附近地层中的火山碎屑岩黏土化强烈，因而除了火山碎屑矿物外，黏土矿物已成为沉凝灰岩中最重要的物质组成部分。

2) 碎屑矿物组分特征

采自广元羊木镇龙凤剖面的沉凝灰岩样品的薄片鉴定、扫描电镜和阴极发光分析结果表明，沉凝灰岩中碎屑矿物组分的含量变化很大，其矿物类型主要为火山成因的 α-石英 [图 5-2(a) 中的 α-Q]、长石 [图 5-2(a) 中的 F] 和锆石晶屑 [图 5-2(b)～(d)]。取各小层沉凝灰岩样品各 1kg，进行碎屑矿物分离和挑选，对挑选出来的石英、长石和锆石晶屑的外形在双目显微镜下进行观察和分析，结果表明这些碎屑多呈棱角状，均无明显被搬运磨蚀的痕迹。其中锆石晶屑含量普遍较高，部分样品含量特别高，粒度也较粗，并保持较完整的晶形。由于锆石晶屑对于确定火山碎屑岩的存在和进行同位素地质测年，以及划分火山喷发强度、喷发期次和喷发旋回具有特殊意义，因而以下予以重点讨论。

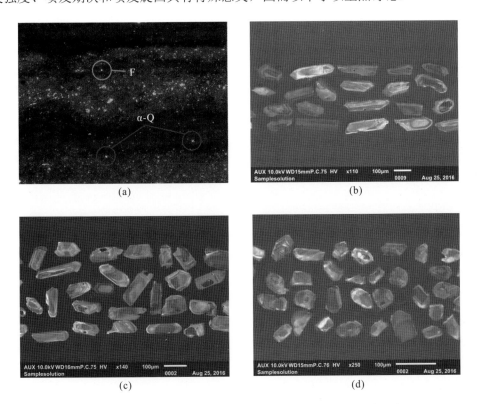

图 5-2　沉凝灰岩的碎屑矿物显微照片和锆石晶屑扫描电镜照片

[(a) 为 33 小层凝灰质砾屑灰岩基质的阴极发光显微照片，其具有含晶屑泥状结构，照片中 α-Q 为 α-石英晶屑，F 为长石晶屑；(b) 为 27 小层的锆石晶屑；(c) 为 33 小层凝灰质基质中的锆石晶屑；(d) 为 37 小层的锆石晶屑]

(二) 锆石晶屑成因特征

1. 锆石晶屑分布与丰度

在广元羊木镇龙凤剖面大隆组采集的 27 件沉凝灰岩样品，以普遍含有高丰度的火山锆石晶屑为显著特征。从分析数据 (表 5-3) 看，各沉凝灰岩小层中锆石晶屑的分布很不均匀，如 9 小层厚度仅为 0.025m，而锆石晶屑丰度超过 3000 粒/kg，粒度粗，破碎程度低；厚度为 0.030m 的 55 小层，其锆石晶屑丰度仅为 44 粒/kg，粒度细，破碎程度高；33 小层厚 0.400m，单层厚度为最大，其凝灰质基质中的锆石晶屑丰度超过 2000 粒/kg，粒度粗，破碎程度低；而 23 小层厚度虽仅为 0.120m，但锆石晶屑丰度竟高达 6000 粒/kg 以上，粒度粗，破碎程度低，晶形也较完整。综上所述，锆石晶屑的丰度和粒度似乎与沉凝灰岩的厚度没有直接关系，然而其在剖面上的分布却具有频繁而有规律的、丰度从高到低的或粒度由粗变细的韵律性和旋回性变化。这显示出沉凝灰岩中锆石晶屑的丰度和粒度分布受火山喷发韵律和旋回控制的重要特点，利用这一特点，就有可能对火山喷发作用的韵律性和旋回性进行划分。

表 5-3　广元羊木镇龙凤剖面沉凝灰岩锆石晶屑检测报告(检测样品重量为 1kg)

采样层位 (小层号)	样品号	层厚/m	岩石类型	锆石晶屑丰度 /(粒/kg)	锆石晶屑粒度特征
57	YJY57	0.080	硅质沉凝灰岩	40	颗粒细，破碎程度高
55	YJY55	0.030	沉凝灰岩	44	颗粒细，破碎程度高
53	YJY53	0.150	硅质沉凝灰岩	150	颗粒中等，破碎程度高
51	YJY51	0.050		100	颗粒细，破碎程度高
49	YJY49	0.060	沉凝灰岩	110	颗粒细，破碎程度高
47	YJY47	0.160		>1000	颗粒较粗，破碎程度较低
45	YJY45	0.060		100	颗粒细，破碎程度高
43	YJY43	0.040	硅质沉凝灰岩	>100	颗粒细，破碎程度高
41	YJY41	0.030		>2000	颗粒粗，破碎程度低
39	YJY39	0.290	沉凝灰岩	>500	颗粒中等，破碎程度较高
37	YJY37	0.070		150	颗粒细，破碎程度高
35	YJY35	0.020		>500	颗粒中等，破碎程度较高
33	YJY33	0.400	凝灰质砾屑灰岩	>2000	颗粒粗，破碎程度低
31	YJY31	0.060		>2000	颗粒粗，破碎程度低
29	YJY29	0.030	沉凝灰岩	>1000	颗粒较粗，破碎程度较低
27	YJY27	0.080		>3000	颗粒粗，破碎程度低
25	YJY25	0.020		>200	颗粒细，破碎程度高
23	YJY23	0.120		>6000	颗粒粗，破碎程度低
21	YJY21	0.060	沉凝灰岩	>300	颗粒细，破碎程度高
19	YJY19	0.020		>300	颗粒细，破碎程度高
17	YJY17	0.020		>500	颗粒中等，破碎程度较高
15	YJY15	0.100		>500	颗粒中等，破碎程度较高
13	YJY13	0.050	硅质沉凝灰岩	>1000	颗粒较粗，破碎程度较低
11	YJY11	0.060	沉凝灰岩	>2000	颗粒粗，破碎程度低
9	YJY9	0.025	硅质沉凝灰岩	>3000	颗粒粗，破碎程度低
7	YJY7	0.025	沉凝灰岩	>2000	颗粒粗，破碎程度低
5	YJY5	0.040		>2000	颗粒粗，破碎程度低

注：锆石浮选、挑选和丰度与粒度统计由廊坊市诚信地质服务有限公司承担。样品号中的数字与小层号相对应。丰度划分标准：高——>2000 粒/kg，较高——500～2000 粒/kg，中等——200～500 粒/kg，低——<200 粒/kg。粒度划分标准：粗——>100μm，较粗——75～100μm，中等——50～75μm，细——<50μm。

2. 锆石晶屑的粒度和标型特征

沉凝灰岩样品中锆石晶屑形态和粒度的标型特征主要有如下四点。

(1)在双目显微镜和扫描电镜下，锆石晶屑主要呈淡褐色或无色透明的长柱状，部分具残缺的四方双锥晶形(图 5-3)，或爆裂的尖棱角状外形[图 5-2(b)~(d)和图 5-4]。其晶面往往因被高温岩浆烘烤和熔蚀而呈港湾状，并普遍发育有晶面和晶内熔孔。其粒度远大于强烈黏土化的凝灰质物质(图 5-3)。

(2)在阴极射线下具清晰的振荡型环带结构，环带普遍较宽，为典型的岩浆成因标志[图 5-2(b)~(d)、图 5-4]。

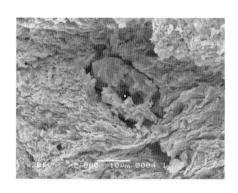 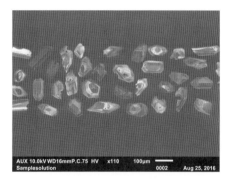

图 5-3　27 小层沉凝灰岩中凝灰质物质强烈黏土化，中间为一颗长柱状四方双锥晶形锆石晶屑，晶面有熔蚀现象(扫描电镜照片)

图 5-4　29 小层锆石晶屑具残缺的四方双锥晶形或爆裂的尖棱角状、港湾状外形，并具振荡型环带结构(阴极发光照片)

(3)沉凝灰岩中锆石晶屑丰度越高，其粒度就相对更粗一些，晶体的破碎程度就更低一些，而且晶体的外形相对更完整，晶内的振荡型环带结构和熔蚀的港湾状与熔孔状结构也更发育。而在丰度低的样品中，锆石晶屑普遍较细，晶体很破碎，多呈爆裂的尖棱角状或撕裂状。

(4)锆石晶屑的粒度和形态变化趋势与丰度分布的韵律性旋回基本一致，即较粗和较完整的锆石晶屑主要分布在丰度高的韵律层下部或喷发旋回的早期，而较细与破损强烈的锆石晶屑主要分布在韵律层中、上部或喷发旋回的中、晚期，其丰度也明显低得多，反映出锆石晶屑粒度和晶体形态变化也具有与火山喷发强度相关的韵律性和旋回性。

综上所述，广元羊木镇龙凤剖面大隆组中沉凝灰岩夹层如此多，且锆石晶屑含量如此高的原因，是难以用地外陨石撞击地球的观点解释的，当然本书并不排除陨石撞击地球可能是引起火山喷发活动的地外触发因素。

二、沉凝灰岩地球化学特征

(一)主量元素地球化学特征

1. 主量元素分布特征

27 件沉凝灰岩样品主量元素分析结果见表 5-4，主量元素分布有如下几个特征。

表 5-4　广元羊木镇龙凤剖面沉凝灰岩主量元素分析结果表

采样层位 (小层号)	样品号	主量元素含量/%										烧失量 (LOI)/%
		SiO_2	FeO	Al_2O_3	TiO_2	CaO	MgO	K_2O	Na_2O	MnO	P_2O_5	
57	YJY57	56.29	7.50	17.10	1.31	0.94	1.36	3.72	0.99	0.05	0.26	10.36
55	YJY55	48.72	6.20	15.20	1.14	9.34	1.46	3.39	0.61	0.07	0.16	13.60
53	YJY53	51.12	6.08	16.70	1.33	6.05	1.59	3.96	0.78	0.07	0.21	11.98
51	YJY51	49.59	5.34	15.06	0.94	9.40	1.47	3.24	0.99	0.06	0.18	13.66
49	YJY49	35.51	3.39	11.34	0.67	20.20	3.09	2.53	0.65	0.06	0.13	22.48
47	YJY47	40.68	6.02	23.38	0.51	7.08	1.75	4.79	0.29	0.06	0.14	15.21
45	YJY45	44.48	4.39	13.90	0.95	14.60	1.00	2.81	0.97	0.08	0.14	16.73
43	YJY43	54.98	4.68	18.12	1.23	3.68	1.53	4.01	1.56	0.03	0.19	9.45
41	YJY41	45.88	6.79	21.00	0.40	7.88	1.37	3.89	1.16	0.03	0.13	11.37
39	YJY39	26.85	3.30	8.07	0.55	22.00	8.43	1.68	0.86	0.16	0.14	27.92
37	YJY37	49.26	3.12	15.92	1.02	10.10	1.88	3.40	1.31	0.07	0.19	13.40
35	YJY35	45.32	2.07	25.21	0.50	4.24	2.28	4.79	0.30	0.01	0.15	14.87
33	YJY33	66.52	3.40	14.28	0.38	2.29	1.18	3.09	0.70	0.03	0.10	7.54
31	YJY31	44.19	3.25	25.31	0.37	5.25	1.56	4.48	0.36	0.03	0.25	14.87
29	YJY29	43.29	3.56	24.68	0.28	6.40	1.40	4.40	0.57	0.10	0.18	14.93
27	YJY27	40.24	2.35	24.75	0.30	9.70	1.36	4.40	0.45	0.05	0.13	16.32
25	YJY25	43.58	2.91	23.99	0.35	7.65	1.24	4.04	1.32	0.06	0.26	14.55
23	YJY23	47.44	2.06	20.80	0.36	8.97	1.39	3.61	0.60	0.02	0.32	14.51
21	YJY21	14.02	2.90	8.40	0.23	38.70	0.80	1.64	0.22	0.11	0.04	33.02
19	YJY19	40.52	3.28	19.90	0.30	12.00	1.46	3.56	0.50	0.07	0.28	18.17
17	YJY17	45.59	5.97	25.50	0.28	3.01	1.24	4.05	0.46	0.07	0.31	13.47
15	YJY15	48.65	2.91	26.50	0.19	1.96	1.65	4.07	0.66	0.01	0.24	13.22
13	YJY13	71.87	3.38	9.54	0.28	0.85	0.58	1.60	0.45	0.01	0.11	11.24
11	YJY11	39.86	2.05	21.80	0.27	13.20	0.95	1.99	1.19	0.02	0.22	18.51
9	YJY9	50.85	4.64	25.50	0.30	1.33	1.21	2.75	0.50	0.02	0.13	12.69
7	YJY7	49.55	4.59	27.30	0.31	0.79	0.94	2.58	1.22	0.02	0.19	12.42
5	YJY5	47.78	4.30	28.30	0.22	1.18	1.13	2.98	0.48	0.04	0.33	13.20
平均值		46.02	4.09	19.54	0.56	8.47	1.68	3.39	0.75	0.05	0.19	15.17

(1)这些沉凝灰岩样品的烧失量为 7.54%～33.02%，平均值高达 15.17%，这与其玻璃质的火山碎屑物质普遍强烈黏土化和含有很多的伊-蒙混层、伊利石等富含结构水的黏土矿物有关，部分样品具有很高的烧失量与其含有较多的方解石有关（如 YJY11、YJY21、YJY39、YJY49 样品）。

(2)所有样品的主量元素分布：SiO_2 含量变化范围为 14.02%～71.87%，平均值为 46.02%；FeO 含量变化范围为 2.05%～7.50%，平均值为 4.09%；Al_2O_3 含量变化范围为 8.07%～28.30%，平均值为 19.54%；TiO_2 含量变化范围为 0.19%～1.33%，平均值为 0.56%；CaO 含量变化范围为 0.79%～38.70%，平均值为 8.47%；MgO 含量变化范围为 0.58%～8.43%，平均值为 1.68%；K_2O 含量变化范围为 1.60%～4.79%，平均值为 3.39%；Na_2O 含量变化范围为 0.22%～1.56%，平均值为 0.75%；MnO 含量变化范围为 0.01%～0.16%，平均值为 0.05%；P_2O_5 含量变化范围为 0.04%～0.33%，平均值为 0.19%。

(3)27 件样品中，YJY11、YJY21、YJY39 和 YJY49 样品的 CaO+MgO 含量（14.15%～39.50%）明显偏高，而 SiO_2 含量明显偏低（14.02%～39.86%），这显然与沉凝灰岩中含有较多的以方解石为主的外来碳酸盐矿物组分有关。

(4)所有样品的 Na_2O、MnO、TiO_2 和 P_2O_5 含量都较低，其中 Na_2O 含量平均值为 0.75%、MnO 含量平均值为 0.05%、TiO_2 含量平均值为 0.56%、P_2O_5 含量平均值为 0.19%。

2. 原始岩浆系列和来源

采自广元羊木镇龙凤剖面的沉凝灰岩或多或少含有外来的泥质和灰质组分，而且普遍遭受黏土化蚀变作用改造，这对其原始岩浆的主量元素组成特征描述和原始岩浆系列及类型的恢复有较大影响，但如果剔除主量元素组成明显变异的 YJY21 和 YJY39 两件样品，对其余样品进行烧失量校正后，按 SiO_2 含量与 $(K_2O+Na_2O)^2/(SiO_2-0.43)$ 的变化范围，在邱家骧(1980)提出的火山岩类型及酸度、碱度系列组合图解中投点（图 5-5），则可确定其原始岩浆属于基性偏中性的高铝碱性玄武岩系列岩浆。广元羊木镇龙凤剖面的沉凝灰岩与峨眉山玄武岩和西伯利亚通古斯玄武岩有较大的相似性，且与上扬子地区火山喷发活动形成于被动大陆边缘的拉张构造环境也相适应，但与华南其他地区发育于 PTB 界线附近"黏土层"的原岩（火山碎屑岩）有所差别，后者的原始岩浆大部分已被确定为中性偏酸性。结合全球 P—T 之交板块构造环境特点，推测广元羊木镇龙凤剖面沉凝灰岩的原始岩浆物质很可能来源于东古特提斯洋板块周缘的陆-陆碰撞带，或与东古特提斯洋板块俯冲扬子板块西缘（或潘吉亚大陆西缘）所导致的火山喷发活动有关（王曼等，2018）。

(二)微量元素地球化学特征

1. 微量元素分布特征

27 件沉凝灰岩样品的微量元素分析结果（表 5-5）表明，广元羊木镇龙凤剖面沉凝灰岩中 Li、Sc、V、Cr、Co、Ni、Cu、Zn、Ga、Rb、Sr、Y、Zr、Nb、Mo、Cs、Ba、Hf、Ta、W、Th、U 等微量元素的含量远高于正常沉积成因的泥页岩和碳酸盐岩，其可用于编制微量元素蛛网图（图 5-6）。此类图在岩浆岩、变质岩及沉积岩地球化学特征等方面的研究中有广泛应用，可用此类图表述和解释岩石中微量元素的富集或迁移规律，进而对岩石的形

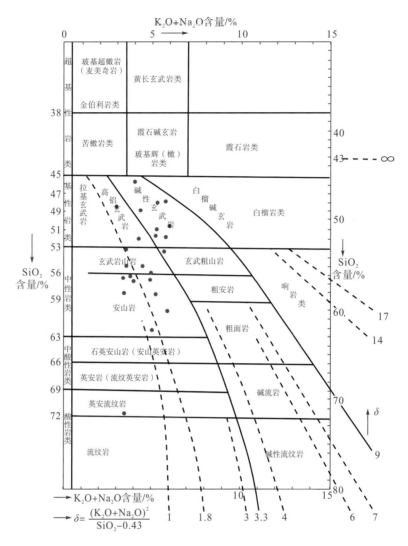

图 5-5　沉凝灰岩在邱家骧(1980)火山岩系列组合图解中投点

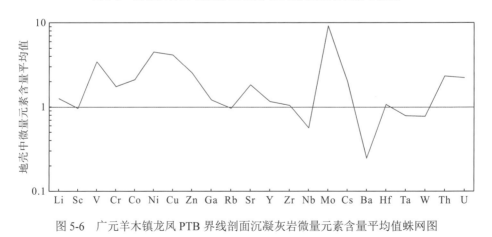

图 5-6　广元羊木镇龙凤 PTB 界线剖面沉凝灰岩微量元素含量平均值蛛网图

表 5-5 广元羊木镇龙凤剖面大隆组沉凝灰岩微量元素分析结果表（×10⁻⁶）

样品号	Li	Sc	V	Cr	Co	Ni	Cu	Zn	Ga	Rb	Sr	Y	Zr	Nb	Mo	Cs	Ba	Hf	Ta	W	Th	U
YJY57	38.70	16.90	278.00	99.40	31.60	68.20	156.00	145.00	24.70	146.00	178.00	31.50	231.00	24.80	14.70	10.00	227.00	5.62	1.43	1.90	15.80	5.83
YJY55	29.20	11.10	92.90	65.40	10.30	24.00	53.40	73.60	15.10	100.00	572.00	17.80	134.00	15.40	0.37	6.08	149.00	3.29	0.87	2.00	9.14	2.28
YJY53	40.20	15.20	376.00	97.60	41.20	67.20	149.00	150.00	24.80	155.00	227.00	26.10	199.00	24.20	2.74	9.53	219.00	5.20	1.39	2.17	14.50	4.64
YJY51	32.90	11.70	296.00	84.00	35.80	53.90	108.00	109.00	20.20	132.00	250.00	19.80	176.00	17.70	2.52	8.09	217.00	4.18	1.07	1.93	13.00	4.34
YJY49	26.90	10.20	118.00	61.10	31.10	46.90	68.90	87.40	15.50	107.00	204.00	17.20	144.00	12.40	2.11	6.51	170.00	3.10	0.79	1.57	9.98	3.12
YJY47	33.20	16.80	52.20	14.90	15.20	45.50	37.20	124.00	23.80	128.00	210.00	42.00	402.00	13.90	5.66	11.30	76.00	13.30	2.05	0.73	32.90	6.58
YJY45	27.10	14.30	196.00	93.40	25.00	47.10	148.00	115.00	23.20	124.00	434.00	27.00	165.00	21.30	1.55	7.58	238.00	4.86	1.26	2.68	13.90	5.19
YJY43	38.00	15.40	167.00	105.00	26.90	73.30	173.00	161.00	27.20	160.00	298.00	23.90	222.00	25.20	1.67	9.61	307.00	5.82	1.49	4.22	16.50	4.99
YJY41	24.70	6.95	84.90	24.80	38.60	75.00	70.90	141.00	19.40	116.00	160.00	21.90	217.00	17.30	2.82	7.96	121.00	8.31	4.03	0.96	41.80	3.09
YJY39	14.30	8.58	65.60	43.50	8.79	20.80	42.60	49.40	11.40	64.10	409.00	16.00	83.70	10.50	0.33	3.45	114.00	2.29	0.61	1.75	7.07	2.19
YJY37	33.90	11.30	136.00	86.50	22.80	42.50	160.00	84.60	23.70	157.00	314.00	22.90	160.00	19.30	0.76	8.68	317.00	5.00	1.22	2.81	15.20	3.84
YJY35	34.10	12.40	55.40	6.07	4.76	21.90	68.90	210.00	23.40	132.00	120.00	70.00	532.00	14.90	0.31	9.84	45.20	17.30	2.78	1.97	28.80	7.11
YJY33	51.20	12.20	74.90	69.20	16.00	67.00	115.00	184.00	21.50	124.00	335.00	26.70	126.00	16.20	1.51	7.67	169.00	3.49	0.84	1.98	16.10	3.54
YJY31	20.20	14.20	16.80	10.70	14.20	50.40	68.20	187.00	34.20	118.00	578.00	93.70	302.00	29.80	14.1	6.89	42.60	11.40	3.11	1.19	38.40	13.30
YJY29	19.40	7.43	49.60	28.80	43.70	89.70	94.10	128.00	23.20	104.00	424.00	18.50	200.00	7.72	7.46	8.68	81.10	7.92	1.77	0.96	33.80	2.70
YJY27	14.40	7.80	34.90	23.80	20.10	65.10	51.80	158.00	29.80	110.00	491.00	16.80	159.00	15.40	2.91	7.81	58.90	7.01	2.68	0.54	26.70	9.42
YJY25	22.60	6.46	320.00	52.50	24.50	78.90	69.10	127.00	19.80	106.00	497.00	18.50	158.00	11.90	6.81	7.90	93.60	6.37	3.61	1.14	34.60	5.64
YJY23	23.30	9.01	68.90	22.70	13.40	42.20	67.20	106.00	19.00	108.00	888.00	26.20	235.00	11.70	17.50	8.13	80.00	6.13	1.34	1.31	30.30	8.59
YJY21	14.30	5.91	64.90	18.50	19.10	97.90	69.80	91.50	7.25	47.00	1350.00	8.71	118.00	4.39	23.30	3.18	53.30	4.03	0.65	0.77	12.40	1.56
YJY19	30.20	8.71	134.00	32.40	32.00	92.40	127.00	184.00	18.40	109.00	708.00	20.80	211.00	9.21	9.11	7.15	157.00	6.36	1.24	0.84	25.70	11.20
YJY17	20.30	9.79	223.00	39.90	21.80	193.00	110.00	294.00	20.40	107.00	2074.00	14.90	172.00	6.60	23.80	7.96	157.00	5.88	1.31	0.95	28.40	5.32
YJY15	23.10	11.30	185.00	8.37	7.88	112.00	53.60	240.00	23.20	115.00	1693.00	20.00	225.00	9.60	22.10	10.90	111.00	7.40	2.12	0.56	47.70	9.22
YJY13	29.30	10.00	527.00	379	12.40	190.00	399.00	283.00	14.40	65.10	514.00	9.26	83.70	7.02	30.00	4.64	166.00	1.92	0.53	1.51	8.27	9.55
YJY11	6.07	6.68	101.00	9.42	7.15	87.40	45.90	231.00	17.90	59.30	1098.00	25.30	196.00	7.11	39.30	3.80	49.80	5.47	1.77	2.22	39.10	12.00
YJY9	16.50	10.90	312.00	67.80	14.80	203.00	166.00	387.00	18.10	83.40	761.00	14.20	156.00	8.32	27.60	7.78	94.60	4.42	1.69	1.31	25.40	3.69
YJY7	8.41	6.45	1024.00	74.10	10.90	203.00	92.20	349.00	18.10	73.90	837.00	10.60	175.00	9.68	55.80	5.35	92.20	5.49	1.92	1.28	32.00	6.58
YJY5	8.78	9.04	555.00	30.90	20.00	282.00	50.90	495.00	22.10	82.90	1721.00	32.20	218.00	12.50	55.80	5.66	69.30	6.81	3.33	0.79	57.70	13.10

成环境进行分析,探讨其成因。以地壳中微量元素含量平均值(Taylor and McLennan,1985)为背景值,对广元羊木镇龙凤剖面 27 件沉凝灰岩进行微量元素标准化和编制微量元素蛛网图(图 5-6)。与地壳平均值相比较,沉凝灰岩的深源 Mo 元素强烈富集,对氧化-还原性敏感的元素 V、Cr、Co、Ni、Cu 和 Zn 则微弱富集,高场强元素 Nb、Ta 和 W 微弱亏损,而大离子的亲石元素 Ba 则明显亏损。这一微量元素组成特征,不仅印证了沉凝灰岩的原始物质组分属于地壳深源基性偏中性的高铝拉斑玄武岩系列岩浆,同时也为分析沉凝灰岩沉积时古地理和古气候环境的物理化学条件提供了依据。

2. 微量元素在古氧相分析中的应用

1)U/Th 比值、δU 特征值的古氧相判别

古氧相和地球化学特征研究表明,特定层位岩石的 U、Th 地球化学特征参数是判断沉积环境及其演化过程处于氧化条件下还是还原条件下的重要依据之一,如在氧化环境中大部分 U 会被氧化成可溶性大的 U^{6+},其发生迁移流失而造成 U/Th 比值(即铀含量与钍含量之比)与 δU 特征值较低。Jones 和 Manning(1994)在对西北欧晚侏罗世沉积环境的古氧相和地球化学特征研究后发现,U/Th 比值及自生铀含量对于古代沉积环境中富氧(oxic)相与贫氧(dysoxic)相界线的判别很有效,并据此提出了 δU 特征值(自生铀)的古氧相判别标准,如果 δU>1 被视为环境缺氧指标,而 δU<1 被视为环境富氧指标。Jones 和 Manning(1994)的 δU 计算公式为

$$\delta U = U_{total} - Th/3$$

式中,δU 为自生铀含量;U_{total} 为分析获得的铀总含量;Th 为分析获得的钍含量。

吴朝东等(1999)利用自生铀含量和铀总量的关系标定了用于缺氧环境识别的 ΔU 特征值,并建立了不同环境中 U/Th 比值与 ΔU 特征值的数值关系(表 5-6),其因在沉积环境的古氧相判别方面取得了很好的效果而被广泛应用。而吴朝东等(1999)的 ΔU 值计算公式为

$$\Delta U = 2U/(U+Th/3)$$

表 5-6　缺氧环境及富氧环境的基本特征和 U/Th 比值、ΔU 特征参数判别指标略表

沉积环境			缺氧环境		富氧环境
			极贫氧	贫氧	
判别指标	水体溶氧量		<0.1mL/L	0.1～1.0mL/L	>1.0mL/L
	古地理		低能、滞流、局限、上升流区		高能、循环、畅通
	底栖生物		缺乏	软体生物发育	繁盛
	岩石	颜色	灰黑-黑色	深灰-黑灰色	深灰-浅灰色
		岩性	细碎屑岩(黑色页岩、石灰岩或凝灰岩)		变化大
	元素地球化学特征	U/Th 比值	>1.25	0.75～1.25	<0.75
		ΔU	>1		<1

注:′据吴朝东等(1999)。

在大隆组 27 件沉凝灰岩样品中,除 YJY13 样品的 U/Th 比值和 ΔU 特征值分别高达 1.15 和 1.55 之外,其余 26 件样品的 U/Th 比值均远小于 0.75,ΔU 特征值大部分小于或等

于 1.00，部分略大于 1.00（表 5-7），表明广元羊木镇龙凤剖面的沉凝灰岩在沉积时主要处于氧化环境中，此特征与沉凝灰岩呈氧化状态的灰白色相吻合。同时沉凝灰岩在代表强还原环境的暗色细粒岩系中呈醒目的灰白色夹层产出，说明沉凝灰岩在沉积过程中有强还原性与强氧化性物理化学环境频繁交替的变化过程，这显然与间歇发生的火山喷发作用有关。学者认为，火山喷发时内动力地质作用造成海洋表层富氧水体频繁对流循环并进入深海底，这是造成强还原的深海底间歇转化为氧化环境的主要因素。因此，沉凝灰岩沉积环境的含氧性，虽然有悖于 P—T 之交广元羊木镇龙凤剖面处在深海底强还原环境的条件，但间歇发生的火山喷发作用仍可造成深海底物理化学条件瞬间变化，如方宗杰（2004a，2004b）认为"在长达 20Ma 的时限内海水停滞不动从而缺氧的环境不可能存在"。由火山喷发这一内动力地质作用造成的海洋表层富氧水体流向深海底的对流循环"通气"作用，显然否定了 P—T 之交缺氧水体入侵事件是造成生物大灭绝事件主要原因的观点。

表 5-7　广元羊木镇龙凤剖面沉凝灰岩古氧化-还原环境的 U/Th 和 ΔU 判别特征参数表

	样品号	YJY5	YJY7	YJY9	YJY11	YJY13	YJY15	YJY17	YJY19	YJY21
参数	U 含量 /10^{-6}	13.10	6.58	3.69	12.00	9.55	9.22	5.32	11.20	1.56
	Th 含量 /10^{-6}	57.70	32.00	25.40	39.10	8.27	47.70	28.40	25.70	12.40
	U/Th 比值	0.23	0.21	0.15	0.31	1.15	0.19	0.19	0.44	0.13
	ΔU	0.81	0.76	0.61	0.96	1.55	0.73	0.72	1.13	0.55
	样品号	YJY23	YJY25	YJY27	YJY29	YJY31	YJY33	YJY35	YJY37	YJY39
参数	U 含量 /10^{-6}	8.59	5.64	9.42	2.70	13.30	3.54	7.11	3.84	2.19
	Th 含量 /10^{-6}	30.30	34.60	26.70	33.80	38.40	16.10	28.80	15.20	7.07
	U/Th 比值	0.28	0.16	0.35	0.08	0.35	0.22	0.25	0.25	0.31
	ΔU	0.92	0.66	1.03	0.39	1.02	0.79	0.85	0.86	0.96
	样品号	YJY41	YJY43	YJY45	YJY47	YJY49	YJY51	YJY53	YJY55	YJY57
参数	U 含量 /10^{-6}	3.09	4.99	5.19	6.58	3.12	4.34	4.64	2.28	5.83
	Th 含量 /10^{-6}	41.80	16.50	13.90	32.90	9.98	13.00	14.50	9.14	15.80
	U/Th 比值	0.07	0.30	0.37	0.20	0.31	0.33	0.32	0.25	0.37
	ΔU	0.36	0.95	1.06	0.75	0.97	1.00	0.98	0.86	1.05

2）V/Cr 比值的古氧相判别

V 在氧化条件下以钒酸盐的形式出现，常被 Fe 和 Mn 的氢氧化物所吸附，而在还原条件下，特别是在沉积物含有大量腐殖质的情况下，V 易被还原成氢氧化物，如在严重缺氧的环境中，V 易被进一步还原而发生沉淀和富集；Cr 在富氧海水中以可溶性铬酸盐的形式存在，在缺氧条件下会被还原成各种 Cr 的水合离子，可被腐植酸或 Fe 和 Mn 的氢氧化物汲取并进入沉积物而发生富集(林治家等, 2008)。虽然 V 和 Cr 在氧化环境中都易溶于水, 在还原环境中也都易发生沉淀并在沉积物中富集, 但是 Cr 的还原出现在反硝化作用界线的上部, 而 V 的还原出现在该界线的下部。相比之下, 在还原条件下 V 比 Cr 更易于沉淀, 因而在相同的还原条件下, V 比 Cr 往往具有更高的富集度, 在氧化条件下二者的行为则相反。基于此原理, V/Cr 比值可作为判别古海洋氧化-还原条件的参数。如林治家等(2008)提出的 V/Cr 比值古氧相判别指标为: V/Cr 比值<2.00 代表富氧环境, 2.00≤V/Cr 比值≤4.25 代表次富氧环境, V/Cr 比值>4.25 代表贫氧或缺氧环境。

27 件沉凝灰岩样品中, 8 件样品的 V/Cr 比值大于或远大于 4.25, 显示为缺氧环境标志; 9 件样品介于 2.10~4.14, 显示为次富氧环境标志; 10 件样品介于 1.08~1.93, 显示为富氧环境标志(表 5-8)。从总体上看, 广元羊木镇龙凤剖面的沉凝灰岩以形成于次富氧和富氧环境为主。有意思的是, 代表缺氧环境的样品主要出现在剖面下部, 而中、上部主要为次富氧和富氧环境。此沉凝灰岩沉积环境含氧状态逐渐增强, 是因为 P—T 之交渐强渐频的火山喷发活动驱使海洋表层富氧水体进入深海底, 从而形成逐渐增强的循环对流作用, 并由此形成氧化性间歇增强的次富氧和富氧环境。

表 5-8　广元羊木镇龙凤剖面沉凝灰岩古氧化-还原环境的 V/Cr 判别特征参数表

	样品号	YJY5	YJY7	YJY9	YJY11	YJY13	YJY15	YJY17	YJY19	YJY21
参数	V 含量 /10^{-6}	555.00	1024.00	312.00	101.00	527.00	185.00	223.00	134.00	64.90
	Cr 含量 /10^{-6}	30.90	74.10	67.80	9.42	379.00	8.37	39.90	32.40	18.50
	V/Cr 比值	17.96	13.82	4.60	10.72	1.39	22.10	5.59	4.14	3.51
	样品号	YJY23	YJY25	YJY27	YJY29	YJY31	YJY33	YJY35	YJY37	YJY39
参数	V 含量 /10^{-6}	68.90	320.00	34.90	49.60	16.80	74.90	55.40	136.00	65.60
	Cr 含量 /10^{-6}	22.70	52.50	23.80	28.80	10.70	69.20	6.07	86.50	43.50
	V/Cr 比值	3.04	6.10	1.47	1.72	1.57	1.08	9.13	1.57	1.51
	样品号	YJY41	YJY43	YJY45	YJY47	YJY49	YJY51	YJY53	YJY55	YJY57
参数	V 含量 /10^{-6}	84.90	167.00	196.00	52.20	118.00	296.00	376.00	92.90	278.00
	Cr 含量 /10^{-6}	24.80	105.00	93.40	14.90	61.10	84.00	97.60	65.40	99.40
	V/Cr 比值	3.42	1.59	2.10	3.50	1.93	3.52	3.85	1.42	2.80

3) Ni/Co 比值的古氧相判别

Ni、Co 都是亲硫元素, 常以二价离子的形式溶于氧化性海水中, 如果处于含有自由 H_2S 分子的还原性水体中, 可形成硫化物沉淀并发生富集, 但在氧化环境中易因价态升高和可溶性加大而流失。Ni、Co 各自的地球化学行为在不同的氧化-还原环境中表现出一定的差异性, 如在氧化环境中 Ni 相比 Co 其溶解度即流失率更高一些, 更易贫化(林治家等,

2008)。基于此原理，Ni 含量和 Co 含量的相关性与 Ni/Co 比值，也可作为判别古海洋氧化-还原条件的参数，如林治家等(2008)提出的具体判别指标为 Ni/Co 比值＜5.00 指示富氧的氧化环境，5.00≤Ni/Co 比值≤7.00 指示次富氧环境，Ni/Co 比值＞7.00 指示贫氧(或缺氧)的还原环境。

27 件沉凝灰岩样品(表 5-9)中，10 件样品的 Ni/Co 比值大于 7.50，显示为缺氧环境标志；1 件样品为 5.13，显示为次富氧环境标志；16 件样品介于 0.97～4.71，显示为富氧环境标志。从总体上看，Ni/Co 比值反映出广元羊木镇龙凤剖面沉凝灰岩的沉积作用仍以发生在富氧环境中为主。有意思的是，Ni/Co 比值较大所代表的缺氧环境也主要出现在剖面下部，而中、上部以次富氧和富氧环境为主，此特征与 V/Cr 比值所反映的氧化性间歇增强的环境演化趋势是完全一致的，其也充分显示出 P—T 之交渐强渐频的火山喷发活动驱使海洋表层富氧水体进入深海底而形成的循环对流作用增强，从而造成深海底沉积环境氧化性间歇性增强。

表 5-9　广元羊木镇龙凤剖面沉凝灰岩古氧化-还原环境的 Ni/Co 判别特征参数表

	样品号	YJY5	YJY7	YJY9	YJY11	YJY13	YJY15	YJY17	YJY19	YJY21
参数	Ni 含量 $/10^{-6}$	282.10	202.70	202.90	87.40	190.10	112.50	192.60	92.40	97.90
	Co 含量 $/10^{-6}$	20.00	10.90	14.80	7.10	12.40	7.90	21.80	32.00	19.10
	Ni/Co 比值	14.11	18.60	13.71	12.31	15.33	14.24	8.83	2.89	5.13
	样品号	YJY23	YJY25	YJY27	YJY29	YJY31	YJY33	YJY35	YJY37	YJY39
参数	Ni 含量 $/10^{-6}$	282.10	202.70	202.90	87.40	190.10	112.50	192.60	92.40	97.90
	Co 含量 $/10^{-6}$	42.20	78.90	65.10	89.70	50.40	67.00	21.90	42.50	20.80
	Ni/Co 比值	13.40	24.50	2.57	0.97	3.77	1.68	8.79	2.17	4.71
	样品号	YJY41	YJY43	YJY45	YJY47	YJY49	YJY51	YJY53	YJY55	YJY57
参数	Ni 含量 $/10^{-6}$	75.00	73.30	47.10	45.50	46.90	53.90	67.20	24.00	68.20
	Co 含量 $/10^{-6}$	38.60	26.90	25.00	15.20	31.10	35.80	41.20	10.30	31.60
	Ni/Co 比值	2.62	2.72	1.88	2.99	1.51	1.51	1.63	2.33	2.16

4)上扬子海古氧相分析结果

根据上述 ΔU 和 U/Th、V/Cr、Ni/Co 比值等对上扬子海沉积环境物理化学条件演化趋势进行判别，结果表明，广元羊木镇龙凤剖面在 P—T 之交虽然其主体处于缺氧还原环境中，且以沉积富含有机碳的大隆组暗色细粒岩系为主，但在火山喷发时，在渐强渐频的火山内动力地质作用驱动下，海洋表层富氧水体发生逐渐增强的循环对流并进入深海底，形成深海底间歇增强的氧化环境，因而沉凝灰岩可在大套暗色细粒岩系中呈非常醒目的灰白色互层或以夹层状产出，这也否定了上扬子海于 P—T 之交发生过大规模缺氧海水入侵事件。

3. 古盐度分析

Sr 与 Ba 的化学性质相似，都可以在形成可溶性的重碳酸盐、硫酸盐及氯化物后溶入水体，但是 Ba 化合物的溶解度远低于 Sr 化合物，因而其多数富集在距离海岸近的河口附近的滨、浅海沉积物中，仅少量可进入远海深水区域。而 Sr 的迁移能力比 Ba 强得多，可迁移至远海区域的大洋深处。所以，Sr/Ba 比值有随着水体盐度加大和水体加深而增大的变化特点，可用于判断沉积环境的水体古盐度(王敏芳等，2005)。具体的判别指标为正常海相沉积岩的 Sr/Ba 比值＞1；近河口的滨海相沉积岩的 Sr/Ba 比值≤1；陆相沉积岩的 Sr/Ba 比值≪1。

27 件沉凝灰岩样品(表 5-10)中，仅 3 件样品的 Sr/Ba 比值≤1，其余 24 件样品都大于或远大于 1。在剖面上，该值自下而上具有由大变小的演化趋势，这与上述古环境的氧化-还原条件分析结果基本一致，即在广元羊木镇龙凤剖面中，自下而上从上二叠统大隆组至下三叠统飞仙关组的沉积环境的海水盐度基本上都处在正常状态，但大隆组中、上部靠近 PTB 界线位置的几个沉凝灰岩样品(YJY33~YJY53)其 Sr/Ba 比值相对较小，显示沉积环境的水体盐度有逐渐变淡的趋势，这一变化应该与晚二叠世晚期在区域性海退过程中来自大陆的河水注入量剧烈增多有关。

表 5-10 广元羊木镇龙凤剖面沉凝灰岩古盐度的 Sr/Ba 判别特征参数表

	样品号	YJY5	YJY7	YJY9	YJY11	YJY13	YJY15	YJY17	YJY19	YJY21
参数	Sr 含量/10^{-6}	1721.10	837.10	760.70	1097.60	514.30	1693.00	2073.90	708.50	1349.50
	Ba 含量/10^{-6}	69.30	92.20	94.60	49.80	165.50	111.50	157.40	156.60	53.30
	Sr/Ba 比值	24.84	9.08	8.04	22.04	3.11	15.18	13.18	4.52	25.32
	样品号	YJY23	YJY25	YJY27	YJY29	YJY31	YJY33	YJY35	YJY37	YJY39
参数	Sr 含量/10^{-6}	888.40	496.80	490.80	423.60	578.40	335.40	120.00	314.40	409.20
	Ba 含量/10^{-6}	80.00	93.60	58.90	81.10	42.60	168.80	45.20	316.70	114.00
	Sr/Ba 比值	11.11	5.31	8.33	5.22	13.58	1.99	2.65	0.99	3.59
	样品号	YJY41	YJY43	YJY45	YJY47	YJY49	YJY51	YJY53	YJY55	YJY57
参数	Sr 含量/10^{-6}	159.60	298.50	434.40	210.00	204.00	249.60	226.80	572.30	177.80
	Ba 含量/10^{-6}	121.20	306.60	237.60	76.00	170.10	216.60	219.30	149.40	277.20
	Sr/Ba 比值	1.32	0.97	1.83	2.76	1.20	1.15	1.03	3.83	0.64

4. 古水深分析

古水深的定量判别是一个世界级的难题。据木下贵(1982)的研究，离岸距离越远和水体越深的环境，其沉积物中 Mn、Ni、Co 和 Cu 等过渡型微量元素含量升高趋势越明显，而过渡型微量元素含量越高，其含量的变化波动范围越小；又据 Nicholls 等(1967)的研究，当 Mo 含量>5×10⁻⁶、Co 含量>40×10⁻⁶、Cu 含量>90×10⁻⁶、Mn 含量>150×10⁻⁶、Pb 含量>40×10⁻⁶、Ba 含量>1000×10⁻⁶、Ce 含量>100×10⁻⁶、Pr 含量>10×10⁻⁶ 和 Nd 含量>50×10⁻⁶时，特别是伴生的 U 含量<1×10⁻⁶ 和 Sn 含量<3×10⁻⁶ 时，其沉积环境水体深度可能大于或等于 250m；再据邵晓岩等(2009)的研究，MnO/TiO_2 比值与离岸距离控制的水体深度有密切联系，如太平洋沉积物中 MnO/TiO_2 比值与离岸距离呈十分密切的正相关性，离岸较近的大陆架沉积物的 MnO/TiO_2 比值大部分小于 0.1，离岸约 100km 的半深海沉积物的 MnO/TiO_2 比值约为 0.1，而离岸 300km 及以上距离的深海区沉积物其 MnO/TiO_2 比值则为 0.1～0.3。显然，MnO/TiO_2 比值具有随离岸距离加大而增加的特点，因而常被作为离岸距离和水体深度的定性判别指标，特别是在已知古地理位置的基础上，可据此估算古水深，因而在古地理研究中，利用 MnO/TiO_2 比值估算古水深已成为目前主要的技术方法。

本书采用微量元素丰度法和 MnO/TiO_2 比值法这两种方法描述和估算广元羊木镇龙凤剖面点 P—T 之交的离岸距离和古水深。

1)微量元素丰度法

广元羊木镇龙凤剖面 27 件沉凝灰岩的微量元素分析结果(表 5-5)表明，剖面下部样品的特征元素如 Mo、Co、Cu、Mn、Pb、Ba、Ce、Pr 和 Nd 等的丰度与 Nicholls 等(1967)提出的沉积环境水体深度大于或等于 250m 时的过渡型微量元素含量数值相当，中部样品也较接近，而上部样品则明显偏小，反映曾发生过一个明显的海退过程，可估算出古水体深度由大于 300m 减小至小于 250m。

2)MnO/TiO_2 比值

该比值可被作为判断古水深的半定量指标。27 件沉凝灰岩样品的 MnO/TiO_2 比值(表 5-11)中，有 18 件样品介于 0.021～0.084，9 件样品介于 0.117～0.470。考虑到广元羊木镇龙凤剖面所处的古地理位置为大陆斜坡与深水盆地的过渡带，判断其离岸距离为 200～300km，古水深与半深海-深海(≥300m)相当。有意思的是，MnO/TiO_2 比值>0.1 的样品主要出现在剖面的下部和中部，上部则以 MnO/TiO_2 比值<0.1 的样品为主，显示该剖面有一个离岸距离逐渐缩小的明显的海退过程。

表 5-11　广元羊木镇龙凤剖面沉凝灰岩古水深的 MnO/TiO_2 判别特征参数表

	样品号	YJY5	YJY7	YJY9	YJY11	YJY13	YJY15	YJY17	YJY19	YJY21
参数	MnO 含量 /10⁻⁶	0.044	0.024	0.020	0.023	0.010	0.014	0.068	0.066	0.109
	TiO_2 含量 /10⁻⁶	0.218	0.310	0.301	0.274	0.281	0.190	0.279	0.299	0.232
	MnO/TiO_2 比值	0.202	0.077	0.066	0.084	0.036	0.074	0.244	0.221	0.470
	样品号	YJY23	YJY25	YJY27	YJY29	YJY31	YJY33	YJY35	YJY37	YJY39
参数	MnO 含量 /10⁻⁶	0.023	0.057	0.054	0.096	0.026	0.028	0.013	0.065	0.164
	TiO_2 含量 /10⁻⁶	0.362	0.352	0.301	0.282	0.374	0.384	0.496	1.021	0.551
	MnO/TiO_2 比值	0.064	0.162	0.179	0.340	0.070	0.073	0.026	0.064	0.298

	样品号	YJY41	YJY43	YJY45	YJY47	YJY49	YJY51	YJY53	YJY55	YJY57
参数	MnO 含量/10^{-6}	0.031	0.026	0.076	0.060	0.055	0.058	0.067	0.068	0.046
	TiO$_2$ 含量/10^{-6}	0.404	1.230	0.948	0.511	0.668	0.939	1.330	1.140	1.310
	MnO/TiO$_2$ 比值	0.077	0.021	0.080	0.117	0.082	0.062	0.050	0.060	0.035

5. 古气候分析

杨競红等(2007)的研究成果表明，沉积物中 Rb/Sr 比值的变化可反映物源及沉积环境的气候变化。与主元素 Ca 具有相似地球化学性质的 Sr 其含量在温热气候条件下的海水中较高，在生物有机体的作用下，Sr 将参与生物文石质骨骼的形成，因而 Sr 在温热气候带海相沉积中的富集度会随 Ca 含量的升高而加大，这促使 Sr 得到不同程度的富集，此时 Rb/Sr 比值相对较小。而在气候湿冷和海平面较低的条件下，陆上碎屑岩的化学风化作用增强了 Rb 的来源，而 Sr 仍主要赋存在碎屑矿物中，此时 Rb/Sr 比值相对较大。因此，Rb/Sr 比值可作为判断古气候的依据，其定性判别指标为：Rb/Sr 比值＜0.1 指示气候温热，0.1≤Rb/Sr 比值≤0.3 指示气候次温热，Rb/Sr 比值＞0.3 指示气候湿冷。

广元羊木镇龙凤剖面 27 件沉凝灰岩样品的 Rb/Sr 比值变化范围很大，为 0.035～1.100(表 5-12)，平均值为 0.319。如按上述的定性判别指标，剖面中 Rb/Sr 比值＜0.1 的样品主要集中在下部，0.1～0.3 的样品主要集中在中部，而 0.3 以上的样品主要集中在上部，显示古气候由温热经次温热向湿冷转化的演化趋势。殷鸿福等(1989)研究认为，"华南地区频繁和剧烈的火山爆发活动所产生的火山尘雾蔽光效应，可形成与球外星体撞击地球时相似的尘雾蔽光效应规模，并导致太阳辐射量大幅度减少，从而产生气温下降的冰室效应"。上扬子地区火山喷发不仅期次多、持续时间很长，而且具有渐强渐频的演化特点(详见本节后面部分)，因此古气温大幅度持续下降不可能是地外天体撞击地球时的单次瞬间反应，而是一个由火山喷发产生的漫长而连续的火山尘雾蔽光效应过程，此特征不仅与广元羊木镇龙凤剖面中 Rb/Sr 比值逐渐增大所反映的 P—T 之交古气温下降过程贯穿整个沉积期大隆组多达 27 层的沉凝灰岩相一致，而且也与大隆组在沉积期有连续的大幅度海平面下降过程(详见本章第三节)相一致，由此可证明上扬子地区乃至整个扬子区和华南区其 P—T 之交古气候由温热向次湿温热和湿冷转化的过程，应该与渐强渐频的火山喷发活动所产生的持续火山尘雾蔽光效应有密切关系。

表 5-12　广元羊木镇龙凤剖面沉凝灰岩古气候 Rb/Sr 判别特征参数表

	样品号	YJY5	YJY7	YJY9	YJY11	YJY13	YJY15	YJY17	YJY19	YJY21
参数	Rb 含量/10^{-6}	82.900	73.900	83.400	59.300	65.100	115.000	107.000	109.000	47.000
	Sr 含量/10^{-6}	1721.000	837.000	761.000	1098.000	514.000	1693.000	2074.000	708.000	1350.000
	Rb/Sr 比值	0.048	0.088	0.110	0.054	0.127	0.068	0.052	0.154	0.035

续表

	样品号	YJY23	YJY25	YJY27	YJY29	YJY31	YJY33	YJY35	YJY37	YJY39
参数	Rb 含量 /10⁻⁶	108.000	106.000	110.000	104.000	118.000	124.000	132.000	157.000	64.000
	Sr 含量 /10⁻⁶	888.000	497.000	491.000	424.000	578.000	335.000	120.000	314.000	409.000
	Rb/Sr 比值	0.122	0.213	0.224	0.245	0.204	0.370	1.100	0.500	0.154

	样品号	YJY41	YJY43	YJY45	YJY47	YJY49	YJY51	YJY53	YJY55	YJY57
参数	Rb 含量 /10⁻⁶	116.000	160.000	124.000	128.000	107.000	132.000	155.000	100.000	146.000
	Sr 含量 /10⁻⁶	160.000	298.000	434.000	210.000	204.000	250.000	227.000	572.000	178.000
	Rb/Sr 比值	0.725	0.537	0.286	0.457	0.525	0.528	0.683	0.175	0.820

(三)稀土元素地球化学特征

大隆组 27 件沉凝灰岩稀土元素含量分析数据见表 5-13，各项特征参数如下。

表 5-13　广元羊木镇龙凤剖面沉凝灰岩稀土元素含量分析结果($\times 10^{-6}$)

样品号	稀土元素含量														ΣREE
	La	Ce	Pr	Nd	Sm	Eu	Gd	Tb	Dy	Ho	Er	Tm	Yb	Lu	
YJY57	41.700	79.800	9.610	37.100	7.140	1.410	6.140	1.000	5.370	1.190	3.200	0.506	3.200	0.463	197.830
YJY55	26.300	51.300	5.890	22.300	4.140	0.834	3.780	0.564	3.050	0.644	1.830	0.265	1.820	0.274	123.020
YJY53	38.600	86.100	9.060	34.700	6.590	1.320	6.070	0.876	4.750	1.020	2.840	0.438	2.740	0.419	195.540
YJY51	33.300	68.200	7.120	26.300	4.660	0.808	4.520	0.650	3.530	0.768	2.210	0.346	2.240	0.344	155.040
YJY49	26.100	51.200	5.490	21.100	3.860	0.803	3.740	0.524	2.920	0.658	1.860	0.299	1.860	0.280	120.740
YJY47	45.500	101.000	12.100	45.300	9.100	1.300	8.570	1.500	8.330	1.760	4.580	0.686	3.930	0.575	243.930
YJY45	36.300	76.900	8.730	34.500	6.880	1.480	6.200	0.945	4.870	1.030	2.820	0.441	2.720	0.420	184.150
YJY43	42.400	80.200	9.070	32.900	5.670	1.000	5.010	0.776	4.260	0.942	2.670	0.393	2.840	0.432	188.510
YJY41	13.000	26.100	2.880	10.800	2.500	0.433	2.620	0.581	3.470	0.773	2.090	0.342	2.070	0.309	68.000
YJY39	21.900	44.700	5.160	19.800	4.040	0.879	3.750	0.544	2.850	0.592	1.580	0.244	1.490	0.237	107.680
YJY37	34.400	67.700	7.510	28.200	5.000	0.979	4.440	0.658	3.680	0.841	2.340	0.384	2.350	0.368	158.780
YJY35	32.800	70.600	7.570	27.700	6.160	1.250	7.110	1.780	11.40	2.550	6.690	1.040	5.970	0.858	183.490
YJY33	32.700	69.600	8.150	30.600	5.600	0.685	5.160	0.818	4.400	0.972	2.790	0.405	2.910	0.434	165.180
YJY31	94.300	213.000	21.500	81.000	17.200	1.640	15.400	2.750	16.700	3.800	10.400	1.700	10.400	1.540	491.650
YJY29	15.500	40.900	4.320	17.200	3.400	0.401	2.990	0.529	3.130	0.698	1.960	0.315	1.880	0.275	93.490
YJY27	15.900	43.400	4.450	16.800	4.780	0.547	4.260	0.837	4.010	0.625	1.350	0.186	1.040	0.151	98.360
YJY25	13.400	35.600	3.910	16.000	3.790	0.523	3.290	0.582	3.170	0.665	1.770	0.274	1.680	0.247	84.930
YJY23	44.200	89.600	10.400	37.800	7.540	0.994	6.180	1.070	5.520	1.130	2.900	0.456	2.770	0.421	210.890
YJY21	11.200	21.300	2.210	8.440	1.540	0.244	1.500	0.267	1.440	0.349	0.925	0.142	0.871	0.128	50.580
YJY19	18.200	42.900	4.790	18.700	4.010	0.457	3.570	0.653	3.550	0.791	2.250	0.370	2.170	0.339	102.780
YJY17	10.200	21.600	2.230	8.880	1.960	0.332	2.140	0.389	2.260	0.501	1.400	0.227	1.400	0.219	53.720
YJY15	10.500	24.700	2.740	10.400	2.590	0.234	2.890	0.588	3.580	0.778	2.220	0.353	2.150	0.322	64.140

样品号	稀土元素含量														ΣREE
	La	Ce	Pr	Nd	Sm	Eu	Gd	Tb	Dy	Ho	Er	Tm	Yb	Lu	
YJY13	11.900	25.200	3.280	13.000	2.600	0.398	2.170	0.358	1.720	0.351	1.020	0.158	1.120	0.187	63.400
YJY11	26.300	58.700	6.360	23.000	4.400	0.610	4.570	0.839	4.590	0.988	2.590	0.402	2.400	0.361	136.080
YJY9	9.000	18.800	2.340	8.670	1.910	0.188	1.600	0.317	2.090	0.567	1.640	0.273	1.780	0.265	49.460
YJY7	6.860	14.400	1.770	7.330	1.760	0.282	1.710	0.309	1.780	0.412	1.180	0.204	1.530	0.241	39.740
YJY5	57.100	113.000	12.900	46.900	9.210	0.263	7.140	1.140	5.900	1.340	3.790	0.588	3.930	0.579	263.290

1. ΣREE

所有样品的稀土元素丰度(ΣREE)都远高于正常沉积岩，但变化范围很大，为 $39.74 \times 10^{-6} \sim 491.65 \times 10^{-6}$，主要集中在 $120.00 \times 10^{-6} \sim 200.00 \times 10^{-6}$，平均值为 144.24×10^{-6}。在龙凤剖面中，ΣREE 值具有自下而上由小增大复减小的变化趋势，位于剖面中部偏上位置沉凝灰岩的 ΣREE 值更大(图 5-7)。

2. $(La/Yb)_N$、$(La/Sm)_N$ 和 $(Tb/Yb)_N$ 值

这几个特征参数值见表 5-14，其中 $(La/Yb)_N$ 值变化幅度稍大；$(Tb/Yb)_N$、$(La/Sm)_N$ 值变化幅度都较小，而且稳定在一定的范围内。对于在剖面中的分布，这些特征参数具有下部变化范围大，中部中等，而上部变化范围较小且较稳定的特点(图 5-7)。各小层的特征参数都具有同步演化趋势，反映出各小层沉凝灰岩中的火山物质主要为同一来源，此特征与微量元素组成特征所反映的同源性也是相一致的。

表 5-14   广元羊木镇龙凤剖面沉凝灰岩 $(La/Yb)_N$、$(La/Sm)_N$ 和 $(Tb/Yb)_N$ 特征参数表

	样品号	YJY5	YJY7	YJY9	YJY11	YJY13	YJY15	YJY17	YJY19	YJY21
参数	$(La/Yb)_N$	9.78	3.03	3.40	7.37	7.18	3.30	4.87	5.65	8.69
	$(La/Sm)_N$	3.90	2.45	2.96	2.76	2.87	2.56	3.26	2.86	4.59
	$(Tb/Yb)_N$	1.28	0.89	0.78	1.54	1.42	1.20	1.22	1.32	1.35
	样品号	YJY23	YJY25	YJY27	YJY29	YJY31	YJY33	YJY35	YJY37	YJY39
参数	$(La/Yb)_N$	10.77	5.40	10.32	5.56	6.09	7.57	3.70	9.84	9.89
	$(La/Sm)_N$	3.69	2.23	2.10	2.86	3.45	3.67	3.35	4.32	3.41
	$(Tb/Yb)_N$	1.71	1.53	3.55	1.24	1.16	1.24	1.31	1.23	1.61
	样品号	YJY41	YJY43	YJY45	YJY47	YJY49	YJY51	YJY53	YJY55	YJY57
参数	$(La/Yb)_N$	4.23	10.05	8.98	7.81	9.46	10.05	9.50	9.74	8.77
	$(La/Sm)_N$	3.27	4.70	3.32	3.14	4.26	4.50	3.68	4.01	3.67
	$(Tb/Yb)_N$	1.24	1.20	1.53	1.69	1.24	1.28	1.41	1.36	1.38

3. δCe 和 δEu

在正常沉积岩和火山碎屑岩中，稀土元素 δCe 和 δEu 异常对指示沉积环境的物理化学条件和系统封闭性具有特殊意义，δCe 和 δEu 异常计算公式如下。

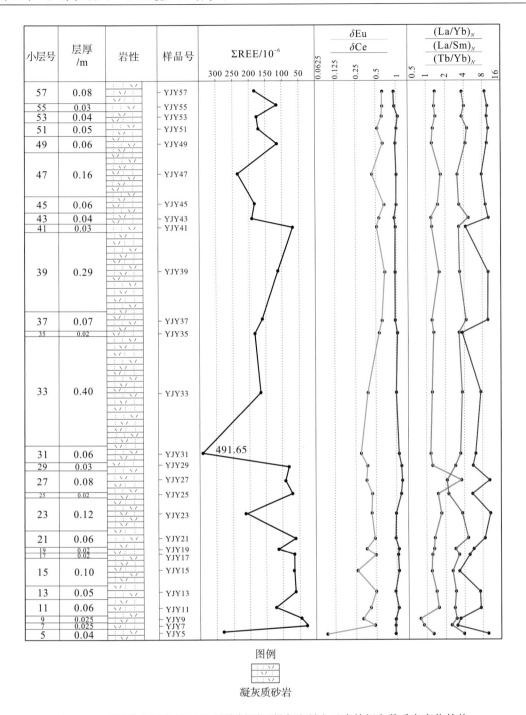

图 5-7 广元羊木镇龙凤 PTB 界线剖面沉凝灰岩稀土元素特征参数垂向变化趋势

$$\delta Eu = \frac{Eu_N}{\left(\dfrac{Sm_N + Gd_N}{2}\right)},$$

$$\delta Ce = \frac{Ce_N}{\left(\dfrac{La_N + Pr_N}{2}\right)}$$

式中，Eu 和 Ce 的下角标 N 表示该元素的球粒陨石标准化值(其他稀土元素特征参数的下角标 N 亦为球粒陨石标准化值)。若 $\delta Eu > 1$，则称为正异常，在稀土元素配分模式中 Eu 处出现波峰；若 $\delta Eu < 1$，则称为负异常，在稀土元素配分模式中 Eu 处出现波谷。如果测试样品中无 Gd，则用 Tb 含量代替近似值。δCe 的计算和解释亦然。

27 件沉凝灰岩样品的 δCe、δEu 特征参数见表 5-15，其有如下特点。

表 5-15　广元羊木镇龙凤剖面沉凝灰岩 δCe、δEu 特征参数表

	样品号	YJY5	YJY7	YJY9	YJY11	YJY13	YJY15	YJY17	YJY19	YJY21
参数	δEu	0.096	0.491	0.320	0.413	0.498	0.261	0.493	0.362	0.485
	δCe	0.962	0.972	0.965	1.061	0.956	1.086	1.049	1.083	0.971
	样品号	YJY23	YJY25	YJY27	YJY29	YJY31	YJY33	YJY35	YJY37	YJY39
参数	δEu	0.433	0.442	0.363	0.376	0.301	0.383	0.575	0.623	0.680
	δCe	0.976	1.169	1.221	1.186	1.097	1.000	1.041	0.972	0.980
	样品号	YJY41	YJY43	YJY45	YJY47	YJY49	YJY51	YJY53	YJY55	YJY57
参数	δEu	0.513	0.564	0.679	0.444	0.638	0.532	0.630	0.634	0.635
	δCe	0.987	0.940	1.009	1.014	0.982	1.017	1.072	0.953	0.927

(1)基于在氧化环境中 Ce^{3+} 易被氧化为易溶于水的 Ce^{4+} 并可不断迁移贫化而出现 $\delta Ce < 1$ 的负异常原理，δCe 通常被作为判断沉积环境氧化-还原条件的特征参数。广元羊木镇龙凤剖面 27 件沉凝灰岩样品的 δCe 变化范围为 0.927～1.221(表 5-15)。虽然呈深水相沉积的暗色细粒岩系形成于强还原环境(详见本节第五部分)，但剖面中沉凝灰岩的沉积作用发生在频繁间歇性出现的弱还原-弱氧化条件的环境中，因而沉凝灰岩的 δCe 平均值仍是代表弱氧化环境的 1.024。该值在剖面上的变化很频繁但变化幅度很小(图 5-7)，表明沉凝灰岩沉积环境的氧化性相比深海环境已明显偏强，但如与 U/Th、V/Cr 和 Ni/Co 三个不同类型微量元素含量比值和 δU 的古氧相判别结果相比较，其代表的氧化程度略显偏弱。究其原因，这与沉凝灰岩在灾变性快速沉积过程中，其相对呈惰性的 Ce^{3+} 未能达到充分的氧化有关。

(2)在低温碱性还原环境中，Eu^{3+} 将被还原为相对易溶于水的 Eu^{2+}，Eu^{2+} 迁移贫化后出现 Eu 负异常；而在氧化或高温环境中，Eu^{3+} 易被氧化为难溶于水的 Eu^{4+}，Eu^{4+} 发生相对富集后出现 Eu 正异常。基于此现象，在正常的海底低温沉积环境(排除高温环境因素)中，δEu 可作为判断沉积环境氧化-还原条件的特征参数。广元羊木镇龙凤剖面 27 件沉凝灰岩样品的 δEu 变化范围为 0.096～0.680(表 5-15)，平均值为 0.476，剖面中自下而上其负偏移变化幅度较大(图 5-7)。因为该剖面沉凝灰岩的沉积作用发生在温度相对较低的深海底，因此，所有样品的 δEu 负异常都反映出沉凝灰岩的沉积作用发生在低温碱性还原环境中，这与 U/Th、V/Cr 和 Ni/Co 三个不同类型微量元素含量比值和 δU 的古氧相被判别为弱氧化-弱还原环境的结果相悖，与 δCe 会使沉积环境的氧化性有所增强的判别结果也

不相吻合。但该剖面的沉凝灰岩与还原性更强的深水相暗色细粒岩系相比较，其氧化性还是有所增强的(详见本节第五部分)。究其原因，这与沉凝灰岩在快速沉积过程中火山物质中相对呈惰性的 Eu^{3+} 在间歇性弱氧化-弱还原环境中仍主要处于还原状态而未能被充分氧化有关。

4. 稀土元素配分模式

本书在计算广元羊木镇龙凤剖面沉凝灰岩稀土元素特征参数和编制稀土元素配分模式图时采用了球粒陨石标准化方法，结果表明，27 件样品的变化趋势基本一致，都显示为轻稀土中等程度富集、重稀土平坦分布的弱亏损"右"倾型(图 5-8)。稀土元素特征参数中的 $(La/Yb)_N$ 值具有中等偏高平均值(7.4)的特征，以及稀土元素配分模式中所出现的轻、重稀土分馏中等偏高的基本特点，反映了 27 层沉凝灰岩的物质来源不仅具有很强的同源性，而且都来自中-基性岩岩浆源。

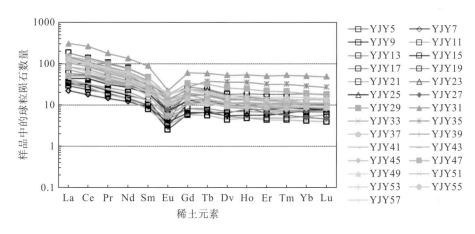

图 5-8　广元羊木镇龙凤 PTB 界线剖面沉凝灰岩稀土元素配分模式

5. 沉凝灰岩稀土元素地球化学特征的成因解释

综合广元羊木镇龙凤剖面沉凝灰岩稀土元素的 ΣREE 及 $(La/Yb)_N$、$(La/Sm)_N$、$(Tb/Yb)_N$ 值与配分模式和 δCe、δEu 异常等，以及 27 层沉凝灰岩都表现出与中-基性火山岩稀土元素组成特征有很强的相似性，龙门山地区 P—T 之交沉积的沉凝灰岩的火山物质应该来源于同期喷发的中-基性火山岩，此特征与华南板块于 P—T 之交的大规模中-基性火山喷发同期，与西伯利亚大火成岩省通古斯玄武岩相比，二者不仅岩浆性质相似，而且喷发时间 $[(251.345\pm0.088)\sim(252.270\pm0.110)\,Ma]$ 也接近(Burgess and Brwring, 2015)，说明这三者之间有密切的联系，因而可推测出其火山碎屑物质的岩浆源很可能属于西伯利亚大火成岩省的组成部分。

三、火山喷发年代

将从沉凝灰岩中分离出来的碎屑物质放在双目镜下进行观察，发现 27 件样品中都有与火山喷发有密切成因关系的 α-石英、长石和锆石等矿物晶屑(图 5-2 和图 5-3)，其中锆石是最典型的中-基性岩浆作用的副矿物，也是火山碎屑岩中稳定性最好的副矿物。锆石古布斯能极低，易于在各种地质环境中结晶，晶体结构和化学性质稳定，常可被完整地保存下来 (Ellison and Navrotsky, 1992)。同时，锆石能真实地记录矿物形成时的物理和化学信息，其 Pb 含量低却富含 U、Th 等放射性元素，离子扩散慢而封闭温度高，是 U-Pb 同位素测年技术方法中最理想的矿物，被广泛应用于岩石学、矿物学、地球化学和年代地层学等相关测年研究中 (Goldfarb et al., 1998；Buick et al., 1995；Wilde, 2001)。但是，锆石成因多样，且容易受到后期变质与热液蚀变作用改造影响，同一锆石在不同微区范围内可能具有不同的年龄，故在进行锆石年代学研究之前需要应用阴极发光或背散射电镜技术对锆石的矿物学特征及内部结构进行分析，以便对锆石进行 U-Pb 同位素测年后所获得的年龄数据进行合理解释。本书对广元羊木镇龙凤剖面沉凝灰岩的形成时代除了用牙形刺化石带标定外，还采用取自 7 件沉凝灰岩样品的火山锆石晶屑进行 U-Pb 同位素测年，以确定火山喷发年代。

　　进行样品测试前，先对所挑选的锆石进行阴极发光分析，以获得各样品的锆石阴极发光照片。其结果表明，被选为测试对象的锆石晶屑多呈较完整的长柱状自形晶外形，在阴极发光条件下可发现其有较宽的振荡纹环带结构 (图 5-9)，表明锆石应该来自基-中性岩浆作用的产物。在此基础上，对测试样品使用 LA-LCP-MS 仪器进行原位微区分析，以测定和获得锆石的 U-Pb 同位素测年绝对年龄值 (表 5-16) 和年龄图谱 (图 5-9)。在所测的 8 件样品中，有 2 件样品的年龄值远远超过 2018 年颁布的国际地质年代表中的 PTB 界线年龄 (251.0Ma)，另有 4 件样品的年龄值虽然分布在 PTB (B) 界线附近，但相比 251.0Ma，其离散范围较大，而且与锆石产出层位的新老顺序也不一致，说明其中存在较大的分析误差，所得到的测年结果并不理想。然而，这几个年龄数据提供了另外两个方面的重要地质信息：其一是证实了龙门山北段西侧于 P—T 之交确实存在过强烈而频繁的火山喷发作用；其二是火山在喷发时将岩浆房深处的古老锆石晶体也带了出来，反映出火山喷发不仅强度很高，而且与地球内部发生的重大地质事件和剧烈的板块构造运动有关。

表 5-16　锆石晶屑 U-Pb 同位素测年结果

样品号	采样位置(小层号)	年龄值/Ma
YJY55	55	600.5±2.8
YJY53	53	254.5±1.3
YJY49	49	256.3±1.3
YJY47	47	244.5±1.3
YJY43	43	380.0±1.3
YJY41	41	238.1±0.8
YJY37	37	224.1±4.4
YJY33	33	254.5±1.3

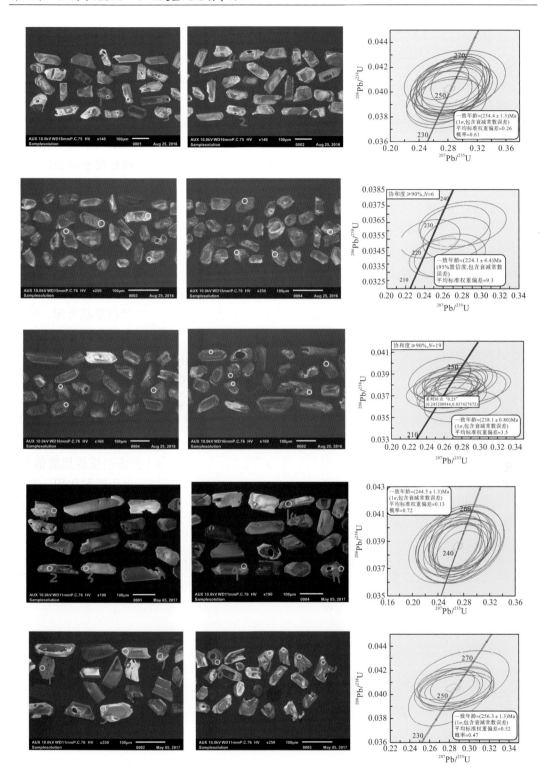

图 5-9 广元羊木镇龙凤剖面沉凝灰岩锆石晶屑特征及年龄

[自上而下，样品依次为 YJY33、YJY37、YJY41、YJY47 和 YJY49；左侧为锆石阴极发光照片，

照片中的圆圈和编号为测量点位置；右侧为年龄图谱]

四、火山喷发旋回

(一)火山喷发旋回的划分

广元羊木镇龙凤剖面出现的 27 层沉凝灰岩层,可代表该地区至少发生过 27 次火山喷发作用,经 27 次火山喷发作用,形成 27 个沉凝灰岩与硅质岩、泥页岩或泥质灰岩等暗色细粒岩组合的火山-沉积韵律层。在本书中,为描述火山喷发过程的旋回性,采用锆石晶屑丰度和粒度变化以及沉凝灰岩的单层厚度与韵律层的岩/地比两种识别标志,划分出 27 个火山喷发-沉积韵律层,在划分出韵律层的基础上,进一步划分出韵律旋回和级别更高的喷发旋回。

1. 按锆石晶屑丰度和粒度划分火山喷发旋回

1)按锆石晶屑丰度和粒度划分火山喷发韵律旋回

在正常情况下,火山喷发强度越高,供给的火山物质越多,所含的锆石晶屑也就越多且粒度越粗,因而利用沉凝灰岩中锆石晶屑的丰度和粒度分布特征(丰度和粒度定性划分标准详见表 5-3),可对火山喷发韵律旋回进行划分。从表 5-3 中可看出,如在剖面中按照喷发-沉积韵律层中锆石晶屑丰度(从高到低)和粒度(由粗到细)的变化规律进行划分,自下而上可划分出 9 个韵律旋回(图 5-10)。

韵律旋回 I:由 5、7 小层的沉凝灰岩组成,锆石晶屑丰度中等偏高且自下而上无明显的降低(>2000 粒/kg→>2000 粒/kg),粒度无变化。

韵律旋回 II:由 9、11 小层的沉凝灰岩组成,自下而上锆石晶屑丰度由高逐渐降低至中等偏低(>3000 粒/kg→2000 粒/kg),粒度变化趋势不是很明显。

韵律旋回III:由 13、15、17、19、21 小层的沉凝灰岩组成,自下而上锆石晶屑丰度由中等偏高逐渐下降至中等偏低的变化趋势明显(>1000 粒/kg→>300 粒/kg),同时粒度出现明显由粗变细的变化趋势。

韵律旋回IV:由 23、25 小层的沉凝灰岩组成,锆石晶屑丰度由极高降低至中等偏低的变化趋势极为明显(>6000 粒/kg→200 粒/kg),同时粒度出现明显由粗变细的变化趋势。

韵律旋回 V:由 27、31 小层的沉凝灰岩组成,自下而上锆石晶屑丰度始终保持为很高或较高(>3000 粒/kg→>1000 粒/kg),粒度变化趋势不是很明显。

韵律旋回VI:由 33、35、37、39 小层的沉凝灰岩组成,自下而上锆石晶屑丰度由高降低至中等(>2000 粒/kg→>500 粒/kg)和粒度由粗变细的变化趋势都很明显。

韵律旋回VII:由 41、43、45 小层的沉凝灰岩组成,自下而上锆石晶屑丰度由高降低至很低(>2000 粒/kg→100 粒/kg)和粒度由粗变细的变化趋势都很明显。

韵律旋回VIII:由 47、49、51 小层的沉凝灰岩组成,自下而上锆石晶屑丰度由较高降低至很低(>1000 粒/kg→100 粒/kg)和粒度由粗变细的变化趋势都很明显。

韵律旋回IX:由 53、55、57 小层的沉凝灰岩组成,自下而上锆石晶屑丰度保持为变化趋势不很明显(150 粒/kg→40 粒/kg),但由粗变细的粒度变化趋势依然很明显。

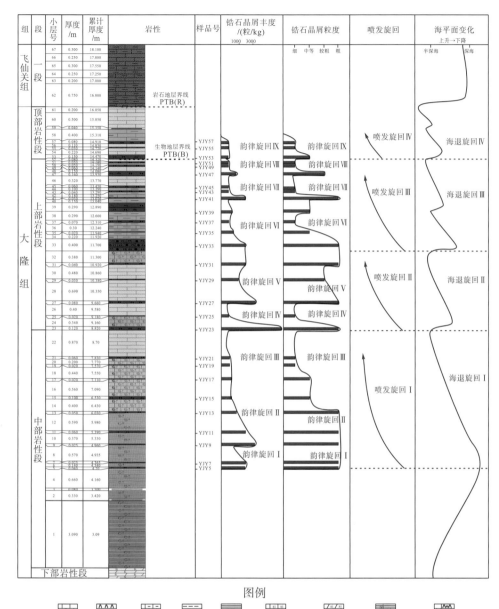

图 5-10　广元羊木镇龙凤剖面沉凝灰岩锆石晶屑丰度和粒度与火山喷发旋回关系图

2) 按锆石晶屑丰度和粒度划分火山喷发旋回

从总体上看，广元羊木镇龙凤 PTB 界线剖面中锆石晶屑丰度和粒度的变化趋势为较高（>2000 粒/kg）和较粗→高至中等（3000 粒/kg→300 粒/kg）和较粗→极高至中等（6000 粒/kg→200 粒/kg）和很粗→高至中等偏低（3000 粒/kg→100 粒/kg）和中等偏细→低至很低（150 粒/kg→40 粒/kg）和较细。该变化趋势客观地反映了火山喷发活动在逐渐增强后迅速衰减的演化过程。因此，按锆石晶屑丰度和粒度分布规律所反映的火山喷发活动强度变化，以及结合海平面升降变化的节律，又可将上述 9 个韵律旋回归并为 4 个更高级别的喷发旋回(图 5-10)，每个喷发旋回的内部都具备特定的由强变弱的喷发节律和旋回性。

喷发旋回Ⅰ：由韵律旋回Ⅰ～Ⅲ(5、7、9、11、13、15、17、19、21 小层)叠加组成，自下而上呈锆石晶屑丰度减小和粒度变细的变化趋势，显示出由较强逐渐减弱的火山喷发旋回过程。

喷发旋回Ⅱ：由韵律旋回Ⅳ和韵律旋回Ⅴ(23、25、27、29、31 小层)叠加组成，自下而上锆石晶屑丰度具有由极高到很低的跳跃式变化，虽然粒度变化趋势不是很明显，但仍显示出强、弱迅速交替的火山喷发旋回过程。

喷发旋回Ⅲ：由韵律旋回Ⅵ～Ⅷ(33、35、37、39、41、43、45、47、49、51 小层)叠加组成，自下而上锆石晶屑丰度具备由高到低的多次跳跃式变化，粒度变细的趋势较明显，显示出多次强、弱交替并最终逐渐减弱的火山喷发旋回过程。

喷发旋回Ⅳ：与韵律旋回Ⅸ(53、55、57 小层)相当，自下而上锆石晶屑始终保持低丰度状态和由中等至较细的粒度变化趋势，显示出火山喷发趋于衰亡的旋回过程。

上述 4 个火山喷发旋回的叠加，组成了广元羊木镇龙凤剖面晚二叠世大隆组早、中期渐强渐频和晚期迅速衰亡的火山喷发事件全过程。

2. 按喷发强度和频度划分火山喷发旋回

如上所述，广元羊木镇龙凤剖面中的 27 层沉凝灰岩代表 27 次火山喷发作用，27 次火山喷发作用形成了 27 个火山-沉积韵律层，分布在每一个韵律层中的沉凝灰岩其单层厚度所占的比例即岩/地比是不同的。在正常情况下，火山喷发的强度和频度越高，其提供的火山物质越多，单层火山碎屑岩厚度就越大，岩/地比越大，因而可以利用韵律层中沉凝灰岩的单层厚度和岩/地比来描述火山喷发强度和频度的变化过程。同样，采用利用锆石晶屑丰度和粒度划分火山喷发韵律旋回的思路来识别火山喷发的强度和频度，以及划分火山喷发的韵律性和旋回性，结果表明，按沉凝灰岩的单层厚度和岩/地比由大到小的变化，也可将广元羊木镇龙凤剖面中的 27 层沉凝灰岩划分为 9 个火山喷发韵律旋回和 4 个更高级别的火山喷发旋回(图 5-11)。

1)按喷发强度和频度划分火山喷发韵律旋回

各韵律旋回特征描述如下。

韵律旋回Ⅲ：由 15、17、19、21 小层的沉凝灰岩组成，4 个韵律层中位于旋回底部的 15 小层的沉凝灰岩其单层厚度较大且岩/地比较大，锆石晶屑含量与粒度亦分别相对较多和较粗，显示出旋回早期火山喷发强度较高，向上其频度和强度都趋于降低。

韵律旋回Ⅳ：由 23、25 小层的沉凝灰岩组成，2 个韵律层中沉凝灰岩所占的百分比以位于旋回底部的 23 小层较高，其锆石晶屑含量达整个剖面的最高，粒度也较粗，向上锆石晶屑明显减少和变细，显示出旋回早期火山喷发强度很高，向上强度和频度迅速降低的演化趋势。

韵律旋回Ⅴ：由 27、29、31 小层的沉凝灰岩组成，3 个韵律层中沉凝灰岩所占的百分比与韵律旋回Ⅳ相比较，变化不大，显示出火山喷发频度虽然仍较高，但锆石晶屑含量与粒度始终分别维持在很高和较粗的水平，表明该韵律旋回的火山喷发作用始终保持着较高强度的状态。

韵律旋回Ⅵ：由 33、35、37、39 小层的沉凝灰岩组成，4 个韵律层中位于旋回底部的 33 小层凝灰质砾屑灰岩的单层厚度（0.4m）及在韵律层中所占的百分比最大，锆石晶屑含量较高且粒度也较粗，但向上降低的趋势明显，反映出旋回早期 33 小层凝灰质砾屑灰岩的火山喷发活动强度和频度一度达到整个剖面的最大值，强烈的火山喷发作用引发斜坡带沉积物崩塌，并形成火山碎屑流的搬运和沉积作用。

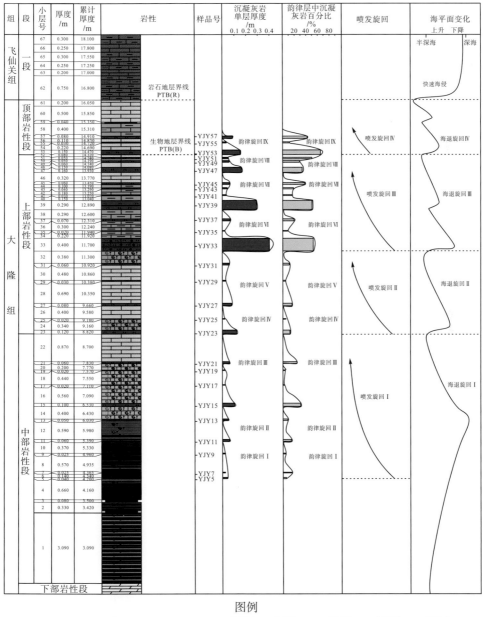

图 5-11　广元羊木镇龙凤剖面沉凝灰岩单层厚度和岩/地比与火山喷发旋回关系图

韵律旋回Ⅶ：由 41、43、45 小层的沉凝灰岩组成，3 个韵律层中位于旋回顶部的 45 小层沉凝灰岩的单层厚度(0.06m)及在韵律层中所占的百分比较大，但粒度和丰度以位于旋回顶部的 41 小层沉凝灰岩为最大，仍能反映出旋回早期 41 小层的火山喷发活动仍保持在很高的强度和频度状态，向上逐渐减弱。

韵律旋回Ⅷ：由 47、49、51 小层的沉凝灰岩组成，3 个韵律层中沉凝灰岩占据的百分比所反映的火山喷发活动强度和频度相比韵律旋回Ⅵ和韵律旋回Ⅶ明显降低，显示出向上火山喷发活动强度和频度逐渐降低的演化趋势。

韵律旋回Ⅸ：由 53、55、57 小层的沉凝灰岩组成，3 个韵律层中沉凝灰岩的单层厚度及在韵律层中所占的百分比，以及锆石晶屑含量与粒度相比其他韵律旋回都大幅度降低，为整个剖面的最小值，显示出火山喷发活动不仅强度和频度大幅度下降，而且开始进入衰竭停止的演化阶段。

2) 按喷发强度和频度划分火山喷发旋回

综上所述，广元羊木镇龙凤剖面中由沉凝灰岩火山喷发活动强度和频度所反映的韵律旋回，也具有中等偏低→较高→高至极高→低至很低的演化序列，也可较客观地反映火山喷发活动逐渐增强至最强后迅速衰减的演化过程。因此，按剖面中各韵律旋回所反映的火山喷发强度和频度的分布规律，可将上述 9 个韵律旋回归并为特征更明显的与锆石晶屑丰度和粒度划分方案基本一致的 4 个喷发旋回。

喷发旋回 I：由韵律旋回 I ~Ⅲ(5、7、9、11、13、15、17、19、21 小层)叠加组成，自下而上沉凝灰岩在韵律旋回中所占的比例缓慢减小，显示出低强度和低频度的火山喷发过程。

喷发旋回Ⅱ：由韵律旋回Ⅳ和韵律旋回Ⅴ(23、25、27、29、31 小层)叠加组成，自下而上沉凝灰岩在韵律旋回中所占的比例也缓慢减小，显示出由强变弱的火山喷发过程。

喷发旋回Ⅲ：由韵律旋回Ⅵ~Ⅷ(31、33、35、37、39、41、43、45、47、49、51 小层)叠加组成，自下而上多层沉凝灰岩在韵律旋回中所占的比例从很高快速降至很低，显示出间歇性和交替发育的强劲火山喷发过程。

喷发旋回Ⅳ：相当于韵律旋回Ⅸ(53、55、57 小层)，自下而上沉凝灰岩在韵律旋回中所占的比例或较高，或很低，锆石晶屑始终保持丰度很低和粒度很细的特征，显示出火山喷发趋于衰亡的过程。

上述 4 个火山喷发旋回的叠加，组成了广元羊木镇龙凤剖面晚二叠世大隆组沉积期先渐强渐频、后迅速衰亡的火山喷发事件全过程，与锆石晶屑丰度和粒度变化所反映的火山喷发旋回相比较(图 5-12)，差异之处主要在于按喷发强度和频度划分的几个喷发旋回中，仅喷发旋回 I 其韵律旋回 I 和韵律旋回Ⅱ的韵律层组成略有差异，总体上两种划分方案中的 4 个喷发旋回基本上都相对应，与区域上 4 个海退旋回也都完全对应，显示了上扬子地区于晚二叠世大隆组沉积期所发生的先渐强渐频、后迅速衰亡的火山喷发事件全过程，其间伴随有多期次海平面大幅度下降的海退旋回，而火山喷发旋回与海退旋回具有相对应的同步演化特点。

(二)上扬子地区火山喷发成因特征分析

1. 火山喷发成因特征

以广元羊木镇龙凤剖面为代表的上扬子地区，其火山喷发活动有如下几个成因特点。

(1)大部分沉凝灰岩具有 SiO_2 含量较低、Al_2O_3 含量较高且 K_2O 和 Na_2O 含量很高的特点，锆石晶屑发育有较宽的振荡型环带结构，可确定供给火山碎屑来源的原始岩浆属于基性偏中性的高铝碱性玄武岩系列岩浆，与峨眉山玄武岩和西伯利亚通古斯玄武岩有较高的相似性，与上扬子地区火山喷发作用发育在大陆边缘的裂谷构造环境(王曼等，2018)相适应。

(2)沉凝灰岩以典型的灰白色在暗色细粒岩系中呈非常醒目和岩性突变的薄-极薄层状互层(或夹层)方式产出。微量元素和稀土元素地球化学特征分析结果表明，两者沉积环境的物理化学条件大相径庭，即暗色细粒岩系形成于具强还原性的沉积环境中，而沉凝灰岩形成于弱还原-弱氧化沉积环境中。造成沉积环境物理化学条件突变的原因，应该与火山在喷发时提供的地球内动力驱动了海洋表层的富氧水体向洋底深处对流循环，致使洋底深处出现间歇性的弱还原-弱氧化环境有关。此特征既可证明沉凝灰岩形成于突发性的灾变事件中，有很快的沉积速度，同时也表明火山喷发和火山碎屑物质的搬运与沉积作用都发生在水下，即沉凝灰岩主体属于 WWW 型火山碎屑岩，部分水下喷发的尘埃状火山碎屑物质可通过空气漂浮被搬运至浅水区，从而形成 WAW 型火山碎屑岩，进而使薄层状火山碎屑岩也可广泛分布于包括中、下扬子区及华南区和川西与滇西等地在内的数百万平方公里范围内。这应该是浅水沉积区于 P—T 之交发育的火山碎屑岩远少于深水沉积区的原因。而该原因除与剥蚀作用有关之外(殷鸿福等，1989)，更应该与 WAW 型火山喷发作用次数较少，能通过空气漂浮被搬运至浅水区的火山碎屑物质也很少有关。

(3)27 层沉凝灰岩与暗色细粒岩系交替沉积，构成灰白色沉凝灰岩-暗色细粒岩韵律层，每个韵律层可代表一个火山喷发-休眠期，27 个火山喷发-休眠期于大隆组沉积期连续出现，其时间跨度相当于 *Neogondolella changxingensis* 牙形刺化石带出现→跨过 *Hindeodus parvus* 牙形刺化石带→*Isarcicella lobate* 牙形刺化石带首现，时间约为长兴阶中期至晚期的 1.4Ma，表明上扬子地区 P—T 之交的火山喷发活动具有持续时间长、强度高和呈脉动性喷发的特点。

(4)按 27 层沉凝灰岩中的锆石晶屑丰度和粒度变化规律，可划分为 9 个韵律旋回；按火山喷发强度和频度变化规律，也可划分为相对应的 9 个韵律旋回。无论是哪种韵律旋回，强度相对较高的火山喷发作用基本上都出现在各韵律旋回的下部，表明各韵律旋回内的火山喷发活动都具有喷发初期较强，之后逐渐减弱的演化特点。

(5)按锆石晶屑丰度和粒度变化以及按火山喷发强度和频度变化划分的 9 个韵律旋回，都可归并为 4 个相对应的级别更高的火山喷发旋回，各火山喷发旋回代表了火山喷发活动在演化历史中的不同阶段。

(6)如果分别以 PTB(B) 和 PTB(R) 界线为界，那么 PTB(B) 界线之下的火山喷发作用其自下而上渐强渐频的演化趋势非常明显，其中接近 PTB(B) 界线处的火山喷发强度和频度最高，而位于 PTB(B) 界线之上的火山喷发强度和频度逐渐降低，靠近 PTB(R) 界线时火山喷发强度和频度降至最低，至 PTB(R) 界线之上时火山喷发活动则完全衰竭并停止。

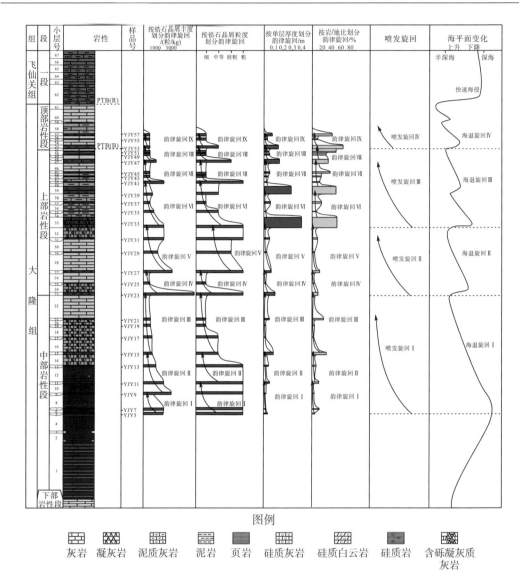

图 5-12 广元羊木镇龙凤剖面大隆组根据不同方法划分的火山喷发旋回与沉积演化阶段的关系图

2. 火山物质来源推断

关于上扬子地区 P—T 之交的火山物质来源，不同的研究者其推断不同，主要有如下几种认识。

(1)王曼等(2018)研究认为，在古生代—中生代转换(即 P—T 之交)过程中，由于泛大陆的聚合作用，且扬子板块西南缘受东古特提斯洋板块俯冲作用的影响，形成了扬子板块西南缘的大陆岩浆弧(图 5-13)，并据此认为扬子板块西南缘的岩浆弧是火山物质的主要来源。有意思的是，该岩浆弧主要的活动期为 251～252Ma，与广元羊木镇龙凤剖面大隆组火山喷发活动的时间跨度相当，而岩浆弧和大隆组火山喷发活动的结束期则与 PTB(B)界线年龄相吻合。

(2)殷鸿福和海军(2013)在研究中非常强调古生代与中生代之交泛大陆的聚合作用

(板块碰撞)与火山喷发和生物大灭绝的关系，并认为二叠纪晚期华南及邻区原地广泛而频繁的火山喷发活动与 P—T 之交的泛大陆聚合作用密切相关，这些火山喷发活动是扬子区和华南区大面积沉凝灰岩的主要物质来源，同时也是造成生物大灭绝事件的主要原因。

(3)梁宁(2017)通过对广元羊木镇龙凤剖面沉凝灰岩中的锆石晶屑进行测年，获得了 254.50Ma 和 256.50Ma 2 个数据，这两个数据与西伯利亚大火成岩省通古斯玄武岩喷发时间(251.35～252.27Ma)(Burgess and Bowring，2015)较接近，但明显小于最新公布的峨眉山玄武岩喷发时间(259.10～259.20Ma)。结合该剖面沉凝灰岩主量元素所呈现的高铝碱性玄武岩的性质与西伯利亚通古斯玄武岩相似的特点，梁宁(2017)提出在西伯利亚大火成岩省通古斯玄武岩喷发活动高峰期，扬子板块西缘也同时存在一大陆岩浆弧的火山喷发作用，其是广元羊木镇龙凤剖面沉凝灰岩火山碎屑物质的主要来源。

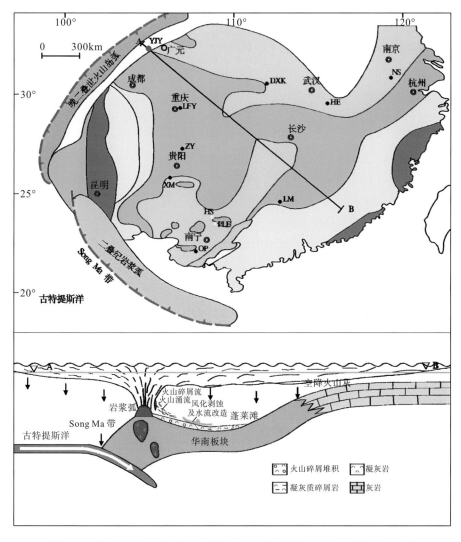

图 5-13　扬子区晚二叠世火山分布与成因模式图［底图据王曼等(2018)］

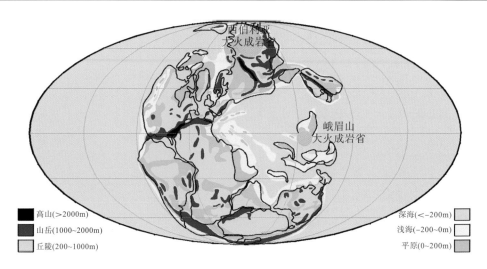

图 5-14　P—T 之交西伯利亚大火成岩省通古斯玄武岩空间位置

［据 Rachi 和 Wignall（2005）以及徐义刚等（2017）］

　　（4）徐义刚等（2017）的研究也认为，处于北半球的西伯利亚大火成岩省通古斯玄武岩其喷发范围很难使火山碎屑物质到达当时处于赤道附近的扬子板块（图 5-14），但在扬子板块西缘存在与西伯利亚大火成岩省通古斯玄武岩同期的火山岛弧的频繁喷发活动，其是扬子板块西缘火山碎屑物质的主要来源，并在晚二叠世晚期的地层中形成了众多沉凝灰岩沉积夹层。

　　本书对上述认识和推断原则上都同意，结合广元羊木镇龙凤剖面沉凝灰岩中锆石晶屑不仅丰度高且粒度粗等特征所提供的非远源供给的地质信息，进一步认为扬子板块西南缘的大陆岩浆弧（王曼等，2018）应该继续向北东方向延伸了，继而构成了位于上扬子板块西北缘的与西伯利亚大火成岩省基本同期存在的火山岛弧（图 5-13），而火山岛弧频繁的火山喷发活动是扬子板块西缘火山碎屑物质的主要来源。

第二节　海底热液喷流-沉积事件

　　海底热液喷流-沉积作用也是现今和地质历史中常见的地球内动力地质作用方式之一，海底热液的喷流-沉积作用主要发育在区域性拉张构造背景条件下，其在构造-沉积格局中往往形成于浅水碳酸盐台地与深水盆地之间的过渡带、深水盆地内及洋中脊等。自中二叠世茅口期末开始，至晚二叠世，上扬子地区火山喷发活动频繁而强烈，同沉积断裂发育，构造拉升作用活跃，裂陷及差异升降运动并存，于四川盆地西北缘发育了众多同沉积断裂控制的断陷盆地，并于同沉积断裂活动带出现广泛的海底热液喷流-沉积作用。这一内动力地质作用主要是以含矿热液的方式将地壳深处的物质带到海底低洼处就近沉积下来，形成热液沉积岩。热液在喷流-沉积过程中，对海底沉积物的物质组成、生物的生存环境和生态特征都可产生巨大影响，因而对海底热液喷流-沉积作用的成因及沉积方式进行研究，对于古海洋演化、古气候变迁、古地理再造和区域沉积-成矿作用研究都具有重要的理论及实践意义，特别是发生在 PTB 界线地层中的海底热液喷流-沉积作用，其也是发生在 P—T 之交的

重大地质事件之一。在本书测量的三条 PTB 界线的地层剖面中，海底热液的喷流-沉积主要
发育在龙门山北段广元羊木镇龙凤 PTB 界线地层剖面中，按热液沉积物质组分特征可将其
划分为硅质和白云质两种类型，以下分别予以描述和讨论。

一、海底硅质热液喷流-沉积事件

晚二叠世是地质历史中硅质沉积作用和硅质岩非常富集的一个时期，该时期硅质岩
在环太平洋和地中海、古特提斯洋及泛大陆西北缘广泛发育，具有全球性分布的特点，此
沉积过程被称为"晚二叠世硅质沉积事件"（Murchey and Jones，1992；姚旭等，2013）。龙
门山北段广元羊木镇龙凤 PTB 界线剖面位于相对较稳定的深水盆地与大陆斜坡下部的过
渡带，同沉积断裂发育且活动频繁，是最有利于海底硅质热液喷流-沉积的环境。该剖面
自吴家坪组至大隆组是四川盆地重要的海底硅质热液喷流-沉积建造期，其中吴家坪组
下段和大隆组下段至中段为发生海底硅质热液喷流-沉积事件的 2 个高峰期(图 3-2)。此外，
中、上扬子地区于中、晚二叠世台盆相带的深水沉积环境中，也都不同程度地发育
有以上二叠统孤峰组为代表的由海底硅质热液喷流-沉积形成的硅质岩。

（一）硅质岩宏观地质特征

1. 野外产状特征

吴家坪组和大隆组中所发育的层状硅质岩的岩性和产状基本一致，在野外露头
上，硅质岩多呈非常规则的薄板状或薄层状碳质页岩、薄-中层状沉凝灰岩和泥灰岩互层
组合(图 5-15 和图 5-16)。横向上这种薄-中层状硅质岩的分布非常稳定，纵向上其常常与
碳质页岩、沉凝灰岩和泥灰岩互成过渡关系。在垂向剖面上，按硅质岩与其他类型岩石
的组合规律，可划分出四种主要的组合类型：其一是硅质岩与碳质页岩的薄层状互层组
合，其主要出现在吴家坪组和大隆组硅质岩沉积建造早期的海侵过程中；其二是连续
沉积的大套硅质岩夹少量碳质页岩的互层组合，其主要出现在吴家坪组和大隆组硅质
岩沉积建造中期的最大海侵过程中；其三是连续沉积的大套硅质岩与薄层状沉凝灰岩
的互层组合，其仅出现在大隆组硅质岩沉积建造中、晚期的由海侵折向海退的过程中；
其四为硅质岩与泥灰岩的薄-中厚层状互层组合，其主要出现在吴家坪组硅质岩沉积建

图 5-15　广元羊木镇龙凤剖面大隆组中段下部　　图 5-16　广元羊木镇龙凤剖面大隆组下段大套
硅质岩与土黄色叶片状沉凝灰岩互层组合　　　　灰黑色硅质岩夹叶片状黑色碳质页岩组合

造晚期的海退过程中，这样类似的组合也出现在大隆组硅质岩沉积建造的晚期。上述硅质岩与其他类型岩石组合的有序叠加，组成了吴家坪组和大隆组硅质岩沉积建造的完整的海侵-海退旋回。

硅质岩及其所夹岩层中的生物化石，主要为一些以营浮游方式和漂浮方式生活的硅质或钙质类生物(图 5-17 和图 5-18)，如薄壳型双壳类、介形虫类、腕足类、菊石类和硅质放射虫、硅质海绵骨针化石等，表明硅质岩形成时的沉积环境主要是深水相。在广元羊木镇龙凤剖面中，深水盆地与斜坡环境及过渡带通常以硅质岩为主要岩石类型(图 3-2)。需要指出的是，本书所定义的硅质岩，仅为原始沉积成因的层状硅质岩和硅质页岩，不包括交代成因的条带状、团块状、结核状硅质岩以及燧石质灰岩和硅质灰岩。

2. 岩性和物质组分特征

层状硅质岩(或硅质页岩)的野外露头和手标本多呈深灰-灰黑色，岩石致密坚硬，性脆，水平纹层理和韵律性层理非常发育。在常规光学显微镜下，硅质岩以生物碎屑结构和含生物碎屑结构为主(图 5-17 和图 5-18)，泥-微晶结构和隐晶结构较为少见。硅质岩中的生物碎屑主要为硅质放射虫化石，其次为少量薄壳型介形虫、薄壳型双壳类和硅质海绵骨针化石等。生物碎屑颗粒之间，主要被胶状的硅质与碳质的混合物充填胶结。在扫描电镜下，生物碎屑颗粒之间的充填物主要为具胶状结构的蛋白石(图 5-19)和具纤维状、针柱状结构的玉髓与微晶石英(图 5-20 和图 5-21)，硅质晶粒间被片状黏土矿物或胶状有机碳充填。硅质岩主体的物质组分主要为无光性的蛋白石、玉髓和微晶石英，因富含有机碳而呈不透明的黑色，也含有少量方解石和黏土矿物，局部含有较多白云石。薄片中硅质生物(如放射虫)通常重结晶为玉髓和微晶石英的集合体(图 5-21)，玉髓和微晶石英分别呈边界难以分辨的小米粒状和粒径小于 5μm 的隐晶，其中玉髓呈放射状排列，正交偏光下呈十字消光。根据硅质岩中生物的属种和含量，可将硅质岩细分为放射虫硅质岩(图 5-17)和含生屑隐晶质硅质岩(图 5-18)两种主要类型，其中放射虫硅质岩中放射虫的粒径为 0.03～0.12mm，含量可高达 50%以上，呈浑圆状或椭圆状均匀分布，或呈相对密集的条带状分布(图 5-17)。

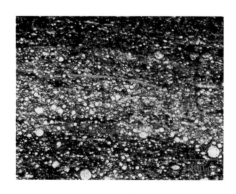 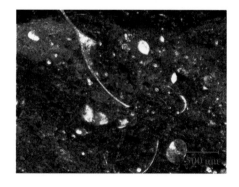

图 5-17　放射虫硅质岩，放射虫和少量薄壳型　　图 5-18　含生屑硅质岩，生物碎屑为薄壳型双壳
　　　双壳类化石呈带状密集分布，正交偏光　　　　　类、介形虫和放射虫化石组合，正交偏光

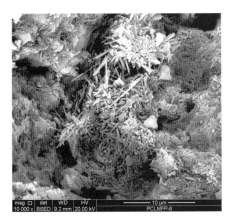

图 5-19　无形态特征的蛋白石胶状结构，
图 3-15 中的 1 小层硅质岩(扫描电镜照片)

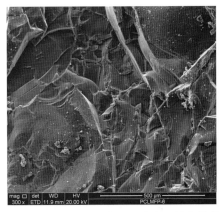

图 5-20　玉髓和微晶石英的纤维状和针柱状结构，
图 3-15 中的 1 小层硅质岩(扫描电镜照片)

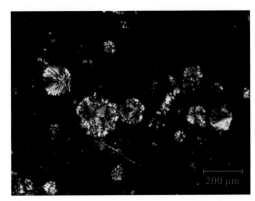

图 5-21　硅质岩，蛋白石质的放射虫重结晶为玉髓和微晶石英，正交偏光

(二)硅质岩地球化学特征

1. 主量元素地球化学特征

本书所分析的 13 件硅质岩样品中，11 件采自广元羊木镇龙凤 PTB 界线剖面的大隆组中部岩性段，2 件采自大隆组下部岩性段。主量元素分析结果见表 5-17，其有如下几个特征。

表 5-17　广元羊木镇龙凤 PTB 界线剖面大隆组硅质岩主量元素含量表(%)

样品号	岩性	SiO_2	Al_2O_3	Fe_2O_3	CaO	MgO	K_2O	Na_2O	TiO_2	MnO	P_2O_5	烧失量
YJY1	放射虫硅质岩	79.720	2.160	1.370	6.920	0.195	0.328	0.238	0.065	0.007	0.065	8.790
YJY2	硅质页岩	65.220	10.130	3.100	0.960	0.554	1.720	0.658	0.337	0.002	0.092	16.860
YJY4	碳质放射虫硅质岩	83.600	1.640	3.990	3.790	0.243	0.209	0.205	0.052	0.009	0.035	5.950
YJY6	碳质硅质岩	60.340	14.120	3.590	1.420	0.866	2.170	0.469	0.342	0.008	0.106	16.040
YJY8	碳灰质放射虫硅质岩	66.530	2.090	1.330	15.200	0.274	0.288	0.330	0.065	0.030	0.050	13.210
YJY10	碳灰质硅质岩	58.670	4.440	1.990	17.200	0.407	0.609	0.482	0.096	0.010	0.348	15.450
YJY12	碳质放射虫硅质岩	67.610	8.480	3.060	3.010	0.582	1.550	0.501	0.317	0.007	0.242	14.150
YJY16	碳硅质页岩	69.520	9.240	3.090	1.230	0.478	1.460	0.727	0.242	0.020	0.398	13.060
YJY24	碳灰质硅质岩	59.820	12.170	4.260	7.730	0.948	2.640	0.617	0.424	0.053	0.212	10.760
YJY28	碳灰质硅质岩	60.600	6.270	1.710	14.800	0.800	1.290	0.304	0.168	0.031	0.119	13.480

续表

样品号	岩性	SiO$_2$	Al$_2$O$_3$	Fe$_2$O$_3$	CaO	MgO	K$_2$O	Na$_2$O	TiO$_2$	MnO	P$_2$O$_5$	烧失量
YJY30	碳灰质硅质岩	66.160	7.920	1.990	10.020	0.604	1.540	0.337	0.238	0.040	0.087	10.710
FC-60	碳灰质硅质页岩	42.610	7.830	3.690	17.900	4.890	2.200	0.879	0.355	0.130	0.050	19.130
FC-61	碳质硅质岩	54.070	6.130	2.420	7.680	7.610	2.560	2.920	0.098	0.050	0.013	15.870
	平均值	64.190	7.125	2.738	8.297	1.419	1.428	0.667	0.215	0.031	0.140	13.340

1)主量元素组成特征

硅质岩以 SiO$_2$ 为主,含量为 42.610%~83.600%,平均值为 64.190%,其次为 CaO、Al$_2$O$_3$、Fe$_2$O$_3$、K$_2$O 和 MgO,含量平均值分别为 8.297%、7.125%、2.738%、1.428% 和 1.419%,其他元素的含量都较低,平均值都小于 1.000%。

2)特征主量元素含量和比值

硅质岩特征主量元素如 Fe、Mn、Al、Ti 的含量及其比值,可反映硅质岩成因及硅质来源,常用的有 Al/(Al+Fe+Mn) 比值、(Fe+Mn)/Ti 比值、MnO/TiO$_2$ 比值和 K$_2$O/Na$_2$O 比值等。由特征主量元素含量及其比值所反映的广元羊木镇龙凤剖面大隆组硅质岩的成因及硅质来源有如下四个特点。

(1)Fe、Mn、Al 元素含量和 Al/(Al+Fe+Mn) 比值。Fe、Mn、Al 元素含量对于分析硅质岩的成因及硅质来源具有重要意义。理论上,来自地壳深部的含硅热液注入硅质岩沉积区可引起硅质岩中的 Fe、Mn 富集,而 Al 含量增高可能与外来的 Al 含量高的物质,如火山物质和陆源碎屑等的铝硅酸盐输入有关。Adachi 等(1986)和 Yamamoto(1987)在系统研究热水沉积、生物沉积和正常海相沉积成因的硅质岩的地球化学特征后指出,纯热水沉积成因的硅质岩 Al/(Al+Fe+Mn) 比值≤0.1,并具有随着热水喷流中心与硅质沉积区相隔距离的增大而增大的特点,而生物成因的硅质岩 Al/(Al+Fe+Mn) 比值≥0.6,因而 Fe+Mn 和 Al 的含量与 Al/(Al+Fe+Mn) 比值成为确定硅质沉积物质来源特别是热水供给的硅质来源标志。高长林和何将启(1999)在 Adachi 等(1986)的研究基础上,结合上扬子地区北缘硅质岩地球化学特征,提出了更适合于上扬子地区北缘不同硅质岩成因识别的 Al-Fe-Mn 三角图解(图 5-22)。

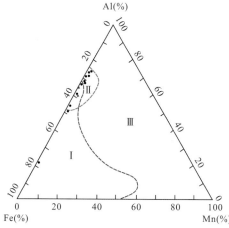

图 5-22   硅质岩成因 Al-Fe-Mn 三角图解(底图据高长林和何将启,1999)

Ⅰ. 热水成因区;Ⅱ. 生物成因区;Ⅲ. 正常海水成因区

本书所分析的 13 件大隆组硅质岩样品的 Al/(Al+Fe+Mn)比值为 0.237～0.766，平均值为 0.632(表 5-18)，主体显示了生物成因特征。在高长林和何将启(1999)的 Al-Fe-Mn 三角图解中，除 YJY1 和 YJY8 两件样品落在热水成因区，其余大部分落在热水成因与生物成因叠合区，部分落在生物成因区，表明广元羊木镇龙凤剖面大隆组硅质岩的成因主要与生物有关，特别是硅质生物，如硅质放射虫积极地参与了硅的聚集和沉积作用，这与该剖面中大部分硅质岩富含放射虫化石和有机质组分的特征是相一致的。

(2)(Fe+Mn)/Ti 比值。在 Adachi 等(1986)的研究中，他们基于深海底沉积物中 Ti 的丰度主要取决于外来物质，即受大陆风化物或火山源碎屑输入量的控制，而 Fe、Mn 主要受来自地壳深部含矿热液控制的原理，认为硅质岩中 Fe+Mn 含量及(Fe+Mn)/Ti 比值既可反映硅质岩的成因和硅质来源，也可指示包括地壳深部或大陆的来源，如地壳深部来源形成的硅质岩，其(Fe+Mn)/Ti 比值大多偏大，而具有由较多外来物质(如大陆风化物或火山碎屑物等)供给来源的硅质岩，其(Fe+Mn)/Ti 比值偏小。据此，本书提出硅质岩的成因判别标准：其一为(Fe+Mn)/Ti 比值>20，为很少有外来物质供给的热水沉积成因；其二为(Fe+Mn)/Ti 比值<20，为有外来物质供给的正常海水沉积成因。

研究区 13 件大隆组硅质岩样品的(Fe+Mn)/Ti 比值变化范围很大，为 9.951～90.316，其中有 8 件样品介于 9.000～20.000，5 件样品>20.000，平均值为 22.177(表 5-18)。从总体上看，所分析样品的(Fe+Mn)/Ti 比值大多偏大，具备有较多外来物质供给的成因特点。有意思的是，大隆组硅质岩往往含有较多的由凝灰物质蚀变而成的黏土矿物，而大部分硅质岩具有与沉凝灰岩相间发育的薄互层组合地质产状特点(图 5-1 和图 5-15)，表明大隆组硅质岩其(Fe+Mn)/Ti 比值偏大主要与其具有较多以火山碎屑为主的外来物质供给有关，同时也表明硅质岩的沉积作用发生在火山喷发频繁的构造环境中。

(3)MnO/TiO_2 比值。Ti 元素的丰度可用于反映陆源硅质来源状况，而 Mn 也被许多研究者认为是代表大洋热水沉积的标志性元素(王东安，1994)，因此，MnO/TiO_2 比值被作为判别硅质岩硅质组分来源或距离大陆物源远近的标志。据 Sugisaki 等(1982)对日本列岛广泛发育的三叠纪放射虫硅质岩的研究，利用 MnO/TiO_2 比值可以定性地判别硅质沉积物距离大陆的远近。Sugisaki 等(1982)认为距离大陆较近的边缘海和大陆坡硅质沉积物的 MnO/TiO_2 比值小于 0.5，远离大陆的开阔大洋底部的硅质沉积物其 MnO/TiO_2 比值则较大，可达 0.5～3.5。

本书研究的 13 件大隆组硅质岩样品中，仅 FC-61 样品的 MnO/TiO_2 比值略大于 0.5，而其余样品均小于 0.5，而且变化范围较大，为 0.022～0.460，平均值为 0.183(表 5-18)，表明大部分硅质岩的沉积环境不属于远离大陆的大洋盆地深部，而是属于离大陆较近的大陆斜坡带的边缘海范围内。

表 5-18 广元羊木镇龙凤 PTB 界线剖面大隆组硅质岩主量元素特征比值一览表

样品号	岩性	Al/(Al+Fe+Mn)	(Fe+Mn)/Ti	MnO/TiO₂	K₂O/Na₂O
YJY1	放射虫硅质岩	0.542	24.720	0.101	1.379
YJY2	硅质页岩	0.712	10.750	0.051	2.614
YJY4	碳质放射虫硅质岩	0.237	90.316	0.173	1.020
YJY6	碳质硅质岩	0.744	12.288	0.023	4.627

样品号	岩性	Al/(Al+Fe+Mn)	(Fe+Mn)/Ti	MnO/TiO$_2$	K$_2$O/Na$_2$O
YJY8	碳灰质放射虫硅质岩	0.539	24.462	0.460	0.873
YJY10	碳灰质硅质岩	0.627	24.146	0.104	1.263
YJY12	碳质放射虫硅质岩	0.676	11.302	0.022	3.094
YJY16	碳硅质页岩	0.693	15.020	0.093	2.008
YJY24	碳灰质硅质岩	0.681	11.898	0.125	4.279
YJY28	碳灰质硅质岩	0.732	12.079	0.185	4.243
YJY30	碳灰质硅质岩	0.766	9.951	0.168	3.121
FC-60	碳灰质硅质岩	0.607	12.587	0.366	2.500
FC-61	碳硅质页岩	0.656	28.780	0.510	0.877
	平均值	0.632	22.177	0.183	2.454

（4）K$_2$O/Na$_2$O 比值。该比值对于分析硅质来源也有重要意义，据张汉文（1991）的研究，与海底火山作用密切相关的硅质岩其 K$_2$O/Na$_2$O 比值小于 1，而以正常生物化学作用为主的硅质岩的该比值远远大于 1。

本书研究的 13 件大隆组硅质岩样品中，仅 YJY8 和 FC-61 样品的 K$_2$O/Na$_2$O 比值小于 1，分别为 0.873 和 0.877，其余样品均大于 1，该比值的变化范围较大，为 0.873～4.627，平均值为 2.454（表 5-18）。从此比值来看，研究区硅质岩虽然受到海底火山喷发作用的影响，但硅质的富集和沉积作用仍主要受硅质生物即硅质放射虫的生命活动控制。

2. 微量元素地球化学特征

硅质岩中的微量元素也是判别硅质岩成因及硅质来源的重要标志之一。本书研究的 13 件大隆组硅质岩样品均采自广元羊木镇龙凤剖面，分析结果见表 5-19。将分析结果所反映的硅质岩微量元素地球化学特征归纳如下。

表 5-19　广元羊木镇龙凤 PTB 界线剖面大隆组硅质岩微量元素含量与特征比值一览表

样品号	微量元素含量/10^{-6}											
	V	Cr	Co	Ni	Cu	Zn	Ga	As	Rb	Sr	Ba	Zr
YJY1	301.000	107.000	5.320	80.900	81.400	47.000	2.960	5.690	12.600	719.000	50.600	35.200
YJY2	1327.000	406.000	3.580	110.000	102.000	44.700	13.300	18.500	61.800	401.000	137.000	126.000
YJY4	474.000	81.300	8.870	88.200	43.100	75.900	1.920	22.100	8.320	357.000	58.800	26.700
YJY6	539.000	498.000	8.700	145.000	180.000	185.000	18.200	17.700	78.300	384.000	159.000	99.600
YJY8	83.200	64.100	15.200	82.000	68.900	100.000	2.430	6.580	11.100	1025.000	66.200	32.800
YJY10	101.000	86.500	6.630	55.900	126.000	79.400	3.980	9.460	20.200	984.000	87.000	44.000
YJY12	450.000	357.000	12.100	182.000	344.000	196.000	14.100	14.000	60.000	384.000	152.000	87.300
YJY16	792.000	256.000	37.600	189.000	439.000	235.000	10.800	14.000	56.700	2223.000	163.000	69.400
YJY24	110.000	93.300	29.000	99.500	101.000	145.000	15.300	17.600	106.000	586.000	263.000	102.000
YJY28	43.500	33.800	5.650	25.200	43.700	53.000	7.100	4.240	49.800	776.000	103.000	57.600
YJY30	64.500	48.700	6.930	27.800	48.600	47.800	9.450	4.000	61.200	679.000	110.000	65.400
FC-60	139.000	33.000	11.200	34.100	34.900	51.800	11.400	96.800	39.400	223.000	186.000	96.500
FC-61	91.200	28.900	8.430	25.500	32.200	37.400	7.870	13.000	57.100	517.000	92.800	52.700
平均值	347.338	161.046	12.246	88.085	126.523	99.846	9.139	18.744	47.886	712.154	125.262	68.862
克拉克值	135.000	100.000	25.000	75.000	55.000	70.000	—	1.800	90.000	325.000	425.000	165.000

样品号	微量元素含量/10^{-6}							特征比值			
	Ta	Pb	Nb	Mo	Cs	Th	U	U/Th	ΔU	V/(V+Ni)	Co/Ni
YJY1	0.106	3.710	3.540	21.600	0.931	1.220	7.710	6.320	1.900	0.788	0.066
YJY2	0.475	20.100	8.450	116.000	4.690	6.780	7.210	1.063	1.523	0.923	0.033
YJY4	0.084	14.200	1.620	226.000	0.697	1.140	9.220	8.088	1.921	0.843	0.100
YJY6	0.797	28.100	17.100	59.400	6.150	10.200	11.800	1.157	1.553	0.923	0.060
YJY8	0.107	15.400	2.010	8.670	0.817	1.310	1.870	1.427	1.621	0.504	0.185
YJY10	0.170	9.260	2.890	9.350	1.320	3.330	8.640	2.595	1.772	0.656	0.120
YJY12	0.479	12.300	7.590	26.600	4.550	5.610	7.750	1.381	1.611	0.712	0.064
YJY16	0.414	19.000	6.770	49.700	4.440	5.440	16.200	2.978	1.799	0.807	0.199
YJY24	0.738	19.000	12.300	41.700	6.260	9.000	6.340	0.711	1.358	0.525	0.291
YJY28	0.295	18.500	5.250	5.060	2.790	4.730	4.210	0.890	1.455	0.632	0.224
YJY30	0.468	8.610	6.510	2.290	3.450	9.280	2.430	0.262	0.880	0.699	0.249
FC-60	0.306	13.100	5.070	43.700	2.300	3.170	3.660	1.155	1.552	0.847	0.328
FC-61	0.167	11.700	0.620	46.400	2.360	1.570	3.470	2.210	1.738	0.781	0.330
平均值	0.354	14.845	6.132	50.498	3.135	4.829	6.962	2.326	1.591	0.742	0.173
克拉克值	2.000	12.500	20.000	—	3.000	9.600	2.700	—	—	—	—

注：①元素克拉克值引自周永章等(1994)；②ΔU=2U/(U+Th/3)。

1) 微量元素分布特征

已有大量研究资料表明，硅质岩中微量元素的含量变化往往是很大的。在一般情况下，正常海相化学沉积成因的硅质岩和单纯生物沉积成因的硅质岩其微量元素含量都低于地壳克拉克值，即相比地壳克拉克值大多数微量元素都表现为亏损型，而热水沉积成因的硅质岩其微量元素普遍为含量高于地壳克拉克值的富集型。本书研究分析了 13 件大隆组硅质岩样品，主要针对 20 个对硅质岩成因有明显指示作用的微量元素的分布状况进行了统计，结果表明，这 20 个微量元素的分布可分为 3 种组合类型。

(1) 大于地壳克拉克值的富集型元素组合。包括 V、Cr、Ni、Cu、Zn、Sr、Mo、As、Cs、U、Pb 和 Ga 12 个元素，其含量的平均值都明显大于地壳克拉克值，其中尤其以 V、Cr、Cu、As、Cs 和 U 等元素其含量的平均值远大于地壳克拉克值为显著特征。理论上这几种元素主要来自地壳深处，因此这几种元素相对富集的特征可作为大隆组硅质岩主要为热水沉积成因的标志。

(2) 略大于地壳克拉克值的正常型元素组合。主要有 Pb、Zn 等元素，这些元素具有正常海相沉积的丰度特征。

(3) 明显小于地壳克拉克值的亏损型元素组合。主要有 Rb、Ba、Ta、Nb 和 Zr 等元素，由于这几种元素特别是 Rb、Ba 和 Ta 主要来自大陆风化物，因此这一元素组合的亏损表明，硅质岩的沉积作用很少受陆源物质的供应影响(周永章，1990；周永章等，1994)。

上述微量元素的分布特征表明，广元羊木镇龙凤剖面硅质岩在沉积时受陆源物质供给影响很小。需要指出的是，由于在深海环境中热水沉积物的堆积速度往往较快，沉积物中微量元素的来源相对较多，因而微量元素富集程度较高，而正常海相沉积物的堆积速度缓慢，沉积物中的微量元素来源少，微量元素富集程度往往很低。因此，在深海条件下形成的热水沉积物其有些元素如 V、Cr、Cu、As、Cs 和 U 等深源微量元素，都具有含量普遍较高的分布特征，这些元素已成为广元羊木镇龙凤剖面大隆组硅质岩为热水沉积成因的重要识别标志之一。

2) 微量元素特征值与古氧相分析

利用微量元素特征值对硅质岩沉积环境进行古氧相和物理化学条件分析，在硅质岩成因研究中有着广泛的应用(Algeo and Maynard，2004)。本书对硅质岩沉积环境物理化学条件的分析主要采用了如下几个特征值。

(1) U/Th 比值和古氧相分析。U 和 Th 在沉积物中的含量取决于沉积环境中的氧化还原电位(吴朝东等，1999)，判别标准为 U/Th 比值＞1.25，为缺氧环境；U/Th 比值介于 0.75～1.25，为贫氧环境；U/Th 比值＜0.75，为富氧环境。本书研究分析的大隆组 13 件硅质岩样品的 U/Th 比值介于 0.262～8.088，变化很大，其中 2 件样品的 U/Th 比值＜0.75，4 件样品介于 0.75～1.25，其余 7 件样品大于 1.25，平均值高达 2.326(表 5-19)，主体显示了贫氧-缺氧还原环境特征。

(2) ΔU 和古氧相分析。ΔU(自生铀)采用吴朝东等(1999)的计算公式：

$$\Delta U = 2U/(U+Th/3)$$

古氧相判别标准为 ΔU＞1.25，为缺氧环境；0.75≤ΔU≤1.25，为贫氧环境；ΔU＜0.75，为富氧环境。在本书研究分析的 13 件样品中，除样品 YJY30 的 ΔU＜1，为 0.880，其余样品都大于 1，平均值为 1.591(表 5-19)，主体显示了中度缺氧的还原环境特征。

(3) V/(V+Ni) 比值和古氧相分析。据 Wignall(1994)对黑色页岩的研究，V/(V+Ni) 比值大于 0.8，为缺氧环境；小于 0.4，为富氧环境；介于 0.4～0.8，为贫氧环境。李双应和金福全(1995)在研究下扬子地区上二叠统孤峰组硅质岩沉积环境时，也将大于 0.8 的 V/(V+Ni) 比值列为重要的缺氧环境指标。本书研究的 13 件样品的 V/(V+Ni) 比值变化相对较小且都大于 0.4，其中 5 件样品的 V/(V+Ni) 比值大于 0.8，8 件样品介于 0.4～0.8，平均值为 0.742(表 5-19)，主体也显示了贫氧-缺氧的还原环境特征。

综合 ΔU、U/Th 和 V/(V+Ni) 这三个微量元素特征比值的古氧相分析结果，不难确定广元羊木镇龙凤 PTB 界线剖面中大隆组硅质岩的沉积作用发生在深水贫氧-缺氧还原环境中。

3) Co/Ni 比值与硅质岩成因分析

热水沉积成因的硅质岩往往具有富含 Co 和 Ni 元素的特征，其中 Ni 较 Co 相对更为富集，因此在正常情况下热水沉积成因的硅质岩其 Co/Ni 比值小于 1.0(Baltuck，1982)，因而 Co、Ni 丰度和 1.0 的 Co/Ni 比值在硅质岩成因分析中有着广泛的应用，并已成为热水沉积成因与非热水沉积成因硅质岩的重要识别标志之一。

广元羊木镇龙凤剖面大隆组硅质岩的 Co 含量为 $3.580 \times 10^{-6} \sim 37.600 \times 10^{-6}$，平均值为 12.246×10^{-6}，略小于地壳克拉克值；而 Ni 含量为 $25.200 \times 10^{-6} \sim 189.000 \times 10^{-6}$，平均值为 88.085×10^{-6}，大于地壳克拉克值；Co/Ni 比值为 0.033～0.330，平均值为 0.173，远小于用于识别热水沉积成因硅质岩的标准值(1.0)，因此，由 Co/Ni 比值可确定广元羊木镇龙凤 PTB 界线剖面大隆组硅质岩具有热水沉积特征。

3. 稀土元素地球化学特征

稀土元素由于相互之间具有极其相似的地球化学性质和迁移行为,因而通常被作为非常有效的地球化学示踪剂,在沉积物及流体来源、沉积环境和成因研究等方面发挥着重要作用(Fleet,1983)。硅质岩中的稀土元素受沉积期后各种成岩作用的影响很小,因此,硅质岩的稀土元素地球化学特征常被作为恢复古海洋环境物理化学条件和沉积物来源的良好示踪剂,也是判别硅质岩成因的有效依据。广元羊木镇龙凤剖面大隆组硅质岩稀土元素分析结果见表 5-20,各项特征值及其地质意义和配分模式分别描述如下。

1) $\sum$REE 及 LREE/HREE 特征值

Fleet(1983)在系统研究世界各地属于海相热水沉积成因和正常海水沉积成因的金属矿床的稀土元素丰度特征之后,得出热水含矿沉积物的$\sum$REE(稀土元素总量)较小,其LREE(轻稀土元素总量)与 HREE(重稀土元素总量)的比值也较小,具有轻、重稀土元素都不富集和分异度低的基本特点。而正常海水含矿沉积物的$\sum$REE 相对较大,其 LREE 与HREE 的比值也较大,具有轻稀土元素相对富集和重稀土元素亏损,以及分异度高的基本特点,因而$\sum$REE 和 LREE/HREE 比值这两个稀土元素特征值成为区别热水沉积成因和正常海水沉积成因硅质岩的重要标志之一(Marching et al.,1982)。同时,基于硅质岩中稀土元素$\sum$REE 的分布具有从洋中脊的最小值向大洋盆地至大陆边缘逐渐增大的特点,因而该特征值不仅可指示硅质岩的成因类型,同时还可指示硅质岩沉积环境的古地理位置(Shimizu,1977;Murray,1990)。

广元羊木镇龙凤剖面大隆组硅质岩稀土元素$\sum$REE 变化范围为 $13.246\times10^{-6}\sim$ 94.479×10^{-6},平均值为 51.636×10^{-6}(表 5-20),明显小于北美页岩。LREE/HREE 比值的变化范围为 $4.559\sim9.967$,平均值为 7.367(表 5-20),属于轻稀土元素弱富集型。$\sum$REE和 LREE/HREE 比值这两个特征值的变化范围和平均值进一步表明,广元羊木镇龙凤剖面大隆组硅质岩形成于远离洋中脊的大陆边缘盆地。

2) $(La/Ce)_N$ 比值

该比值是用于判断硅质岩中轻稀土元素相对分异程度的特征值,不同的沉积盆地其轻稀土元素的分异程度即$(La/Ce)_N$ 比值有明显差异(Shimizu,1977;Murray,1990)。该特征值的特点为洋中脊硅质岩的$(La/Ce)_N$ 比值≥3.5,大洋盆地(或深海平原)为 $2\sim3$,大陆边缘盆地为 $1\sim2$,克拉通盆地的$(La/Ce)_N$ 比值≤1,因而该特征值也是分析硅质岩沉积盆地性质的重要指标之一。

广元羊木镇龙凤剖面大隆组硅质岩的$(La/Ce)_N$ 比值变化范围不大,为 $0.810\sim1.270$,主要集中在 $0.950\sim1.150$,平均值为 1.015(表 5-20),表明该剖面硅质岩的沉积作用发生在大陆边缘盆地。

3) $(La/Yb)_N$ 比值

该比值是判断硅质岩中重稀土元素相对分异程度的特征值,也是分析硅质岩沉积盆地性质的重要指标,在不同的沉积盆地中其差异性很明显:洋中脊附近的硅质岩其$(La/Yb)_N$平均值只有 0.3 左右,大洋盆地(或深海平原)介于 $0.3\sim1.1$,大陆边缘盆地为$1.1\sim1.4$,克拉通盆地大于 1.4。

表 5-20 广元羊木镇龙凤 PTB 界线剖面硅质岩稀土元素分析结果与特征值参数表

样品号	稀土元素含量/10⁻⁶														特征值					
	La	Ce	Pr	Nd	Sm	Eu	Gd	Tb	Dy	Ho	Er	Tm	Yb	Lu	ΣREE /10⁻⁶	LREE/ HREE	(La/Ce)$_N$	(La/Yb)$_N$	δCe	δEu
YJY1	5.120	8.180	1.040	4.160	0.789	0.170	0.915	0.160	0.994	0.241	0.678	0.102	0.809	0.133	23.491	4.820	1.270	0.540	0.861	0.848
YJY2	9.360	17.200	2.070	7.900	1.300	0.247	1.060	0.173	0.973	0.229	0.750	0.126	1.040	0.169	42.597	8.424	1.100	0.770	0.950	0.900
YJY4	2.800	5.030	0.569	2.220	0.453	0.118	0.539	0.090	0.522	0.115	0.324	0.050	0.354	0.062	13.246	5.443	1.130	0.680	0.976	1.010
YJY6	14.100	26.400	3.110	11.100	1.920	0.223	1.440	0.238	1.390	0.338	1.090	0.181	1.540	0.257	63.327	8.782	1.080	0.780	0.970	0.573
YJY8	4.070	7.870	0.872	3.180	0.573	0.125	0.612	0.099	0.571	0.129	0.380	0.062	0.452	0.068	19.063	7.033	1.050	0.770	1.000	0.907
YJY10	8.120	15.100	1.750	7.040	1.520	0.307	1.600	0.283	1.560	0.356	0.947	0.135	0.877	0.140	39.735	5.737	1.090	0.790	0.940	0.838
YJY12	13.200	25.900	2.900	10.700	1.950	0.366	2.040	0.332	1.780	0.393	1.140	0.183	1.360	0.227	62.471	7.380	1.030	0.830	1.016	0.780
YJY16	12.500	28.000	3.230	12.300	2.380	0.372	2.260	0.370	2.020	0.424	1.250	0.195	1.420	0.229	66.950	7.197	0.904	0.750	1.073	0.690
YJY24	17.500	38.400	4.440	16.500	3.060	0.559	2.850	0.422	2.130	0.467	1.300	0.195	1.330	0.216	89.369	9.030	0.920	0.820	1.062	0.809
YJY28	11.300	23.900	2.540	9.090	1.750	0.311	1.660	0.244	1.330	0.297	0.831	0.131	0.879	0.136	54.399	8.876	0.960	0.840	1.087	0.782
YJY30	12.100	25.400	2.740	9.910	1.750	0.289	1.610	0.231	1.240	0.283	0.771	0.123	0.847	0.131	57.425	9.967	0.960	1.220	1.074	0.741
FC-60	16.400	40.800	4.600	18.400	3.610	0.750	3.230	0.494	2.390	0.505	1.410	0.209	1.460	0.221	94.479	8.525	0.810	0.960	1.144	0.947
FC-61	7.550	17.100	1.970	8.060	1.600	0.396	1.700	0.321	2.090	0.513	1.410	0.224	1.550	0.236	44.720	4.559	0.890	0.420	1.063	1.021
平均值	10.317	21.483	2.448	9.274	1.743	0.326	1.655	0.266	1.461	0.330	0.945	0.147	1.071	0.171	51.636	7.367	1.015	0.782	1.017	0.834
北美页岩	41.000	83.000	10.000	38.000	7.500	1.610	6.350	1.230	5.490	1.340	3.750	0.630	3.510	0.910	203.410	11.120	1.000	—	—	—

广元羊木镇龙凤剖面大隆组硅质岩的 $(La/Yb)_N$ 比值变化较大，为 $0.420\sim1.220$，主要集中在 $0.750\sim1.000$，平均值为 0.782（表 5-20），反映出该剖面硅质岩的沉积作用发生在大洋盆地与大陆边缘盆地的过渡带，这虽然与 $(La/Ce)_N$ 判别结果略有差异，但与该剖面处在大洋盆地与大陆斜坡过渡带的古地理和古构造位置是相吻合的。

4）δCe 异常

由于 Ce^{3+} 在氧化性水体中可被氧化为溶解度较大的 Ce^{4+}，且易被迁移贫化，从而出现 $\delta Ce<1$ 的负异常，因而 δCe 通常被作为判断沉积环境氧化-还原条件的特征参数。

广元羊木镇龙凤剖面大隆组硅质岩的 δCe 值变化范围较小，为 $0.861\sim1.144$，主要集中在 $0.950\sim1.100$，平均值为 1.017（表 5-20），由此不难确定该剖面硅质岩的沉积作用发生在贫氧-缺氧还原环境中，这与 U/Th 比值、ΔU 和 V/(V+Ni) 比值的古氧相分析判别结果是相一致的。

5）δEu 异常

由于 Eu^{3+} 在低温还原环境中易因贫化而出现负异常，但在氧化或高温环境中易被氧化为难溶于水的 Eu^{4+} 并发生相对富集而出现正异常，因此 δEu 既可被用于确定沉积环境的氧化-还原条件，也可作为判断热液喷流-沉积作用的依据。

广元羊木镇龙凤剖面大隆组硅质岩的 δEu 值变化范围较大，为 $0.573\sim1.021$，主要集中在 $0.750\sim0.950$，仅 YJY4 和 FC-61 两件样品呈 $\delta Eu>1$ 的弱正异常，平均值为 0.834（表5-20）。鉴于广元羊木镇龙凤剖面大隆组硅质岩的沉积作用发生在温度相对较低的深海底，因此，大部分样品的 δEu 负异常反映了硅质岩的沉积作用发生在贫氧-缺氧还原环境中，这与 U/Th 比值、ΔU 和 V/(V+Ni) 比值的古氧相分析判别结果相一致，但局部出现 δEu 弱正异常，表明该剖面距离热液喷流活动中心不远，部分硅质岩的沉积作用发生在海底热液喷流期间歇形成的热卤水池中，沉积硅质岩的热水有相对较高的温度，从而造成部分样品出现 δEu 弱正异常。

4. 稀土元素配分模式

稀土元素配分模式是判别硅质成因及热水沉积成因的重要和有效依据之一。经北美页岩标准化的稀土元素配分模式，在多数情况下海底热液喷流-沉积成因硅质岩，特别是热水沉积成因硅质岩的稀土元素配分模式，往往为略向左微倾斜的平缓型，相比于北美页岩，其轻稀土元素相对贫乏而重稀土元素相对富集；正常海水沉积成因的硅质岩往往为较陡的右倾型，相比于北美页岩，其轻稀土元素强烈富集而重稀土元素相对贫乏；生物成因的硅质岩则介于二者之间（Bostrom and Peterson，1969；Bostrom et al.，1979）。

广元羊木镇龙凤剖面大隆组硅质岩的稀土元素配分模式为略具左倾趋势的平缓型（图 5-23），具有轻稀土元素相对贫乏而重稀土元素相对富集的典型热水沉积成因特征。

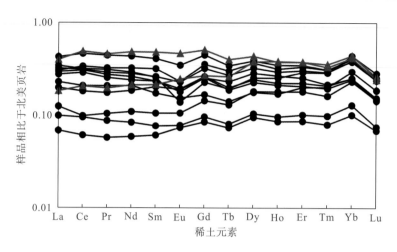

图 5-23　广元羊木镇龙凤 PTB 界线剖面硅质岩稀土元素配分模式

(三)上扬子地区大隆组硅质热液喷流-沉积事件成因分析

硅质岩是在一定地质发展历史阶段,在特定的大地构造背景和特殊的沉积环境中形成的特殊产物,其中晚二叠世是地质历史中硅质岩沉积作用非常集中的一个时期。该时期硅质岩的沉积作用因具有在环太平洋、地中海、古特提斯洋和泛大陆西北缘广泛发育的全球性色彩而被称为"硅质沉积事件"(Murchey and Jones,1992),因而 P—T 之交所发生的全球性大规模海底硅质热液喷流-沉积作用,也应该属于 P—T 之交所发生的重大地质事件之一。在以往的众多研究成果中,大多数成果仅侧重于硅质岩成因和硅质来源研究(朱洪发等,1989;杨玉卿和冯增昭,1997;徐跃通,1997;杨水源和姚静,2008;李红敬等,2009;李凤杰等,2010;林良彪等,2010;李蔚洋等,2011;程成等,2015;方雪等,2017),而对这一发生在 PTB 界线处的全球性硅质沉积事件的重要性及其地质意义涉及很少,更未涉及和讨论晚二叠世全球性硅质沉积事件与其他几个重大地质事件(如火山喷发事件和生物大灭绝事件)之间的关系。

1. 硅质岩成因和硅质来源

1)硅质岩成因的综合分析

对于硅质岩成因,需要综合分析多方面因素,才能得出较为客观和完整的认识。如前所述,广元羊木镇龙凤剖面大隆组硅质岩成因有如下几个特点。

(1)MnO/TiO_2 比值平均值为 0.183(表 5-18),$(La/Ce)_N$ 比值平均值为 1.015,$(La/Yb)_N$ 比值平均值为 0.782(表 5-20)。这几项比值都表明硅质岩的沉积作用发生在距离大陆较近的被动大陆边缘盆地与大洋盆地的过渡带,这与该剖面大隆组在沉积期处在深水盆地与大陆斜坡过渡带的古地理位置相吻合。

(2)Co/Ni 比值平均值为 0.173,远小于用于识别硅质岩热水沉积成因的上限标准(1.0),表明大隆组硅质岩属于热水沉积产物。K_2O/Na_2O 比值平均值为 2.454(表 5-18),表明含硅流体主要来自地壳深部的热液。

(3)稀土元素配分模式为略微具有左倾趋势的平缓型(图 5-23),轻稀土元素相对贫乏而重稀土元素弱富集，这进一步表明大隆组硅质岩具有典型的热水沉积成因特征。

(4)U/Th 比值平均值高达 2.326，V/(V+Ni) 比值平均值为 0.742(表 5-19)，δCe 平均值为 1.017，δEu 平均值为 0.834(表 5-20)。这几项比值和特征值均表明硅质岩的沉积作用发生在深海底贫氧-缺氧的较强-强还原环境中。

(5)薄片鉴定结果表明，极大部分硅质岩发育有主要由硅质放射虫构成的生物颗粒结构，这证实了硅质的富集和沉积作用与生物的生命活动密切相关，硅质的富集和沉积作用明显受到硅质放射虫生命活动控制，显示出硅质岩具有典型的生物成因特征。

(6)(Fe+Mn)/Ti 比值平均值＞20(表 5-18)，表明硅质岩在沉积时具备较多外来物质补给源，特别是存在同期火山喷发供给的外来物质，因此，大隆组硅质岩成因并非简单的单一含硅热水沉积成因，也不是单一的生物成因。

(7)在高长林和何将启(1999)提出的硅质岩成因 Al-Fe-Mn 三角图解(图 5-22)中，仅 2 件样品落在热水成因区，6 件样品落在生物成因区，其余样品都落在热水成因与生物成因叠合区。结合硅质岩中含有大量硅质放射虫化石的生物结构成因特点，表明大隆组硅质岩成因既有热水沉积成因特点，也有生物成因特点。

(8)部分样品呈 δCe 和 δEu 均大于 1 的正异常(表 5-20)，表明该剖面硅质岩的沉积环境距离热液喷流活动中心不远，部分硅质岩的沉积作用发生在海底热液喷流期间歇形成的热卤水池中。

从总体上看，广元羊木镇龙凤剖面大隆组硅质岩成因具有深源热液无机供硅和生物有机聚硅即热水作用叠加生物作用的复合沉积成因特征。

2)硅质来源分析

在以往的研究中，通常将海相硅质沉积物的硅质来源划分为四种，即地壳深部热水来源、上升洋流来源、生物来源和大陆来源。事实上，在这四种来源中，我们对所谓的生物来源即生物通过生命活动向海洋水体和沉积物提供硅质来源的认识是错误的，生物成因的硅质岩实际上仅仅是指海洋水体中的硅质被生物聚集并形成硅质沉积物的一种硅的聚集方式或成因类型而已，生物本身并不能制造硅质或向海水提供硅质来源。此外，上升洋流是否能向海洋水体提供硅质也是一个值得商榷的问题，目前对于循环于洋底的上升洋流能否形成硅质岩还无定论，已有的研究成果所提出的由上升洋流形成硅质沉积物的沉积模式基本上都只是推测。事实上，无论是所谓的含硅上升洋流还是由海底喷出的热液于洋底热循环扩散时形成的底流，都属于来自地壳深部的含硅热液。因此，海水中可以确认的硅质来源仅为大陆来源和地壳深部热水来源两种。

(1)大陆来源。大陆母岩中的硅酸盐矿物由大陆风化和分解作用提供硅质来源，由风化作用形成的硅质主要以胶体方式经河流被搬运至海洋，其中极大部分的硅质胶体在河口处海水中电解质的凝絮效应作用下发生沉淀，因而由母岩经大陆风化作用供给的陆源硅质主要集中分布在河口的三角洲沉积体系中，其很难被海水继续搬运到深水盆地，更不可能在深水盆地中形成连续沉积的大套和大面积分布的硅质岩。显然，就大隆组深水盆地相的硅质岩而言，其硅质组分不可能来源于陆源风化物。

(2)地壳深部热水来源。地壳深处热液的硅质供给主要有两种方式：其一是深循环的地下热水萃取地层中的硅质组分后形成含硅热液；其二是直接伴随岩浆活动的含硅岩浆热液。无论是哪种热液，都具有可长时间供给含硅热液和连续不断进行硅质沉积的性质，因而同沉积断裂发育和火山喷发活动频繁的热液喷流-沉积区域有可能发生大套和大面积分布的硅质岩的连续沉积作用，无论是深海、浅海，还是大陆，只要有含硅热液喷流活动，就会发生硅质岩的沉积作用，典型的如云南腾冲热海现代火山岩地区热泉喷口的硅华，即为硅质热液喷流-沉积作用的产物。硅质岩中某些岩浆元素的存在和富集作用，以及与同期火山岩或下伏地层的亲缘性关系，是识别和区分这两种深源热液的主要依据。有意思的是，这两种热液都可表现为喷出海底、湖底或地表的含硅热泉。热液会在其聚集的低洼处进行硅质沉积作用，特别是在深水盆地中，巨大的水压抑制了欲喷出地表的热液，从而阻滞了含硅热液的逸散，这有利于含硅热液的聚集作用和硅质岩的沉积作用，以及形成大套和大面积分布的硅质岩。

广元羊木镇龙凤剖面大隆组硅质岩中，属于火山热液沉积成因标志的 V、Cr、Co、Cu、As、Cs 和 U 等元素的丰度都为远大于地壳克拉克值的富集型，而以陆源输入为主的 Rb、Ba 和 Ta 等元素的丰度为小于地壳克拉克值的亏损型。部分硅质岩不仅含有凝灰物质，而且具有与沉凝灰岩相间交替互层发育的特点，具有很明显的热水沉积成因标志，这表明沉积期大隆组硅质岩的含硅热液来自同沉积期火山喷发活动衍生的火山热液。而硅质岩中丰富的放射虫化石和有机质组分的出现，又表明生物特别是硅质生物积极地参与了硅质的聚集和沉积作用，这从侧面反映出硅质岩具有生物成因特点，因而在硅质岩成因 Al-Fe-Mn 三角图解中，大隆组硅质岩样品大多落在热水成因与生物成因叠合区，这与硅质岩和沉凝灰岩相间互层发育的地质产状相吻合。因此，可确定广元羊木镇龙凤剖面大隆组硅质岩的硅质组分主要来源于地壳深部的火山热液，但硅质的聚集和沉积作用则与生物的生命活动密切相关。

综上所述，本书提出无机供给、有机聚集复合成因的硅质岩沉积模式。该模式可被描述为海底热液喷流作用从地壳深处带出大量的硅质组分等营养物质，进入海底的硅质组分等营养物质强烈地刺激了嗜硅生物如放射虫和硅质海绵等的勃发，其结果是造成大量硅质组分以生命活动的方式聚集在生物体中，并由于硅质生物连续不断地勃发、堆积和死亡周而复始地循环，最终形成以放射虫化石大规模堆积为主要方式的硅质岩。因此，所谓的热水成因和生物成因硅质岩，在大隆组硅质岩中仅表现为两个不可分割和相辅相成的硅质供给、聚集和沉积-成岩的复合作用而已。

2. 海底硅质热液喷流-沉积旋回

在广元羊木镇龙凤剖面中，发育在吴家坪组下段和大隆组下部至中部岩性段的两套硅质岩沉积建造(图 3-2)，实际上分别代表了吴家坪组早期和大隆组早期至中期的两个海底硅质热液喷流-沉积旋回，这两个海底硅质热液喷流-沉积旋回的岩性组合虽然有较高的相似性，但因受不同期次和不同岩浆类型的火山喷发活动控制，硅质沉积的旋回性和岩性组合特征有明显的差异。

1) 吴家坪组早期海底硅质热液喷流-沉积旋回

该海底硅质热液喷流-沉积旋回发育于吴家坪组下段(图 3-2 中的 2～5 小层)，厚27.48m，自下而上按岩性组合可分为 2 个次级旋回。

次级旋回 I，发育于吴家坪组下段下部(图 3-2 中的 2～4 小层)，岩性主要为大套褐灰色、灰黑色薄-中层状碳质含生屑放射虫硅质岩，夹薄-极薄层状黑色碳质页岩与碳质泥灰岩组合，自下而上为一硅质组分增加而灰质组分减少的低幅海侵旋回。其所含生物较丰富，主要为薄壳介形虫、腕足类及棘皮类和放射虫组合，具有底栖生物与浮游生物混生组合的生态特征。

次级旋回 II，发育于吴家坪组下段中、上部(图 3-2 中的 5 小层)，岩性主要为大套褐灰色、灰黑色薄-极薄层状碳质含生屑放射虫硅质岩夹薄层状黑色碳硅质页岩组合，自下而上为一硅质组分增加而泥质组分减少的高幅海侵旋回。所产化石为薄壳介形虫和双壳类、菊石及放射虫等浮游生物的生态组合，而硅质岩中放射虫有密集成层、成带分布的特点。

由上述 2 个次级旋回的叠加，组成了吴家坪组早期单一海底硅质热液喷流-沉积的连续海侵旋回，旋回过程具有向上硅质组分增加而泥、灰质组分减少，以及由底栖-浮游混合生态组合向单一浮游生态组合过渡的总体特征。

有关吴家坪组早期海底硅质热液喷流-沉积旋回的成因，已有的众多研究成果表明，其与峨眉山大陆裂谷边缘碱性拉斑玄武岩(熊舜华和李建林，1984)的喷发活动有关，也有人认为其与峨眉山玄武岩的风化淋滤作用有关，如李凤杰等(2010)和周新平等(2012)通过对比玄武岩与硅质岩中的 U、Th 含量和 U/Th 比值，发现二者之间具有很大的相似性，并在此基础上建立了玄武岩风化淋滤供给硅质来源的沉积模式。事实上，U 是非常活跃的元素，其在氧化环境中易流失，但在还原环境中易富集，因而在玄武岩风化淋滤过程中由硅质组分经搬运和再沉积后形成的硅质岩中，U 含量和 U/Th 比值将发生巨大变化，硅质岩不可能再继续保留玄武岩母岩的 U、Th 地球化学特征，因而李凤杰等(2010)和周新平等(2012)确定的二类岩石中 U 含量和 U/Th 比值相似的亲缘性，恰恰可用于证明该期次海底硅质热液的喷流-沉积作用与峨眉山玄武岩的喷发活动密切相关，而含硅热液主要来自峨眉山玄武岩喷发时衍生的含硅火山热液。

2) 大隆组早、中期海底硅质热液喷流-沉积旋回

该海底硅质热液喷流-沉积旋回发育于大隆组下部至中部岩性段(图 3-2 中的 11～16 小层)，厚 14.34m，按岩性组合自下而上可分为 3 个次级旋回。

次级旋回 I，发育于大隆组下部岩性段(图 3-2 中的 11～14 小层)，岩性主要为灰黑色碳质放射虫硅质岩夹薄层状碳硅质页岩和泥灰岩组合，上部夹一层厚 0.27m 的灰黑色硅质粉晶白云岩(图 3-2 中的 12 小层)，顶部为一厚 0.30～1.10m 的丘状灰黑色硅质微-粉晶白云岩(图 3-2 中的 14 小层)，自下而上为一泥质和灰质组分减少而硅质组分增多的低幅海侵旋回，所产化石主要为薄壳介形虫、薄壳型双壳类和腕足类及丰富的放射虫化石，具有典型的浮游生物生态组合特征。

次级旋回 II，发育于大隆组中部岩性段下部(图 3-2 中的 15 小层，图 3-15 中的 1～4 小层)，岩性主要为灰黑色薄层状碳质放射虫硅质岩，夹极薄-薄层状碳硅质页岩组合，自下而上也为一泥质和灰质组分减少而硅质组分增多的低幅海侵旋回。产丰富的放射虫、硅质海绵骨针和薄壳型双壳类、薄壳介形虫及菊石化石等，其中菊石化石有沿碳硅质页岩夹层层面密集重叠分布和保存非常完整的特点，反映出这些菊石化石为生物就地大规模集群死亡和快速埋藏的产物。

次级旋回Ⅲ，发育于大隆组中部岩性段上部(图 3-2 中的 16 小层，图 3-15 中的 5～12 小层)，岩性主要为灰黑色薄层状碳质放射虫硅质岩，夹 4 层灰白色薄层状沉凝灰岩，自下而上为一灰质组分消失、泥质组分减少而火山碎屑组分增多的高幅海侵旋回，所产化石主要为丰富的放射虫和少量硅质海绵骨针、薄壳型双壳类、薄壳介形虫和菊石化石等，具有典型的深水相浮游生物生态组合特征，其中沿硅质岩和沉凝灰岩层面的保存完整且密集重叠分布的菊石化石更为常见，菊石就地大规模集群死亡和快速埋藏的生态特征也较明显。需要指出的是，与硅质岩相间互层的沉凝灰岩含有非常丰富的火山锆石晶屑，反映出在该次级海侵旋回过程中，伴随着海底含硅热液的喷流-沉积作用，发生了多次火山喷发活动。

由上述 3 个次级旋回的叠加，组成了大隆组早-中期海底硅质热液喷流-沉积的单一海侵旋回过程，而其上叠加的大隆组中-晚期大幅度海退旋回，主要由交替发育的泥质灰岩与沉凝灰岩互层夹碳质页岩组成，层状硅质岩夹层仅零星发育。

如上所述，结合吴家坪组和大隆组层状硅质岩所具有的海侵沉积序列，不难发现上扬子地区晚二叠世"硅质沉积事件"主要发育在海侵过程中，而且与同期火山喷发活动密切相关。显然，拉张构造背景条件下的同沉积断裂伸展活动和沉积盆地裂陷作用，应该是控制深海底硅质热液喷流-沉积旋回和碳、泥、硅(或碳、灰、硅)沉积建造的主要因素。

二、海底白云质热液喷流-沉积事件

上扬子地区于 P—T 之交发生晚二叠世"硅质沉积事件"的同时，伴随有海底白云质热液喷流-沉积作用，其规模虽然很小，仅在热水沉积成因硅质岩中呈厚度很有限的夹层产出，且仅仅是上扬子地区晚二叠世"硅质沉积事件"过程中衍生的次要角色，但此类热液喷流-沉积成因白云岩很少见，其对于研究热液型原生白云岩的成因具有特殊而重要的地质意义，因而这里专门予以讨论。

由热液喷流-沉积作用形成的"原生白云岩"在我国晚古生代和中生代的湖相盆地中较为常见(郑荣才等，2003，2006a，2006b，2018；戴朝成等，2008；柳益群等，2011；郭强等，2012；焦鑫等，2013；文华国等，2014)，但海相盆地中的此类白云岩鲜有报道，目前主要见于杨子元和 Drew(1994)对白云鄂博矿床白云质含矿围岩的热水沉积成因研究，以及乔秀夫等(1997)对内蒙古腮林忽洞群白云岩丘状体和章雨旭等(2005)对内蒙古白云鄂博稀土矿床的赋矿白云岩丘状体热水沉积成因特征研究。有意思的是，白云鄂博赋矿白云岩丘状体在早前的研究中，开始被认为是海底超碱性碳酸岩岩浆喷发形成的熔岩丘，后又被认为是成岩期热液交代作用的产物(章雨旭等，1998a，1998b；刘淑春等，1999)，但经章雨旭等(2005)的重复研究，最终被确定为由海底热液喷流-沉积作用形成的白云质微晶丘。这些学者指出该微晶丘在形成过程中的生物作用虽然不是主导因素，但热水的存在导致的微生物勃发和快速繁殖，是促进白云石沉淀和形成白云质微晶丘的重要因素之一，热液的无机供给和生物的有机聚集在白云质微晶丘的形成过程中具有不可分割的共存关系(章雨旭等，2005)。本书在研究龙门山北段上二叠统大隆组硅质岩成因时，意外地发现大隆组下部岩性段的大套硅质岩中夹有两层硅质粉晶白云岩，依据产状、物质组分和地球化学特征，确定在大隆组下部岩性段呈夹层状产出的硅质微-粉晶白云岩为白云质喷流岩，即海底热液喷流-沉积作用形成的原生白云岩(以下简称为热液白云岩)。

(一) 大隆组热液白云岩地质特征

1. 野外地质产状特征

大隆组下部岩性段大套碳质放射虫硅质岩组合中的两个热液白云岩夹层，以发育于该岩性段顶部的白云岩夹层的规模最大(图 3-2 中的 14 小层)。以其为例，该白云岩夹层呈丘状体产出，丘状体高 1.1m，宽 3.4m，呈底平上凸(图 5-24)和向北西方向倾斜的不对称状。丘状体之下的底板岩性为深水盆地相的灰黑色薄层状碳质放射虫硅质岩(图 5-25)，与丘状体呈连续沉积关系，丘状体上的顶板岩性为深水盆地相的灰黑色薄层状含碳云质放射虫硅质岩(图 5-26)，含云硅质岩具有从丘状体四周较低部位向丘状体顶部较高部位逐层爬升覆盖的特征，显示白云岩在沉积时具有高出海底的丘状地形。

图 5-24 大套放射虫硅质岩中呈夹层状产出的硅质粉晶白云岩丘状体(红点为分析样品取样位置)

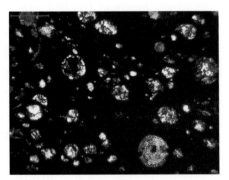

图 5-25 白云岩丘状体的底板岩性为
碳质放射虫硅质岩，正交偏光

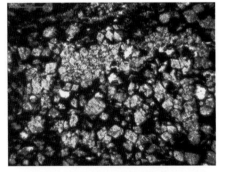

图 5-26 白云岩丘状体的顶板岩性为
碳质白云质放射虫硅质岩，单偏光

2. 岩性和物质组分特征

热液白云岩丘状体岩性为灰黑色块状富碳含硅质粉晶白云岩(图 5-27)，含有较多结构保存完整的放射虫化石(图 5-28)，部分放射虫化石白云石化。物质组分以具有良好菱面体晶形的白云石为主，其次为方解石和石英，以及少量长石、石膏和云母（表 5-21），局部含有较多去云化后形成的次生方解石斑块，斑块中的次生方解石往往呈现出具有白云石菱面体晶形的假象，显示出其为白云石去云化作用的产物。热液沉积成因的原生白云石晶粒大小为 20～50μm，具有较好的菱面体晶形（图 5-29），晶间孔被有机质与玉髓的混合物充填（图 5-30），显示出以化学沉积为主的结晶作用与生物作用共存的复合成因特征。经扫描电镜和能谱分析，组成大隆组白云岩丘状体的白云石主要为富钙白云石，其镁钙比（$MgCO_3/CaCO_3$）变化很大，$MgCO_3$ 摩尔分数为 32%～48%。白云岩丘状体底、顶板硅质岩的物质组分都为蛋白石、玉髓、微晶石英和碳质物，顶板硅质岩中也含有一定数量的白云石（表 5-21）。白云岩富含碳质和放射虫化石与海底云质热液喷流时提供了大量钙、镁质和硅质及其他营养物质，以及这些物质在富钙白云石沉积时促进了硅质生物的勃发、聚集和沉积作用有关，此特征也应该是造成大隆组白云岩富含有机碳和硅质组分，并含有丰富的放射虫化石的主要原因。显然，在海底碳酸盐微晶丘形成过程中生物的作用不是主导因素，热液的存在及其所含有的高浓度营养物质组分，导致了微生物勃发和促进了富钙白云石快速沉淀并原地堆积，这是形成微晶丘的重要因素之一（章雨旭等，2005）。

图 5-27　碳硅质粉晶白云岩，晶间孔被碳硅质充填，含云化的放射虫化石，单偏光

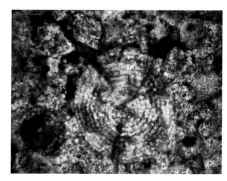

图 5-28　碳硅质粉晶白云岩中的放射虫化石，生物结构保存完整，单偏光

表 5-21　大隆组热液白云岩 X 衍射物质组分分析表

样品号	产状和岩性	位置	含量/%						
			云母	石膏	石英	长石	方解石	白云石	磷灰石
12-3		上部			5.5	1.0	23.9	69.6	
12-2	厚 0.27m 的厚层状富碳含硅质微-粉晶白云岩	中部			2.7	0.8	23.7	72.8	
12-1		下部			7.8	1.5	19.1	71.6	
14-5	薄层状富碳含白云质放射虫硅质岩	白云岩丘状体顶板	2.5	2.8	77.2	2.3	13.0	2.2	
14-4			2.4	0.8	95.0		0.6	1.2	
14-Y		丘状体右侧	1.4	0.8	38.1	4.5	18.0	37.2	
14-Z		丘状体左侧			0.9	0.7	24.2	74.2	
14-3	丘状富碳含硅质粉晶白云岩	丘状体上部			7.4	1.5	28.9	57.7	4.5
14-2		丘状体中部			1.9	1.4	1.4	95.3	
14-1		丘状体下部			2.1	2.9	1.0	94.0	

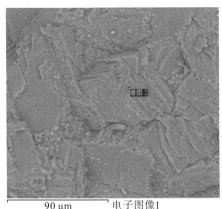

90 μm　　电子图像1

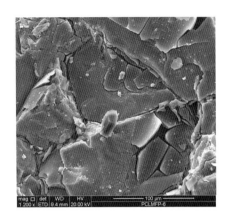

图 5-29　碳硅质粉晶白云岩，白云石具有很好的菱面体晶形，晶间孔被碳硅质混合物充填，能谱点的分析结果为富钙白云石(图 3-2 中的 14 小层，扫描电镜)

图 5-30　充填白云岩晶间孔的胶状有机碳（图 3-2 中的 14 小层，扫描电镜）

3. 白云岩丘状体沉积相分析

龙门山北段地区上二叠统大隆组下段，主要由灰黑色、黑色的薄层状放射虫硅质岩和碳质硅质页岩夹沉凝灰岩组成，生物群落以浮游生物为主。按大隆组下段沉积的岩石主体岩性、沉积构造和古生物特征，不难确定作为夹层产出的白云岩丘状体的沉积环境应该与岩石主体沉积环境相一致，即属于深水盆地相沉积，沉积环境水深可达 300m 以上，海底处于水循环很差的缺氧状态。海底不仅富含有机质和黄铁矿，而且被 CO_2 和 H_2S 强烈污染，非常有利于白云石的沉淀和有机质的保存。

(二)大隆组热液白云岩地球化学特征

1. 微量元素地球化学特征

白云岩中的微量元素是判别白石岩成因及其物质来源的重要标志之一，本书从大隆组下部岩性段 14 小层和 12 小层(图 3-2)中提取了 18 件白云岩和 2 件含云硅质岩样品进行微量元素分析(表 5-22)，结果表明，大隆组热液白云岩微量元素的组成和地球化学特征主要有如下几个特点。

表 5-22　广元羊木镇龙凤 PTB 界线剖面热液白云岩微量元素含量与特征值一览表

样品号	微量元素含量/10^{-6}											
	V	Cr	Co	Ni	Cu	Zn	Ga	As	Rb	Sr	Ba	Zr
12-3	205.000	30.500	2.890	33.700	16.500	88.800	0.767	3.710	2.570	434.000	11.900	10.300
12-2	210.000	29.400	2.900	33.300	13.200	41.100	0.649	3.410	2.530	451.000	13.100	10.500
12-1	356.000	47.700	4.050	50.600	19.400	51.000	1.410	4.940	10.600	424.000	24.600	14.700
14-5	817.000	214.000	7.400	127.000	118.000	126.000	6.220	20.200	23.500	469.000	69.000	59.600
14-4	1555.000	125.000	3.330	79.000	44.700	67.000	3.550	17.800	14.600	167.000	49.400	26.500
14-Y	1011.000	100.000	8.370	139.000	73.800	99.600	2.780	11.100	20.300	501.000	43.600	32.300

续表

样品号	微量元素含量/10⁻⁶											
	V	Cr	Co	Ni	Cu	Zn	Ga	As	Rb	Sr	Ba	Zr
14-Z	268.000	24.300	4.070	64.300	24.600	127.000	0.455	2.140	1.220	889.000	17.100	7.640
14-3	248.000	30.400	5.590	75.200	48.700	138.000	0.826	2.560	1.100	1387.000	22.900	111.000
14-2	94.200	9.840	2.270	33.700	6.750	24.900	0.209	1.540	0.948	1047.000	7.500	4.200
14-1	92.100	12.60	1.790	28.100	6.380	13.100	0.220	1.410	0.717	1378.000	8.810	4.860
平均值	485.630	62.374	4.266	66.390	37.203	77.650	1.709	6.881	7.809	714.700	26.791	28.160
克拉克值	135.000	100.000	25.000	75.000	55.000	70.000	—	1.800	90.000	325.000	425.000	165.000

样品号	微量元素含量/10⁻⁶							特征值			
	Ta	Pb	Nb	Mo	Cs	Th	U	U/Th	ΔU	V/(V+Ni)	Co/Ni
12-3	0.044	0.916	0.878	18.100	0.089	0.492	5.390	10.955	1.941	0.859	0.086
12-2	0.047	1.280	0.930	24.200	0.062	0.498	5.450	10.944	1.941	0.863	0.087
12-1	0.118	3.540	1.660	51.800	0.347	1.570	7.210	4.592	1.865	0.876	0.080
14-5	0.210	6.300	3.510	107.000	1.610	2.420	27.700	11.446	1.943	0.865	0.058
14-4	0.106	6.420	2.110	118.000	1.190	1.420	9.040	6.366	1.900	0.952	0.042
14-Y	0.158	6.000	2.910	135.000	0.798	2.070	19.800	9.565	1.933	0.879	0.060
14-Z	0.026	0.657	0.471	13.200	0.053	0.290	6.610	22.793	1.971	0.807	0.063
14-3	0.026	0.332	0.522	28.600	0.062	0.367	84.800	231.063	1.997	0.767	0.074
14-2	0.016	0.186	0.246	14.800	0.031	0.165	5.540	33.576	1.980	0.737	0.067
14-1	0.015	0.512	0.253	11.900	0.025	0.149	5.580	37.450	1.982	0.766	0.064
平均值	0.077	2.614	1.349	52.260	0.427	0.944	17.712	37.875	1.945	0.837	0.068
克拉克值	2.000	12.500	20.000	—	3.000	9.600	2.700	—	—	—	—

注：①元素克拉克值引自周永章等(1994)；②ΔU=2U/(U+Th/3)。

1) 微量元素分布特征

大隆组白云岩中的微量元素含量变化较大，在所统计的 20 个元素中，除了 V、Zn、As、Mo、Sr 和 U 等少数几个元素表现为大于或略大于克拉克值的富集型外，其余大多数元素都表现为小于克拉克值的亏损型，特别是反映大陆风化物来源的 Rb、Ba 和 Ta 等元素表现为强烈亏损型。上述微量元素分布特征表明，广元羊木镇龙凤剖面白云岩在沉积时不受任何陆源物质供给影响，同硅质岩的硅质来源为典型的内源供给和生物聚集沉积，结合大隆组白云岩以夹层的方式产于热水-生物复合沉积成因的大套硅质岩中，可推断大隆组白云岩也为热水-生物复合沉积成因产物。

2) 微量元素特征值与古氧相分析

采用与硅质岩相同的技术与方法对微量元素特征值和古氧相进行分析，可得出大隆组白云岩有如下几个与硅质岩相同的成因特点。

(1) U/Th 比值和古氧相分析。10 件样品的 U/Th 比值变化很大，为 4.592~231.063，平均值高达 37.875(表 5-22)，主体显示了严重缺氧的还原环境特征。

(2)ΔU 和古氧相分析。ΔU 采用吴朝东等(1999)的公式和标准进行计算和判别,本书研究分析的 10 件样品中,ΔU 的变化范围很小,为 1.865~1.997,平均值高达 1.945(表 5-22),也显示了严重缺氧的还原环境特征。

(3)V/(V+Ni) 比值和古氧相分析。采用 Wignall(1994)的判别标准,本书研究分析的 10 件样品中,V/(V+Ni) 比值变化范围较小,为 0.737~0.952,平均值为 0.837(表 5-22),主体也显示了贫氧-缺氧还原环境特征。

综合 U/Th、ΔU 和 V/(V+Ni) 这三个微量元素特征值的古氧相分析结果,不难确定广元羊木镇龙凤剖面大隆组白云岩的热液喷流-沉积作用发生在深水贫氧-缺氧还原环境中。

3)Co/Ni 比值与白云岩成因分析

热水沉积成因的岩石往往具有富含 Co 和 Ni 元素(其中 Ni 较 Co 更为富集),以及在正常情况下其 Co/Ni 比值小于 1.0 的特点(Baltuck,1982),因而 Co/Ni 比值在白云岩的成因分析中也有广泛应用,并已成为用于识别热水沉积成因与非热水沉积成因白云岩的标志之一。

广元羊木镇龙凤剖面大隆组白云岩的 Co 含量为 $1.790 \times 10^{-6} \sim 8.370 \times 10^{-6}$,平均值为 4.266×10^{-6},小于克拉克值;Ni 含量为 $28.100 \times 10^{-6} \sim 139.000 \times 10^{-6}$,平均值为 66.390×10^{-6},非常接近克拉克值;Co/Ni 比值为 0.042~0.087,平均值为 0.068(表 5-22),远小于用于识别是否为热水沉积成因白云岩的上限值(1.0),因此,该比值可作为判定广元羊木镇龙凤剖面大隆组白云岩是否为热水沉积成因的标志之一。

2. 同位素地球化学特征

1)C、O 同位素特征

碳酸盐岩的 C、O 同位素($\delta^{13}C$ 和 $\delta^{18}O$)地球化学特征,不仅可反映碳酸盐岩的物质来源和古地理位置、古气候状况,同时还可指示其沉积-成岩环境温度(魏菊英和王关玉,1988)。其中:$\delta^{13}C$ 值主要取决于沉积-成岩环境的水体盐度和 C 同位素的来源,水体盐度越高,该值越大,且以正偏移为主,而 C 同位素来源不同,其 $\delta^{13}C$ 值是不同的,如来自正常海水的 C 同位素,其 $\delta^{13}C$ 值在 0‰左右,且正、负偏移一般不超过 3‰,这取决于古气候所影响的碳循环的状况和强度;来源于地幔的 C 同位素其 $\delta^{13}C$ 值一般较大,且以正偏移为主,而来源于有机质的 C 同位素其 $\delta^{13}C$ 值一般较小,且以负偏移为主。因此,C 同位素对于分析古海洋信息和指示碳酸盐岩的成因及其物质来源有重要意义(Veizer et al.,1986)。O 同位素其 $\delta^{18}O$ 值的变化和来源的关系与 C 同位素相似,也与水体性质、沉积-成岩温度和来源有关,但 O 同位素较 C 同位素更活跃,更容易受到沉积-成岩温度影响,因而具有更高的分馏强度和更大的负偏移幅度。

本次研究从大隆组下部岩性段 14 小层和 12 小层(图 3-2)中共采集了 8 件热液白云岩和 2 件含云硅质岩样品,样品的 C、O 同位素测试结果见表 5-23,其中大隆组热液白云岩(白云石)C、O 同位素组成有如下两个显著的特点。

表 5-23　大隆组热液白云岩 C、O 同位素分析数据表

层位	小层	样品号	岩性	产状	$\delta^{13}C$(PDB)/‰	$\delta^{18}O$(PDB)/‰
上二叠统大隆组下部岩性段	图 3-2 中的 12 小层	12-3	富碳含生屑硅质微-粉晶白云岩	厚层状	-4.9	-5.0
		12-2			-4.8	-4.9
		12-1			-5.4	-4.6
	图 3-2 中的 14 小层	14-5	富碳含云放射虫硅质岩	薄层状	-3.5	-9.4
		14-4			-5.4	-7.0
		14-Y	富碳含硅质粉晶白云岩	丘状	-2.6	-6.5
		14-Z			-2.4	-6.9
		14-3			-5.5	-5.5
		14-2			-2.0	-7.2
		14-1			-7.9	-6.7

(1) 大隆组热液白云岩 (或白云石) C 同位素其 $\delta^{13}C$(PDB) 值的范围为-7.9‰~-2.0‰，平均值为-4.4‰，$\delta^{18}O$(PDB) 值的范围为-9.4‰~-4.6‰，平均值为-6.4‰，与上扬子海同期的泥-微晶灰岩和腕足类介壳化石的 $\delta^{13}C$(PDB) 平均值 (1.39‰) 和 $\delta^{18}O$(PDB) 平均值 (-5.47‰) 相比较，都明显负偏移，如与全球二叠纪海水的 $\delta^{18}O$ 值 (-4.3‰~1.0‰) 相比较，白云岩的 $\delta^{18}O$ 值负偏移幅度更大一些。按照 Wiggins 等(1993)的研究，晚二叠世未曾改变的海相碳酸盐岩的原位 $\delta^{18}O$ 值为-2.8‰~2.2‰，此可作为晚二叠世海相碳酸盐岩 O 同位素的基线。相比之下，大隆组热液白云岩 (或白云石) 的 $\delta^{18}O$ 值的负偏移幅度明显大得多，而其原始结构和物质组分保存较好的特点表明，大隆组白云岩 (或白云石) 并非正常海水沉积成因，也未受到较强的成岩蚀变作用改造，更不可能是埋藏期温度较高的成岩流体的交代作用产物，其成因最合理的解释是 "形成于温度相对较高的海底喷流热液沉积体系中"。

(2) C、O 同位素的相关性分析表明，二者的相关性很差，相关系数仅为 0.35 (图 5-31)，说明 $\delta^{13}C$ 和 $\delta^{18}O$ 值的大小与深度变化和成岩作用关系不大，也表明大隆组热液白云岩 (或白云石) 在形成过程中受埋深成岩作用的影响较小。结合在作为白云岩夹层围岩的大套放射

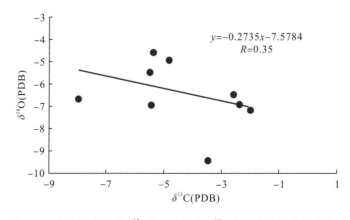

图 5-31　大隆组白云岩 $\delta^{13}C$(PDB) 值与 $\delta^{18}O$(PDB) 值相关性离散图

虫硅质岩中极易发生成岩蚀变和重结晶的蛋白石组分大部分仍保持原始沉积结构和物质组分特征，以及放射虫硅质岩受成岩蚀变作用的影响很小和白云岩中放射虫化石结构保存良好的特点(图 5-28)，可间接或直接地证明大隆组热液白云岩夹层受成岩蚀变作用的影响也很小，因而"大套放射虫硅质岩中的白云岩夹层也是海底热液喷流-沉积作用的产物"。

2) Sr 同位素特征

海水中不断变化的 Sr 同位素的组成主要受控于两个因素(Derry et al.，1989；Veizer et al，1986，1999)：其一为陆源 Sr，即由放射性 Rb 衰变而成的 ^{87}Sr，主要来源于大陆硅酸盐岩母岩风化物，大量的陆源 ^{87}Sr 通过河流注入海洋后，可使海水中的 ^{87}Sr/^{86}Sr 比值增大；其二为幔源 Sr，即以 ^{86}Sr 为主的初始锶，主要来源于地壳深部的地幔热液，与陆源锶相反，大量的幔源 Sr 注入海洋后将使海水的 ^{87}Sr/^{86}Sr 比值减小。因此，^{87}Sr/^{86}Sr 比值可有效地指示沉淀的碳酸盐矿物如沉淀的热液白云石的流体来源(Barnaby et al.，2004)。

将取自大隆组下部岩性段 14 小层和 12 小层(图 3-2)的 4 件热液白云岩样品及 6 件正常海相沉积石灰岩样品进行 Sr 同位素测试和对比分析(表 5-24)，结果表明，大隆组热液白云岩夹层的 Sr 同位素有如下四个特点。

表 5-24 大隆组热液白云岩和灰岩 Sr 同位素分析数据表

	层位	取样位置	样品号	产状	样品名称	^{87}Sr/^{86}Sr
	下三叠统 飞仙关组一段	图 3-15 中的 75 小层	YJY75	薄层状	泥-微晶灰岩	0.70714575
		图 3-15 中的 65 小层	YJY65		泥-微晶灰岩	0.70726700
上二叠统大隆组	顶部岩性段	图 3-15 中的 54 小层	YJY54	薄-中层状	泥质泥-微晶灰岩	0.70820023
	上部岩性段	图 3-15 中的 32 小层	YJY32		含泥质泥-微晶灰岩	0.70746219
	下部岩性段	图 3-2 中的 14 小层	14-3	丘状	富碳含生屑硅质粉晶白云岩	0.70714724
			14-2			0.70711918
			14-1			0.70702233
		图 3-2 中的 12 小层	12-2	厚层状	富碳含生屑硅质微-粉晶白云岩	0.70714604
	上二叠统吴家坪组上段	图 3-2 中的 10 小层	P$_3$d-10	中层状	富碳含硅质泥灰岩	0.71027780
	上二叠统吴家坪组中段	图 3-2 中的 8 小层	P$_3$d-8		含生屑微晶灰岩	0.70706526

(1) 4 件白云岩样品的 ^{87}Sr/^{86}Sr 比值分布较为集中，范围为 0.70702233～0.70714724，平均值为 0.70710870，表明大隆组白云岩较好地保留了沉积期的 Sr 同位素组成特征。

(2) 如与上扬子地区 P—T 之交正常海相灰岩的 ^{87}Sr/^{86}Sr 比值变化范围(0.70706526～0.71027780)和平均值(0.70790200)相比较，大隆组白云岩的 ^{87}Sr/^{86}Sr 比值明显有较大幅度的负偏移。如果再与黄思静等(2008)厘定的重庆中梁山地区 PTB 界线处的 ^{87}Sr/^{86}Sr 平均值(0.7071400)，Korte 等(2006)公布的 PTB 界线处全球 ^{87}Sr/^{86}Sr 平均值(0.70715000)，Korte 等(2003)公布的意大利西西里岛 PTB 界线处 ^{87}Sr/^{86}Sr 平均值(0.70738500)，或 McArthur 等(2001)在 Sr 同位素地层拟合曲线中得出的值(0.70750000)相比较，大隆组热液白云岩的 ^{87}Sr/^{86}Sr 平均值(0.70710870)显然小于上述值，表明大隆组热液白云岩夹层并非正常海相沉积成因，其形成过程中有幔源 Sr 的参与。

（3）在 14 小层丘状白云岩体的下部至上部，$^{87}Sr/^{86}Sr$ 比值具有从小于同期海水的 0.707022，至接近海水的 0.707119，再至与同期海水一致的 0.707147 的正偏移演化趋势（图5-32）。由此我们认为大隆组热液白云石沉淀和形成丘状体的过程，也是喷出海底的热液与正常海水混合和热液携带的幔源 Sr 与海水 Sr 均一化的过程。这一特征不仅可作为沉淀的白云石的流体主要是来自喷出海底的地壳深部热液的证据之一，也可作为丘状白云岩体是位于海底热液喷口附近，以及判断热液喷流过程中幔源 Sr 与海水 Sr 的 Sr 同位素均一化作用是否为逐渐增强的依据。

图 5-32　大隆组 14 小层丘状白云岩体 Sr 同位素取样点和正偏移演化趋势图

（4）采自 12 小层的层状白云岩夹层其 $^{87}Sr/^{86}Sr$ 比值为 0.707146，与同期海水完全一致，显然该白云岩夹层为喷出海底的地壳深部热液与正常海水中的 Sr 同位素均一化后沉淀的产物，而不是成岩交代作用的产物，更不是喷出海底的地壳深部热液直接沉淀的产物。包括该小层和 14 小层在内，白云岩中出现了较为丰富的放射虫化石，这进一步表明在幔源 Sr 与海水 Sr 均一化的过程中，生物参与了硅质白云岩的形成。

3. 稀土元素地球化学特征

广元羊木镇龙凤剖面大隆组 10 件白云岩样品的稀土元素分析结果和特征值见表 5-25，各项稀土元素特征值及其地质意义和配分模式分别描述如下。

表 5-25　广元羊木镇龙凤 PTB 界线剖面热液白云岩稀土元素含量与特征值一览表

样品号	稀土元素含量/10^{-6}									
	La	Ce	Pr	Nd	Sm	Eu	Gd	Tb	Dy	Ho
12-1	15.000	32.300	3.850	14.600	3.820	0.337	3.810	0.699	4.220	0.883
12-2	2.420	3.870	0.459	1.890	0.373	0.066	0.459	0.076	0.467	0.109
12-3	2.440	4.050	0.488	2.050	0.476	0.089	0.475	0.085	0.478	0.111
14-1	0.765	1.120	0.143	0.564	0.115	0.024	0.121	0.022	0.133	0.036
14-2	0.832	1.560	0.184	0.746	0.181	0.040	0.183	0.031	0.174	0.037
14-3	4.490	7.310	0.937	4.270	1.210	0.275	1.510	0.263	1.670	0.405

样品号	稀土元素含量/10⁻⁶									
	La	Ce	Pr	Nd	Sm	Eu	Gd	Tb	Dy	Ho
14-4	6.970	13.000	1.580	6.370	1.090	0.181	0.904	0.161	0.806	0.186
14-5	11.900	17.600	2.210	8.520	1.970	0.446	2.330	0.403	2.420	0.584
14-Z	1.420	2.420	0.307	1.390	0.416	0.110	0.586	0.112	0.643	0.165
14-Y	7.620	13.000	1.620	6.140	1.360	0.265	1.430	0.254	1.390	0.357
平均值	5.386	9.623	1.178	4.654	1.101	0.183	1.181	0.211	1.240	0.287
北美页岩	41.000	83.000	10.000	38.000	7.500	1.610	6.350	1.230	5.490	1.340

样品号	稀土元素含量/10⁻⁶				特征值					
	Er	Tm	Yb	Lu	∑REE	LREE/HREE	$(La/Ce)_N$	$(La/Yb)_N$	δCe	δEu
12-1	2.290	0.381	2.470	0.361	85.021	4.620	0.951	0.520	1.010	0.130
12-2	0.312	0.050	0.331	0.054	10.936	4.890	1.255	0.638	0.860	0.210
12-3	0.309	0.046	0.285	0.045	11.427	5.230	1.214	0.735	0.880	0.270
14-1	0.122	0.022	0.139	0.025	3.351	4.400	1.462	0.475	0.800	0.290
14-2	0.119	0.015	0.106	0.019	4.227	5.180	1.111	0.557	0.940	0.320
14-3	1.120	0.172	1.030	0.170	24.832	2.920	1.250	0.375	0.840	0.270
14-4	0.500	0.074	0.502	0.077	32.401	9.110	1.083	1.189	0.930	0.280
14-5	1.610	0.254	1.700	0.265	52.212	4.450	1.368	0.599	0.810	0.280
14-Z	0.439	0.067	0.432	0.072	8.579	2.410	1.207	0.285	0.870	0.280
14-Y	1.040	0.179	1.200	0.194	36.049	4.960	1.185	0.544	0.870	0.270
平均值	0.786	0.126	0.820	0.128	26.904	4.817	1.209	0.592	0.881	0.260
北美页岩	3.750	0.630	3.510	0.910	203.410	11.120	1.000	—	—	—

1）∑REE 及 LREE/HREE 比值

同硅质岩，热水沉积岩的 ∑REE 和 LREE/HREE 比值这两个稀土元素特征值也具有区别沉积盆地性质的重要地质意义（Marching et al.，1982）。大隆组热液白云岩 ∑REE 变化范围较大，为 $3.351 \times 10^{-6} \sim 85.021 \times 10^{-6}$，平均值为 26.904×10^{-6}，LREE/HREE 比值变化范围为 2.410～9.110，平均值较小，仅为 4.817（表 5-25）。∑REE 和 LREE/HREE 比值都远小于北美页岩，表明广元羊木镇龙凤剖面大隆组热液白云岩形成于大陆边缘盆地。

2）$(La/Ce)_N$ 比值

$(La/Ce)_N$ 比值代表了轻稀土元素分异程度差异性，其也可用于判断沉积盆地的性质（Shimizu，1977；Murray，1990）。大隆组热液白云岩 $(La/Ce)_N$ 比值为 0.951～1.462，平均值为 1.209（表 5-25），按 Shimizu（1977）的判别标准，广元羊木镇龙凤剖面大隆组热液白云岩形成于大陆边缘盆地。

3）$(La/Yb)_N$ 比值

该比值是判断岩石中重稀土元素（HREE）相对分异程度的特征值，而重稀土元素分异程度的差异性是判断沉积盆地性质的重要指标（Shimizu，1977；Murray，1990）。大隆组热液白云岩的 $(La/Yb)_N$ 比值变化范围中等偏小，为 0.285～1.189，主要集中在 0.400～0.700，平均值仅为 0.592（表 5-25），说明其重稀土元素分异程度中等偏低，反映出广元羊木镇龙凤剖面大隆组热液白云岩的沉积作用发生在大洋盆地与大陆边缘盆地的过渡带。虽然这与$(La/Ce)_N$比值的判别结果略有差异，但与该剖面是处在深水盆地与大陆斜坡过渡带的古地理位置的结论相吻合。

4) δCe 异常

大隆组热液白云岩的δCe值变化范围较小，为0.800～1.010，主要集中在0.850～0.950，平均值为0.881（表5-25），具弱负异常，反映出大隆组热液白云岩的沉积作用发生在贫氧-缺氧还原环境中，这与U/Th比值、ΔU 和 V/(V+Ni)比值的古氧相分析结果相一致。

5) δEu 异常

大隆组热液白云岩的 δEu 值变化范围很小，为 0.130～0.320，主要集中在 0.250～0.300，平均值仅为 0.260（表5-25），具有很强的负异常。鉴于广元羊木镇龙凤剖面大隆组热液白云岩的沉积作用发生在温度相对较低的深海底，而且喷出海底的热液与正常海水有较强的均一化作用，因此，这一很强的 δEu 值负异常反映了白云岩的沉积作用发生在贫氧-缺氧还原环境中，这与U/Th比值、ΔU、V/(V+Ni)比值和δCe值的古氧相分析结果也都完全一致。

4. 稀土元素配分模式

稀土元素配分模式是判别热水沉积成因岩和非热水沉积成因岩的重要和有效依据之一。在多数情况下，海底热液喷流-沉积作用的产物其稀土元素配分模式往往为略向左倾斜的平缓型，具有轻稀土元素相对贫乏亏损而重稀土元素相对富集的特点，如热水沉积成因的硅质岩就具有略向左倾斜的平缓型稀土元素配分模式（图5-23），而正常海相沉积岩则相反，往往为较陡右倾型，具有轻稀土元素强烈富集而重稀土元素贫乏亏损的特点。广元羊木镇龙凤剖面大隆组热液白云岩的稀土元素配分模式与大隆组热水沉积成因的硅质岩基本一致，为轻稀土元素相对贫乏亏损而重稀土元素明显富集的略向左倾斜的低缓坡型（图5-33），类似的情况也出现在准噶尔盆地西北缘风城组白云质喷流岩的稀土元素配分

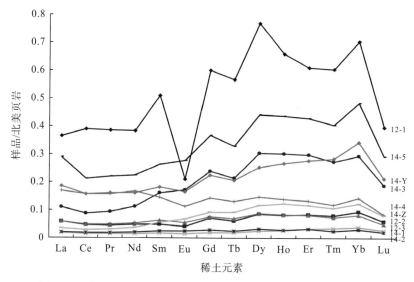

图5-33　广元羊木镇龙凤剖面大隆组热液白云岩稀土元素配分模式

模式中(郑荣才等，2016)。这一规律同样可应用于热水沉积成因和非热水沉积成因白云岩的判断中。显然，广元羊木镇龙凤剖面大隆组热液白云岩的左倾型稀土元素配分模式为其具热水沉积成因的重要标志。

(三)大隆组白云岩丘状体热水沉积成因综合评述

在以往的众多研究成果中，有关碳酸盐微晶丘的成因长期以来一直存在争议，多数研究者依据丘状体中含有大量蓝绿藻类(或蓝细菌类)等微生物和少量造架生物(如海百合、海绵和珊瑚等)，认为微晶丘的形成与微生物或部分障积生物的生命活动有密切联系(钱宪和，1991)，也有学者依据部分微晶丘形成于深水相环境，认为微生物及生物黏结作用是固定灰泥和形成微晶丘的主要因素，因此大部分研究者将碳酸盐微晶丘的成因归结为深水环境中的微生物和部分障积或黏结生物对灰泥进行了黏结和固定。众所周知，在广阔的海洋中随着海洋水体深度的增加，碳酸盐的溶解度增大，所以在深水环境的正常海底条件下，一般很难形成碳酸盐的无机沉淀作用，更难形成明显高于周围同期沉积的丘状体。大隆组白云岩丘状体实质上是深水沉积环境中由热液白云石原地结晶、沉淀和堆积而形成的微晶丘。本书根据章雨旭等(2005)的“微晶丘应是海底伴生有 CO_2 的热水活动产物”的观点，认为：白云岩微晶丘的形成过程虽然以化学作用为主导因素，但生物作用也不能被忽视，由于热水往往会促使嗜热生物特别是嗜热微生物勃发，从而会促进白云石沉淀而形成热液白云岩丘状体。因此，含矿热液的无机化学作用和嗜热微生物的有机化学作用应该是形成热液白云岩微晶丘的两个必备条件，这与传统研究中由生物对灰泥进行黏结和固定而形成微晶丘在概念上是有区别的。近二十多年来的研究成果表明，海底热水沉积才是形成微晶丘的最重要原因，如摩洛哥南部泥盆纪海底火山之上高达 55m 的微晶丘群，发育在古大洋海底火山上的环状与放射状裂隙交汇处，其微晶丘的形成与火山基岩的热水沉积有关(Belka，1998)，微晶丘与热水喷孔共存，喷孔附近产有珊瑚虫化石，而远离喷孔处珊瑚虫化石就消失了(Berkowski，2004)；又如澳大利亚一个全新世以来的微晶丘群，其是由海底玄武岩中不断渗出的热水带来的碳酸盐沉积物于海底不断快速堆积而形成的丘状体(Acworth and Timms，2003)；再如西班牙加德斯湾海底的现代白云岩烟囱，其为一直径小于 1m 和突出海底的管状体，烟囱里有活跃的细菌，并且白云石与有孔虫和细菌有共生关系(Diaz-del-Rio et al.，2001)；再如白云鄂博稀土矿床的赋矿白云岩，其在以往的研究中长期被认为是海底碳酸岩浆喷发形成的熔岩丘，后又被认为是成岩期热液交代作用的产物，但章雨旭等(2005)研究认为，其是海底热水沉积后形成的白云质微晶丘，在该微晶丘形成过程中生物作用不是主导因素，但热水的存在导致生物空前繁盛，二者之间存在不可分割的共生关系。

龙门山北段位于上扬子板块西北缘，晚二叠世沉积盆地具有被动大陆边缘裂陷盆地性质，其古地理位置属于上扬子板块碳酸盐台地前缘下斜坡与松潘深海盆地过渡带上偏向深海盆地的一侧。白云质微晶丘发育于上二叠统大隆组下段上部的暗色薄-中层状碳-灰-硅细粒岩沉积建造中，产有 2 个白云岩夹层(图 3-2)，这两个白云岩夹层岩性相同，都为富含碳质组分和硅质的微-粉晶白云岩，并产有较丰富的放射虫化石。其中 12 小层的白云岩夹层规模很小，为一厚度仅 0.27m 的层状体，14 小层的白云岩呈丘状夹层产出，规模相对较大，可代表丘状体高度的核部厚 1.1m，宽 3.4m，两翼迅速减薄为 0.3m，呈底平顶凸的略向北西方向倾斜的不对称丘状（图 5-24）。丘状体的底板其岩性为深水盆地相的灰黑色薄层状碳质放射虫硅质岩，与丘状体连续沉积，但二者呈岩性突变接触关系。顶板虽然也属于深水盆地相沉积，但其岩性略有变化，为灰黑色薄层状富含碳质的白云质放射虫硅质岩，与白云岩丘状体呈从丘状体四周低部位向丘状体顶部高部位逐渐爬升的超覆沉积关系。本书研究分析的资料表明，白云岩丘状体底板、顶板硅质岩的物质都主要由热水沉积的蛋白石、玉髓和硅质放射虫化石组成，白云岩本身也具有富含蛋白石、玉髓和放射虫化石的特点。微量元素和稀土元素地球化学特征，不仅证明沉积白云岩的环境具备与硅质岩沉积环境一样的贫氧-缺氧强还原条件，而且证明在物质来源上二者具有很强的亲缘关系，即都属于来源于地壳深处的热液于深海底发生喷流和沉积作用后的产物。白云岩的 O、C 和 Sr 同位素分析结果，进一步印证大隆组热液白云岩丘状体为喷出海底的热液与正常海水在均一化过程中沉积的产物，热液带出的幔源 Sr 参与了白云岩丘状体的形成过程，其特殊而重要的研究意义可被归纳为如下四点。

(1) 大隆组热液白云岩丘状体代表了一种新型的与海底硅质喷流-沉积共生的云质微晶丘类型，为具有特殊成因意义的碳-硅-云热水沉积研究增添了新内容。

(2) 再次论证了海底（或湖底）热水沉积成因的原生白云岩的存在，同时也论证了海底热液喷流带出的大量碳质、硅质、钙镁质及 CO_2 等强烈刺激了相关生物特别是嗜热和嗜硅生物的勃发，这是促进硅质岩和白云岩沉积及其富含有机质的重要原因。

(3) 佐证了章雨旭等（2005）提出的以海底热水沉积为主、以生物富集为辅的微晶丘成因观点。

(4) 海底热水体系中热水生物群落的繁盛和有机碳的高速埋藏效应，是又一个值得深入研究的重要科学问题。

第三节 P—T 之交海平面下降事件

海平面大幅度下降不仅可导致海洋生物的生存空间减小，而且可导致环境恶化，造成海洋生物死亡。如果海平面大幅度下降事件是全球性的，那么其所造成的后果不仅仅是部分或者区域性海洋生物死亡，而且往往是大规模生物死亡，甚至是全球性生物灭绝，因而全球性的海平面大幅度下降事件被部分学者认为是生物大灭绝事件的主要原因（Wignall and Hallam，1992，1993）。P—T 之交是否存在全球性的海平面大幅度下降事件及其是否造成了大规模生物灭绝事件，是一个正在被热烈讨论的科学问题。近三十年来，国内外学者对不同地区 P—T 之交的精细生物地层研究后发现，二叠纪末期的大规模海退事件实质上在 Hindeodus parvus 首现的 PTB（B）界线处并未结束（Wignall and Hallam，1992，1993；Yin and Tong，1998；Hallam and Wignall，1999；Yin et al.，2001；Erwin et al.，2002）。我国学者黄思静（1994）、吴亚生等（2003）、胡作维等（2008）、周刚等（2012）对中、上扬子地区的 P—T 界线进行了研究，并也发现了全球性海平面大幅度下降事件在 PTB（B）界线处并未结束的证据。如吴亚生等（2006a，2006b）对扬子区和华南区研究后发现，P—T 之交发生过多期次(至少 3～4 期次)海退事件，大规模海退始于晚二叠世中、晚期，每一次海平面下降事件中水深变化幅度在 30～50m，而由海退折向海侵的事件发生在 *Hindeodus parvus* 首现之后的早三叠世早期。由此，本书进一步认为海平面大幅度下降事件在 PTB(B) 界线处并未结束，其穿过 PTB(B) 界线向上可延伸到 PTB(R) 界线处，然后再发生早三叠世早期的广泛海侵，因此，PTB(R) 界线可代表全球性大规模海退折向全球性迅速海侵的转换面。上扬子地区 P—T 之交发生的海平面大幅度下降事件的特征描述如下。

一、上扬子地区 P—T 之交海平面下降表现形式

以广元羊木镇龙凤剖面、华蓥山涧水沟剖面、重庆中梁山尖刀山剖面为代表的上扬子地区，其于 P—T 之交发生的海平面持续大幅度下降事件与火山喷发事件息息相关。这三个剖面位于川西-上扬子洋盆的不同构造与古地理位置，因而这三个位处不同沉积相区的剖面所代表的海平面大幅度下降事件和海退沉积序列有如下三种不同的表现形式。

1. 广元羊木镇龙凤剖面 P—T 之交海平面下降事件表现形式

该剖面的 P—T 之交海平面持续大幅度下降事件发生在深水环境中，由于数十米至百余米的水深变化对深水环境的影响并不大，且不会造成环境暴露、侵蚀以及沉积间断等现象，因而在 P—T 之交连续沉积序列中，海平面下降事件仅表现为向上灰质组分增多和单层厚度略有加大，以及沉积环境由深水盆地向台地前缘斜坡逐渐迁移的变化趋势(图 3-2)。

2. 华蓥山涧水沟剖面 P—T 之交海平面下降事件表现形式

该剖面的 P—T 之交海平面持续大幅度下降事件发生在相当于浅海环境的碳酸盐台地内部，十数米至数十米的水深变化即可对环境变化产生极大影响。其海平面下降事件造成的海退效应不仅表现为出现大幅度的海退沉积序列和频繁的暴露与侵蚀作用，甚至出现部分地层在暴露期因受到侵蚀而缺失(图 3-65)，此外，于古暴露面上普遍发育有微喀斯特地貌和古土壤层，以及大气水强烈淋滤作用形成的渗滤豆层(图 3-66)，因而海平面下降事件在该剖面表现得最为明显和强烈。

3. 重庆中梁山尖刀山剖面 P—T 之交海平面下降事件表现形式

该剖面的 P—T 之交海平面持续大幅度下降事件发生在半深海环境向浅海环境的过渡带，十数米至数十米的水深变化也可对环境变化产生很大的影响。其海平面下降事件造成的海退效应不仅表现为向上灰质组分增多和单层厚度渐趋加大，以及有台盆斜坡相带向台地边缘相带逐渐迁移的沉积序列，而且也发育有多个间歇性暴露面(图 3-75)。

需要指出的是，继上扬子地区海平面持续广泛地发生大幅度下降事件后，以相当于 PTB(R) 界线的海退折向海侵的转换面为界，上扬子地区乃至整个扬子区和华南区都发生了以下三叠统飞仙关组一段底部紫灰色泥质灰岩为代表的广泛海侵沉积，这凸显出中国南方于 P—T 之交发生了海平面持续大幅度下降事件及其相关的海退效应，以及海退之后所发生的广泛海侵事件，其具有明显受全球性海平面升降变化控制和同步演化的特点。

二、上扬子地区 P—T 之交海平面下降序次

(一) 广元羊木镇龙凤剖面海平面下降序次

　　位于深水盆地与大陆斜坡过渡带的广元羊木镇龙凤剖面，于晚古生代至中生代早期一直处于深海-半深海沉积环境，并以发育无暴露的连续沉积地层为主。虽然在野外露头剖面中缺乏可直接标志海平面下降事件的古暴露面，但由岩性、岩相和古生物生态组合特征分析可得知，大隆组下部岩性段和中部岩性段的 1～12 小层为上部夹有 4 层沉凝灰岩的稳定且连续的大套深海盆地相暗色放射虫硅质岩，具有低幅到中高幅的海侵沉积序列(图 3-15)，而从中部岩性段至顶部岩性段的 13～61 小层中，仍可划分出 4 个由深水盆地向台地前缘斜坡带下部迁移的，或由台地前缘斜坡带下部向上部迁移且变浅的次级区域性海退沉积旋回(图 3-15)，这充分证明 P—T 之交于上扬子地区发生的次级海平面下降事

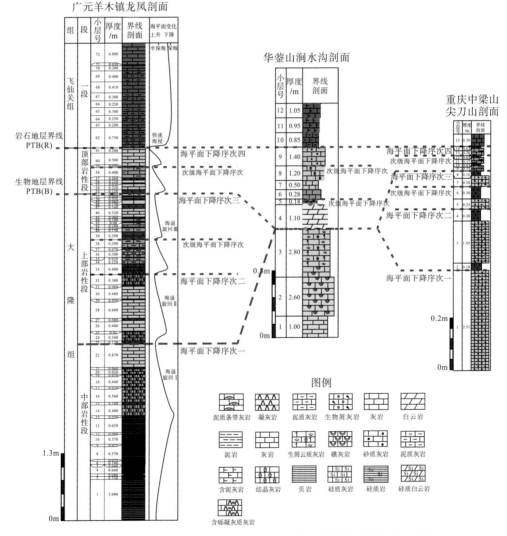

图 5-34　上扬子地区 P—T 之交海平面下降序次和海退旋回同步演化对比图

件至少有 4 个序次(图 5-34)，这 4 个次级海平面下降事件连续叠加，构成了海平面大幅度下降过程的总趋势。

1. 第一次海平面下降事件

该海平面下降事件发育在大隆组中部岩性段的 13～22 小层，层位相当于 *Neogondolella changxingensis*、*Neogondolella changxingensis hump* 牙形刺化石组合带，自下而上有由海平面下降前的薄层状碳质放射虫硅质岩与沉凝灰岩互层组合(7～12 小层)构成的海侵旋回，向上逐渐过渡为薄-中层状碳硅质灰岩、泥质灰岩、碳硅质页岩与沉凝灰岩互层组合(13～22 小层)的海平面下降沉积序列，具从深水盆地向台地前缘斜坡带下部迁移的海退旋回。

2. 第二次海平面下降事件

该海平面下降事件发生在大隆组上部岩性段的 23～32 小层，层位相当于 *Neogondolella carinata* Clark、*Neogondolella praetaylorae*、*Neogondolella changxingensis* 牙形刺化石组合带，自下而上为薄-中层状碳硅质微晶灰岩、含硅质泥灰岩与沉凝灰岩互层组合，向上过渡为薄-中层状泥-微晶灰岩与沉凝灰岩互层组合的海平面下降沉积序列，具从台地前缘斜坡带下部向台地前缘斜坡带上部迁移的海退旋回。旋回顶部出现厚层块状含凝灰质生屑微晶灰岩(32 小层)，表明该海退旋回晚期水体有明显变浅的趋势。

3. 第三次海平面下降事件

该海平面下降事件发育在大隆组上部岩性段中、上部的 33～52 小层，层位相当于 *Neogondolella meishanensis*、*Hindeodus changxingensis hump* 牙形刺化石组合带，自下而上由 2 个次级海退旋回叠加组成。其中：第一个次级海退旋回由下部的薄-中层状凝灰质砾屑灰岩(33 小层)和中、上部的薄层状碳硅质微晶灰岩与薄层状沉凝灰岩互层组合(34～38 小层)组成向上略趋变浅的海平面下降沉积序列；第二个次级海退旋回由下部的厚层状沉凝灰岩(39 小层)，向上逐渐过渡为中、上部的中-厚层状碳硅质或含凝灰质泥灰岩、泥质微晶灰岩与薄层状沉凝灰岩互层组合(40～52 小层)，组成向上明显变浅的海平面下降沉积序列。这两个次级海退旋回的叠加组成了由台地前缘斜坡带下部向台地前缘斜坡带上部迁移的大幅度海退旋回，并且底部有厚层状凝灰质砾屑灰岩出现，这表明该旋回发生在构造活动强烈的前缘斜坡带沉积坡度变陡的火山喷发背景中。

4. 第四次海平面下降事件

该海平面下降事件发育在大隆组顶部岩性段(或过渡层)的 53～61 小层，即夹持于 PTB(B)与 PTB(R)这两个不同类型和不同位置的 P—T 界线之间，层位相当于 *Hindeodus parvus*、*Isarcicella lobate* 牙形刺化石组合带。其自下而上也由 2 个次级海退旋回叠加组成，其中：第一个次级海退旋回由下部的薄层状沉凝灰岩(53 小层)和中、上部的薄-中层状含硅质泥灰岩与 3 层沉凝灰岩互层组合(54～58 小层)组成海平面下降沉积序列；第二个次级海退旋回由薄层状泥质微晶灰岩(59 小层)，向上逐渐过渡为中、上部的中-厚层状含泥质泥-微晶灰岩(60～61 小层)，组成向上明显变浅的海退沉积序列。这两个次级海退旋回叠加组成了从台地前缘斜坡带下部向台地前缘斜坡带上部迁移的台地前缘斜坡带上部颜色进一步变浅的大幅度海退旋回，该旋回顶部被快速海侵沉积的飞仙关组一段底部暗紫灰色薄层状泥质灰岩连续沉积超覆。

需要指出的是，广元羊木镇龙凤 PTB 界线剖面中夹有多达 27 层富含火山锆石晶屑的沉凝灰岩，其中除 5 小层、7 小层、9 小层和 11 小层的沉凝灰岩发育于大隆组中部岩性段早期的海侵旋回中外，其余 23 个小层的沉凝灰岩全都发育在大隆组中部岩性段（中、晚期）至顶部岩性段的海退旋回中。显然，上扬子地区西北缘于 P—T 之交的海平面多期次大幅度下降事件主要发生在火山喷发活动非常频繁的拉张构造背景中。

(二)华蓥山涧水沟剖面海平面下降序次

在本书所测量的 3 个剖面中，以华蓥山涧水沟剖面 P—T 之交的海平面下降事件表现得最为突出，在其露头剖面中可直接标志出海平面下降事件的古暴露面有 4 个，分别位于 3 小层、5 小层、8 小层和 9 小层顶部。根据古暴露面发育规模和牙形刺化石组合带限定的地层对比关系，可从该剖面中划分出 2 个区域性的、4 个次级的海退沉积旋回（图 3-65），这证明 P—T 之交以华蓥山涧水沟剖面为代表的浅水台地沉积区至少发生了 2 次区域性的和 4 次局域性的海平面下降事件（图 5-34）。

1. 第一次海平面下降事件

该海平面下降事件发生在长兴组中部岩性段 3 小层沉积之后，层位相当于 *Neogondolella changxingensis* 牙形刺化石组合带，并以 3 小层顶部的古暴露面为标志，主要证据有三点。

(1) 3 小层顶部为一受强烈侵蚀作用的古暴露面。

(2) 在相当于 3 小层顶部古暴露面的位置，在区域上普遍出现古喀斯特化现象。如吴熙纯等（1990）在研究重庆老龙洞剖面的相当层位时发现，由早期暴露和大气水溶蚀形成的古岩溶洞穴其深度可达一米多，洞穴中充填有发生岩溶作用后残余的黄绿色泥质物。又如，Ezaki 等（2003）在研究华蓥山东湾剖面时也指出，发育在生物礁上的白云石化微生物岩（相当于华蓥山涧水沟剖面的 4 小层）与其下的海百合灰岩（相当于华蓥山涧水沟剖面的 3 小层）之间存在明显的暴露作用和沉积间断。

(3) 该剖面 3 小层顶部的古暴露面直接被 *Hindeodus parvus* 首现的 4 小层覆盖，其间因受侵蚀而缺失的相当于 *Neogondolella yini* 和 *N. meishanensis* 2 个牙形刺化石带地层，其古暴露面的时间跨度相当于广元羊木镇龙凤剖面第二次和第三次海平面下降的沉积记录，反映出这两次海平面下降有很大的幅度且延续时间较长。在海平面下降过程中，浅水台地沉积区不仅有较大的侵蚀深度，而且普遍发育有古暴露面和古土壤层，并直接被 *Hindeodus parvus* 牙形刺化石带首现的顶部岩性段沉积超覆。

2. 第二次和第三次海平面下降事件

如上所述，第二次和第三次海平面下降事件在华蓥山涧水沟剖面中相当于发育于 3 小层顶部的古暴露面，其沉积记录因被侵蚀而缺失，在此无法描述。

3. 第四次海平面下降事件

该海平面下降事件发育在长兴组顶部岩性段(或过渡层)的 4～9 小层,层位相当于夹持在 PTB(B)与 PTB(R)2 个不同 PTB 界线之间的 *Hindeodus parvus* 牙形刺化石组合带。其自下而上发育有 3 个次级古暴露面,因而可划分出 3 个连续叠加的次级海退旋回,其中:第一个次级海退旋回由礁坪滩相的中层状生屑泥-微晶白云岩(4 小层)与厚约 0.18m 的古土壤层(5 小层)及 5 小层顶部的古暴露面组成;第二个次级海退旋回由下部礁坪滩相的中-厚层状生屑灰岩(6 小层)与中、上部的残积型泥质和铁质生屑灰岩(7～8 小层),以及 8 小层顶部的古暴露面组成;第三个次级海退旋回由 9 小层的古土壤层组成,该古土壤层有如下三个重要的成因特点。

(1)包括 8 小层和 9 小层在内,自上而下都遭受了第四个大幅度海退旋回过程中大气水的强烈淋滤改造,其中 8 小层一度为铁质富集的岩溶型灰质残积层,该残积层于成岩期发生强烈重结晶和黄铁矿化改造后,形成现今的黄铁矿质残积型生屑粉晶灰岩(图 3-67)。而 9 小层直接被大气水强烈淋滤改造为古土壤层,并且残积的古土壤层中发育有成团分布的渗滤豆(图 3-66)。

(2)9 小层顶部为一凹凸不平的古暴露面,其也是有快速海侵的飞仙关组一段底部薄板状暗紫灰色泥质灰岩沉积不连续的超覆面(或平行不整合面)。

(3)在相当于 9 小层顶部的 PTB(R)界线附近,于中、下扬子区和华南区都广泛发育的黏土层中普遍有六方双锥石英、火山锆石晶屑、长石晶屑和磷灰石晶屑等火山物质(胡作维等,2008)。此外,周瑶琪等(1988,1989)对广元上寺 P—T 界线处黏土层中的铁质微球粒研究后确定,这些微球粒也是火山喷发成因,由此证明 P—T 界线处的黏土层是海平面大幅度下降过程中大气水强烈淋滤蚀变改造的产物,具有明显的古土壤层地质意义。

(三)重庆中梁山尖刀山剖面海平面下降事件

位于台地边缘与较深水台盆斜坡过渡带的尖刀山剖面,其于 P—T 之交以发育间歇暴露且不完全连续的沉积序列为主,也频繁发育有可直接标志海平面下降事件的古暴露面和古土壤层,这些古暴露面和古土壤层分别位于 1 小层、4 小层、6 小层、8 小层、12 小层和 14 小层顶部。结合岩性、岩相、古生物组合等特征进行分析,并按古暴露面的发育规模和地层的区域可对比性,可从该剖面中划分出 4 个大幅度海退旋回(图 3-75),这证明 P—T 之交以重庆中梁山尖刀山剖面为代表的台地边缘-台盆斜坡过渡带相区至少发生过 4 次区域性海平面下降事件(图 5-34),其中在第三次和第四次海平面下降事件中分别发育有 2 个次级海退旋回。

1. 第一次海平面下降事件

该海平面下降事件发生在长兴组中部岩性段 1 小层沉积之后,层位相当于 *Neogondolella changxingensis* 牙形刺化石组合带,以 1 小层顶部的古暴露面为标志,自下而上由厚层块状滩相的微晶生屑灰岩(1 小层)组成,其顶部被 2 小层沉凝灰岩沉积超覆(二者之间具有台地边缘生物滩向滩间潮下低能带快速迁移的低幅海侵旋回关系)。

2. 第二次海平面下降事件

该海平面下降事件发生在长兴组上部岩性段早期的 4 小层沉积之后，层位相当于 *Neogondolella yini* 牙形刺化石组合带，以 4 小层顶部的古暴露面为标志。如同第一次海平面下降事件，自下而上由下部的沉凝灰岩(2 小层)、中部的厚层块状生屑灰岩(3 小层)和上部的沉凝灰岩(4 小层)组成台地边缘生物滩向滩间潮下低能带迁移的海退旋回，其显著特点是 4 小层沉凝灰岩中往往含有成团分布的二叠纪型小个体三叶虫和薄壳型腕足类及双壳类化石，沉凝灰岩本身也有古土壤化的迹象，其顶面为一古暴露面。

3. 第三次海平面下降事件

该海平面下降事件发生在长兴组上部岩性段中、晚期的 8 小层沉积之后，层位相当于 *Neogondolella meishanensis* 牙形刺化石组合带，自下而上发育有 2 个次级古暴露面，因而可划分为 2 个连续叠加的次级海退旋回，其中：第一个次级海退旋回由礁坪滩相的薄-中层状含燧石结核生屑灰岩(5 小层)与滩间潮下低能带的薄-中层状沉凝灰岩(6 小层)，以及 6 小层顶部的古暴露面组成，而沉凝灰岩不仅含有成团分布的二叠纪型小个体三叶虫和薄壳型腕足类及双壳类化石，其本身也具有古土壤化的迹象；第二个次级海退旋回由滩后潮坪相的薄-中层状含生屑微晶灰岩(7 小层)与滩间潮下低能带的薄层状沉凝灰岩(8 小层)，以及 8 小层顶部的古暴露面组成，与 6 小层沉凝灰岩相似，8 小层沉凝灰岩中也有成团分布的小个体生物化石和古土壤化的迹象。这两个次级海退旋回叠加后组成了 5~8 小层海平面连续大幅度下降的第三次海退旋回。

4. 第四次海平面下降事件

该海平面下降事件发生在长兴组顶部岩性段，相当于过渡层(9~14 小层)，自下而上也由 2 个次级海退旋回叠加组成，其中：第一个次级海退旋回由滩后潮坪相的薄-中层透镜状、条带状泥质微晶灰岩与滩间潮下低能带的薄层状沉凝灰岩韵律互层组合(9~12 小层)，以及发育于 12 小层沉凝灰岩顶部的古暴露面组成；第二个次级海退旋回(13~14 小层)与第一个次级海退旋回在岩性和岩相组合特征上完全一致，而差别在于，14 小层沉凝灰岩有更强的古土壤化作用，其顶面为一凹凸不平的富含铁铝质斑块的古暴露面，属于古表生期形成的风化残积层，与上覆地层飞仙关组底部紫灰色薄层状泥质灰岩呈岩性和岩相突变的接触关系，也是有快速海侵的飞仙关组一段底部薄板状暗紫灰色泥质灰岩不连续沉积的超覆面(或平行不整合面)。因此，在传统的岩石地层划分方案中，14 小层顶部古暴露面之上的 15 小层底面被作为 PTB(R)界线所在的位置，其也为区域上进行地层划分和对比的重要标志。

需要指出的是，重庆中梁山尖刀山剖面所夹的沉凝灰岩多达 7 层，如同广元羊木镇龙凤剖面，尖刀山剖面于 P—T 之交也发育有多次海平面大幅度下降事件，这些事件显然也是发生在火山喷发活动非常频繁的拉张构造背景下，这与其所处的台盆-台地边缘过渡带的构造环境也相适应。因此，重庆中梁山尖刀山剖面海平面下降事件发生的序次不仅与华蓥山涧水沟剖面 P—T 之交的海平面下降事件有一定的可对比性，而且具有与位于盆地-斜坡过渡带的广元羊木镇龙凤剖面的 4 次海平面下降事件同步演化的特点(图 5-34)。

第四节　生物灭绝事件

一、P—T 之交生物灭绝事件基本特征

P—T 之交的生物大灭绝事件是当今地学界和生物学界最前缘的科学问题之一，也是环境科学研究中最热门的议题之一(杨遵仪等，1991)。综合前人对煤山、华蓥山和龙门山等地于 P—T 之交发生的生物大灭绝事件的主要原因，以及生物灭绝方式等的研究成果(殷鸿福等，1989)，结合获得的一些新材料，本书对 P—T 之交生物灭绝事件的基本特征介绍如下四点新的重要认识。

(1)大量海洋生物的灭绝并非发生在 PTB(B)界线上，而是在 PTB(B)界线之下即已开始发生，本书所测量的 3 个剖面的生物灭绝开始点与 PTB(B)界线的距离不同，一般为数米至十数米，即 P—T 之交生物开始发生大灭绝的特殊环境并不都恰好处在 PTB(B)界线上，而是在该界线之下某个范围内，其具体位置和特征及表现方式，与剖面所处的古地理位置(或古环境)密切相关。

(2)生物灭绝事件在 PTB(B)界线处并没有完全结束，少数底栖和浮游生物可越过 PTB(B)界线延续至 PTB(R)界线处，这些生物主要为二叠纪型小个体腕足类、头足类、三叶虫、有孔虫类及牙形刺等属种(殷鸿福等，1989)。因此，PTB(B)界线并非完全或真正的生物灭绝线。

(3)越过 PTB(B)界线的生物其延续时间很短，当越过 PTB(R)界线并进入三叠纪岩石地层单元后才完全灭绝，因而 PTB(R)界线才是真正的生物灭绝线。

(4)P—T 之交的生物灭绝事件并不是一蹴而就的(周刚等，2012)，也不是某个重大地质事件的单一影响结果(刘萍，2019)，而是一个受多种地质事件同步演化综合影响和复合控制的渐进过程。

二、生物灭绝过程和演化特征

本书研究测量的 3 个剖面，如以 PTB(B)界线和 PTB(R)界线为分割线，自下而上其生物灭绝过程可以被划分为生物富集期、生物衰减期、生物灭绝期和生物萧条期 4 个同步演化阶段。

(一)广元羊木镇龙凤剖面 P—T 之交生物灭绝过程

广元羊木镇龙凤剖面在 P—T 之交有一个相对稳定的在晚二叠世至早三叠世是连续的深水环境沉积过程，因而其对应的生物灭绝过程中的 4 个演化阶段呈一个保存很完整且渐进与渐变的连续过程(图5-35)。

1. 生物富集期

由位于 PTB(B)界线之下的 1~22 小层组成，属于上二叠统大隆组中部岩性段，其古地理位置处于深水盆地向台地前缘缓斜坡下部过渡的渐变带，具有向上略变浅的沉积序列

（图 5-35），沉积记录出灰黑色薄层状放射虫硅质岩和碳硅质页岩夹沉凝灰岩、泥灰岩组成，富含有机质和黄铁矿，发育有微细水平层理。该时期海洋生态系统尚处于坏境良好和生物生存、繁衍正常期，表现为生物门类和属种不仅多，而且生物数量多。生物群落的生态组

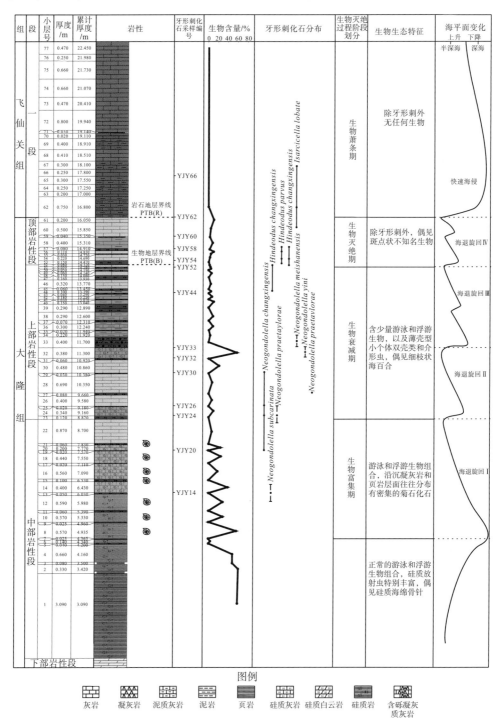

图 5-35　广元羊木镇龙凤剖面 P—T 之交生物灭绝过程和演化阶段划分

合以正常的浮游生物为主，富含放射虫、菊石和少量薄壳型双壳类与介形虫，并产牙形刺化石 *Neogondolella subcarinata* 和丰富的菊石化石 *Pseudqtirolites*（*Pseudotirolites*） sp.、*Pseudqtirolites*（*Pseudotirolites*） *mapingensis* 和 *Pseudogastrioceras lioui*。

2. 生物衰减期

由 23～52 小层组成，属于上二叠统大隆组上部岩性段，其古地理位置处于台地前缘缓斜坡下部向台地前缘缓斜坡上部反复迁移和变动的过渡带（图 5-35），沉积记录主要由薄-中层状灰黑-深灰色硅质灰岩、泥质灰岩、黑色页岩和灰白色薄层状沉凝灰岩互层组成，中部的 33 小层为一厚约 0.4m 的凝灰质砾屑灰岩。所有岩石中有机质和黄铁矿都很丰富，普遍发育有由有机质或泥质构成的水平纹层理，剖面上由沉凝灰岩→硅质灰岩（或硅质岩）→泥质灰岩→微晶灰岩组成的沉积韵律明显。该时期生物化石虽然仍较丰富，但丰富程度明显低于生物富集期。其生物类型主要为放射虫、菊石和少量薄壳型腕足类与双壳类，以及以介形虫和有孔虫等为代表的漂浮与游泳生物组合，也有深水底栖型细茎状海百合，并产有丰富的牙形刺化石 *Neogondolella changxingensis*。

有意思的是，与生物富集期相比较，该时期的生物个体明显变小、壳变薄，且数量减少，分异度也降低，其中个体完整的菊石化石有沿沉凝灰岩层面密集重叠分布的特点，反映出海洋生态系统已开始出现异常和生态环境恶化，部分生物已不能适应环境并因发生大规模死亡而数量衰减。

3. 生物灭绝期

由介于 PTB（B）界线与 PTB（R）界线之间的 53～61 小层组成，在生物地层划分方案中已属于下三叠统底部地层，但在岩石地层划分方案中仍属于上二叠统大隆组顶部岩性段，其古地理位置属于台地前缘斜坡带上部，具有向上略变浅的沉积序列（图 5-35）。岩性主要为深灰-灰黑色薄-中厚层状泥质灰岩与泥-微晶灰岩的不等厚互层组合，下部夹 3 层灰白色薄层状沉凝灰岩。岩石中普遍发育有由泥质和有机质构成的水平纹层理，生物化石很少见，除了有微量薄壳型介形虫化石和碳酸盐化的放射虫化石之外，主要还有牙形刺化石 *Hindeodus parvus* 和 *H. changxingensis*，其他海洋生物基本绝迹，表明该时期海洋生物的生态系统已遭受重创，导致大部分生物大规模集群死亡并进入灭绝状态。

4. 生物萧条期

由穿越 PTB（R）界线的 62～77 小层组成，其地质年代属于下三叠统飞仙关组一段。古地理位置处于台地前缘缓斜坡向深水盆地加深过渡的渐变带，具有向上加深的沉积序列（图 5-35）。岩性主要为快速海侵沉积的灰色、略带暗紫灰色薄-中层状泥-微晶灰岩，并夹有薄层状泥灰岩和页岩，但不夹沉凝灰岩。灰岩中泥质含量较高，反映出外来物质（如火山物质或陆源物质）供给量较多，沉积环境中的水体较浑浊且沉积环境透光性较差。另外，除个别层位产有牙形刺化石 *Isarcicella lobate* 外，基本上不含肉眼和在光学显微镜下可观测的任何化石，显示整个海域已进入生命活动停滞的萧条期。

从以广元羊木镇龙凤剖面为代表的上扬子地区 P—T 之交生物大灭绝事件的演化过程看，地球上的确存在过海洋生物繁盛期，此后生物生存环境逐渐恶化，生态系统遭受重创，导致生物数量逐渐衰减，生物逐渐大规模集群死亡并灭绝，至早三叠世印度阶中期(相当于下三叠统飞仙关组二段)，生态系统才开始逐渐恢复。广元羊木镇龙凤剖面非常完整地记录了这一地质过程，为研究和揭示 P—T 之交生物大灭绝事件之谜，以及其与地球系统演化期间各重大地质事件和特殊环境效应之间的关系，提供了极其重要的基础地质资料和全新的研究素材。

(二)华蓥山涧水沟剖面 P—T 之交生物灭绝过程

一些学者对华蓥山地区 P—T 之交的沉积环境特征及海洋生物群落变化早已有较为深入的研究(吴顺宝等，1988；周刚等，2012)，但对 PTB 界线地层附近发生的生物大灭绝过程讨论甚少。以华蓥山涧水沟剖面为例，通过对应的生物灭绝过程可识别出多个具沉积间断性质的古暴露面，其中包括分别发育于 3 小层顶部和 9 小层顶部的古暴露面，这两个古暴露面分别对应 PTB(B) 界线和 PTB(R) 界线，因此目前学界仍以这两条界线为分割线，对 P—T 之交发生的生物大灭绝事件的演化过程进行划分。然而这一灭绝演化过程受到第三次海平面大幅度下降和暴露侵蚀延续时间较长及深度较大的影响，于生物衰减期形成的沉积记录基本上已被侵蚀殆尽(缺失相当于长兴阶顶部 *Neogondolella yini* 和 *Neogondolella meishanensis* 2 个牙形刺化石带时间跨度的地层记录)，因而对其只能识别出生物富集期、生物灭绝期和生物萧条期 3 个演化阶段(图 5-36)。

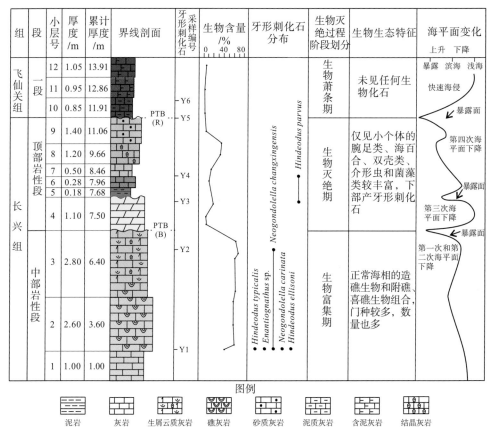

图 5-36　华蓥山涧水沟剖面 P—T 之交生物灭绝过程和演化阶段划分

1. 生物富集期

由位于 PTB(B)界线之下的 1～3 小层组成，属于上二叠统长兴组中部岩性段，古地理位置处于浅水台地的台内礁滩带(周刚等，2012)，具有明显向上变浅和频繁暴露的沉积序列(图 5-36)。其中 1 小层和 2 小层属于生物高度繁盛的开阔台地台内丘礁微相沉积，产有极其丰富的造礁生物(海绵、苔藓虫等)化石和附礁或喜礁生物(海百合、介形虫、有孔虫和腕足类、双壳类生物等)化石，以及牙形刺化石 *Neogondolella changxingensis*，属于完全正常的浅海环境；3 小层有台内丘礁上部坪滩微相的含云微晶生屑灰岩，其生屑类型丰富，有苔藓虫、海百合、介形虫和有孔虫以及腕足类、双壳类生物等，也产有较丰富的牙形刺化石 *Neogondolella changxingensis*。该小层顶部为华蓥山涧水沟剖面第一次、第二次及第三次海平面大幅度下降形成的重叠古暴露面，由于遭受了 3 次大气水的叠加侵蚀改造，因而古暴露面之下不仅缺乏第二个和第三个海退旋回的沉积记录，而且第一个海退旋回的沉积记录保存也不完整，如第一个海退旋回顶部(3 小层)古暴露面上的大型溶蚀孔洞非常发育，内部充填有铁质、铝质、砂质和泥质溶蚀残余物。需要指出的是，发育于 3 小层顶部的古暴露面具有相当于 *Neogondolella yini* 和 *Neogondolella meishanensis* 2 个牙形刺化石带地层的时间跨度(详见第四章相关章节)，缺失与此时间跨度相当的上部岩性段，即生物衰减期的沉积记录，因而生物灭绝层直接超覆在生物富集层顶部的古暴露面之上。

2. 生物灭绝期

由 PTB(B)界线与 PTB(R)界线之间的 4～9 小层组成，属于上二叠统长兴组顶部岩性段，其古地理位置属于浅水台地内的浅滩，具有伴随有火山喷发活动的向上变浅的沉积序列，以及多次强烈暴露和古土壤化过程(图 5-36)。该地层岩性组合非常复杂，自下而上依次为被古暴露面分隔的浅灰色中层状含生屑泥-微晶白云岩、褐黄色黏土岩、灰色残余生屑微-粉晶灰岩、灰绿色含泥质残余生屑微-粉晶灰岩和灰色中-薄层状黄铁矿质生屑灰岩。在 9 小层中、上部的褐灰-灰绿色残积型钙质凝灰质泥岩(古土壤层)中还产有渗滤豆层，顶部的残积型灰质泥岩含有微晶灰岩的残块。所产化石仅为二叠纪型小个体腕足类、双壳类、腹足类、介形虫和海百合化石等，相比下伏生物富集层，生物灭绝层其生物个体明显变小，分异度也降低且生物数量变少，但在 4 小层和 7 小层仍产有较丰富的牙形刺化石 *Hindeodus parvus*。对于该生物灭绝期的沉积相特征，有以下三点需要特别指出。

(1)4 小层所含生屑泥-微晶白云岩的成因和沉积微相类型众说不一，例如，Reinhardt(1988)认为该小层白云岩属于潮上蒸发环境的沉积产物；Wignall 和 Hallam(1996)在其对重庆老龙洞 PTB 界线剖面的沉积相研究中认为，产于生物礁之上的层位相当于该小层的泥-微晶白云岩代表了贫氧的较深水环境，否定了 Reinhardt(1988)的潮上蒸发环境观点；Kershaw 等(1999)在对重庆老龙洞 PTB 界线剖面的研究中，依据该小层产有丰富的丝状蓝细菌化石，最先提出这套白云岩是水下成因的微生物岩；Ezaki 等(2003)在对华蓥山东湾剖面相当层位的岩性描述中，也同样认为该小层属于较深水环境中形成的微生物岩。

(2)华蓥山涧水沟剖面的 4 小层泥-微晶白云岩中，生物数量相对较多，但仅为属种单一的腹足类、介形虫和丝状蓝细菌组合(图 3-69 和图 3-70)，莓球状黄铁矿含量较高，局部可达 1%以上。因此，本书既同意 Wignall 和 Hallam(1996)对该小层属于较深水贫氧环境沉积产物的解释，也赞同 Kershaw 等(1999)和 Ezaki 等(2003)的微生物岩观点，其沉积相类型被认为是在开阔台地内潮下低能带较深水贫氧环境中形成的微生物白云岩。

(3)9 小层的褐灰-灰绿色残积型钙质凝灰质泥岩夹渗滤豆层组合，其层位与华蓥山天池镇剖面飞仙关组一段底部 PTB(R)界线之下的古土壤层层位相当，二者的岩性和岩相组合具有一定的相同性和差异性：相同性主要为二者的黏土矿物组合都以富含规则伊-蒙混层为特征，据胡作维等(2008)对相距不远的华蓥山天池镇剖面 PTB 界线之下的黏土层物质组分的研究，该黏土层主要由规则伊-蒙混层组成，其原始母质为火山碎屑物质，这是确定上扬子海 PTB 界线处存在火山喷发活动的重要依据；差异性为在华蓥山天池镇剖面中该小层仅仅为一古土壤层，而在华蓥山涧水沟剖面中该小层虽然也为残积型钙质泥岩层，但其上部富含渗滤豆，而且其顶部和下部仍含有古表生期风化残余的灰岩碎块，残积的钙泥质基质主要由泥晶方解石、伊利石和规则伊-蒙混层的混合物组成。值得一提的是，其渗滤豆形似核形石，"漂浮状"分布在钙泥质基质中，呈直径为 0.5～1.5cm 的圆球形(图 3-66)。渗滤豆同心圈结构清晰，由含蓝细菌丝状体的微晶方解石组成，被包裹的核心主要为海百合生物碎屑等，说明其不是较强水动力条件下形成的核形石，而是与持续暴露和微生物作用相关的且在凝灰质沉积物层古土壤化过程中先由大气水淋滤凝灰质沉积物层中的灰质组分，然后在微生物的作用下碳酸钙发生原地沉淀、富集、生长而形成的渗滤豆。渗滤豆的 $^{87}Sr/^{86}Sr$ 比值(详见本章第五节)特别小，表明其 Sr 元素主要来自本层凝灰质物质中的幔源 Sr。由此可进一步证明该小层形成于伴随有火山喷发活动的海平面大幅度下降暴露期，此时生态环境已恶化，大部分海洋生物趋于死亡和灭绝，但微生物的生命代谢活动仍很活跃。

3. 生物萧条期

由穿越 PTB(R)界线的 10～12 小层组成，属于下三叠统飞仙关组一段，古地理位置处于台地前缘斜坡带，具有向上略加深的沉积序列(图 5-36)。岩性主要由薄板状紫灰色泥质灰岩夹薄层状泥灰岩和页岩组成，发育有水平纹层理。以 PTB(R)界线为界，其上岩层中晚二叠世型小个体生物完全绝迹，在光学显微镜下也未见任何可鉴别的生物化石，类似的化石绝迹层向上一直可延续到飞仙关组一段顶部，显示出于飞仙关组一段沉积期间整个海域已进入生命活动停滞的萧条期。

(三)重庆中梁山尖刀山剖面 P—T 之交生物灭绝过程

如同广元羊木镇龙凤剖面，以 PTB(B)界线和 PTB(R)界线为界，重庆中梁山尖刀山剖面 P—T 之交生物灭绝事件的发生过程同样可被划分为生物富集期、生物衰减期、生物灭绝期和生物萧条期四个演化阶段(图 3-75)。

1. 生物富集期

由 1 小层组成，属于上二叠统长兴组中部岩性段，古地理位置处于台地边缘与台盆斜坡的过渡带，岩性以含燧石结核的灰-深灰色中-厚层状微晶生屑灰岩为主，具有向上变浅和频繁暴露的沉积序列(图 3-75)，顶部为古暴露面。所产化石丰富且完整，主要为腕足类、三叶虫、苔藓虫、海百合、双壳类化石等，并产有较丰富的牙形刺化石 *Neogondolella changxingensis*。

2. 生物衰减期

由 PTB(B)界线之下的 2～8 小层组成，属于上二叠统长兴组上部岩性段，古地理位置仍处于台地边缘与台盆斜坡的过渡带，岩性为含燧石结核的灰-深灰色薄-中层状生屑微晶灰岩与 4 层灰白色薄层状沉凝灰岩互层组合，也具有向上变浅和频繁暴露的沉积序列(图 3-75)。所产化石较丰富，但主要为二叠纪型小个体腕足类、三叶虫、苔藓虫、海百合、双壳类化石等，并产有牙形刺化石 *Neogondolella yini*、*N. meishanensis* 和 *Hindeodus* sp.。该时期的生物衰减演化特征有以下两点需要特别指出。

(1)在 2 小层、4 小层、6 小层、8 小层的沉凝灰岩中，不仅有丰富且完整的二叠纪型小个体生物化石，而且出现顺层成群、成团密集分布和快速埋藏的特点(图 3-79 和图 3-80)，反映出生物的生存环境已开始强烈恶化，并已导致部分海洋生物开始大规模集群死亡并进入数量衰减状态。

(2)8 小层沉凝灰岩层的上部已强烈古土壤化，其顶面为一个富含铁铝质团块的凹凸不平的古暴露面，其产状特征和产出位置虽然与华蓥山涧水沟剖面 3 小层顶部的古暴露面相当，但华蓥山涧水沟剖面 3 小层顶部古暴露面的时间跨度更大，相当于该剖面整个生物衰减层的时间跨度。

3. 生物灭绝期

由 PTB(B)界线与 PTB(R)界线之间的 9～14 小层组成，如同华蓥山涧水沟剖面，在岩石地层划分方案中其属于上二叠统长兴组顶部岩性段，古地理位置依然处于台地边缘与台盆斜坡的过渡带，岩性主要为含泥质条带状微晶灰岩与 3 层灰白色薄层状沉凝灰岩不等厚互层组合，具有明显向上变浅的、间夹火山喷发活动的和频繁暴露的沉积序列(图 3-75)，含少量二叠纪型小个体腕足类、双壳类、海百合、腹足类和介形虫化石。该生物演化层有以下三点需要特别指出。

(1)虽然所含生物化石较生物衰减期明显减少，但沉凝灰岩仍具有可反映生物生存环境已强烈恶化且生物集群死亡、快速埋藏和密集成团分布的特点。

(2)继二叠纪末生物发生大规模集群死亡灭绝事件后，区域上进入以沉积微生物岩为主的时代(刘建波等，2007)，仅见很少量的二叠纪型小个体生物化石。

(3)14 小层沉凝灰岩顶部也为一凹凸不平且富含铁铝质斑块的古暴露面，其产出层位和产状特征可与华蓥山涧水沟剖面 9 小层顶部的古暴露面相对比，也可与华蓥山天池镇剖面中相当于 PTB(R)界线的伊-蒙混层黏土层顶部的古暴露面相对比。在区域地质的地层划分方案中，该古暴露面也同样被作为岩石地层划分方案中 P—T 界线即 PTB(R)界线的划分依据和区域对比标志之一。

4. 生物萧条期

由穿越 PTB(R)界线的 15 小层组成,属于下三叠统飞仙关组一段,古地理位置处在台地前缘斜坡带,层位与华蓥山涧水沟剖面生物萧条层中的 10～13 小层一致。岩性主要为具水平层理的紫灰色薄板状泥质灰岩,具有向上略加深的沉积序列(图 3-75)。在薄板状泥质灰岩中不含任何肉眼或在光学显微镜下可见的生物化石,显示出整个海域已进入生命活动停滞的萧条期。

第五节　地球化学事件

元素地球化学特征在描述沉积环境的变迁和演化过程,以及描述地质历史中所发生的重大地质事件的研究中,都具有重要的地质意义。上扬子地区 P—T 之交所发生的各类重大地质事件都具有良好的沉积地球化学响应,其常量元素、微量元素、稀土元素和稳定同位素等都具有沉积地球化学特征,因而其在研究 PTB 界线剖面中各种元素的地球化学特征与沉积环境、火山喷发作用和生物大灭绝等事件的关系方面有广泛的应用。

一、常量和微量元素地球化学特征

在本书研究的 3 个 PTB 界线剖面中,以 Fe 和 Mn 为代表的常量元素和以 Sr 为代表的微量元素其含量变化最为明显,而且 Fe、Mn 元素的高丰度异常多出现在海平面大幅度下降后的暴露期,显示出 Fe、Mn 元素的富集与暴露期的大气水淋滤作用密切相关。而 Sr 元素的高丰度异常主要出现在火山喷发活动的高峰期,显示出 Sr 主要来源于火山喷发期的地壳深部。

(一)广元羊木镇龙凤剖面常量和微量元素地球化学特征

广元羊木镇龙凤剖面 33 件灰岩样品的常量和微量元素分析结果(表 5-26 和图 5-37)显示,Fe、Mn、Sr 的含量在剖面中自下而上脉动式递增的变化规律最为明显,具体的 Fe、Mn、Sr 元素地球化学特征及其地质意义描述如下。

1. Fe 元素地球化学特征

在广元羊木镇龙凤剖面中,PTB(B)界线之下各小层的 FeO 含量略高于正常海相沉积岩的背景值(0.31%)(Tucker et al.,1990),特别是 18～52 小层的 FeO 含量为 1.30%～4.58%,这不仅明显高于正常海相灰岩背景值,而且具有向上脉动式递增的变化趋势。较高的 FeO 含量异常值往往对应于硅质、泥质和凝灰质含量较高且海平面下降至低点位置时的泥-微晶灰岩,究其原因有三个。

(1)该阶段火山喷发和海底热液盆流-沉积作用频繁,有较多富含铁质组分的基性偏中性火山碎屑物质和含硅质及铁质的深源热液流体注入海洋及进入灰泥质沉积物中。

(2)受海平面大幅度下降引起的暴露侵蚀作用影响,大量富含铁质的陆源泥质物输入海洋。

表 5-26　广元羊木镇龙凤剖面大隆组碳酸盐岩常量和微量元素含量表

样品号	岩性	常量元素含量/%					微量元素含量/10^{-6}					
		CaO	FeO	MnO	P_2O_5	SiO_2	Cu	Zn	Ni	Mo	Sr	Ba
YJY1	放射虫硅质岩	6.920	1.370	0.007	0.065	79.720	81.400	47.000	80.900	21.600	719.000	50.600
YJY2	硅质页岩	0.960	3.100	0.002	0.092	65.220	102.000	44.700	110.000	116.000	401.000	137.000
YJY4	碳质放射虫硅质岩	3.790	3.990	0.009	0.035	83.600	43.100	75.900	88.200	226.000	357.000	58.800
YJY6	碳质硅质岩	1.420	3.590	0.008	0.106	60.340	180.000	185.000	145.000	59.400	384.000	159.000
YJY8	碳灰质放射虫硅质岩	15.200	1.330	0.030	0.050	66.530	68.900	100.000	82.000	8.670	1025.000	66.200
YJY10	碳灰质硅质岩	17.200	1.990	0.010	0.348	58.670	126.000	79.400	55.900	9.350	984.000	87.000
YJY12	碳质放射虫硅质岩	3.010	3.060	0.007	0.242	67.610	344.000	196.000	182.000	26.600	384.000	152.000
YJY14	碳硅质微晶灰岩	46.20	0.310	0.039	0.107	13.080	14.600	17.100	13.500	3.280	1383.000	12.300
YJY16	碳硅质页岩	1.230	3.090	0.020	0.398	69.520	439.000	235.000	189.000	49.700	2223.000	163.000
YJY18	含硅泥质微晶灰岩	38.400	1.300	0.048	0.312	21.120	73.900	57.900	34.600	14.900	5018.000	56.500
YJY20	微晶灰岩	35.800	1.890	0.141	0.042	7.920	18.400	19.200	13.200	2.450	994.000	33.400
YJY22	硅质微-粉晶灰岩	35.500	2.160	0.145	0.049	10.940	48.800	30.600	26.300	6.140	828.000	40.900
YJY24	碳灰质硅质岩	7.730	4.260	0.053	0.212	59.820	101.000	145.000	99.500	41.700	586.000	263.000
YJY26	硅质泥灰岩	41.300	3.760	0.091	0.051	14.760	18.900	19.200	25.100	3.580	2138.000	40.200
YJY28	碳灰质硅质岩	14.800	1.710	0.031	0.119	60.600	43.700	53.000	25.200	5.060	776.000	103.000
YJY30	碳灰质硅质岩	10.020	1.990	0.040	0.087	66.160	48.600	47.800	27.800	2.290	679.000	110.000
YJY32	硅质微晶灰岩	22.300	1.800	0.054	0.043	48.930	40.400	46.100	25.500	1.550	1465.000	111.000
YJY33	凝灰质砾屑灰岩	45.900	1.470	0.221	0.060	12.800	15.300	22.600	14.900	0.418	1511.000	320.000
YJY34	硅质泥灰岩	11.800	3.730	0.086	0.096	45.300	111.000	65.800	31.500	0.249	452.000	268.000
YJY36	硅质泥灰岩	17.500	3.430	0.129	0.087	34.490	45.300	48.000	20.200	0.334	455.000	156.000
YJY38	泥质灰岩	23.600	3.640	0.103	0.084	26.700	41.900	80.300	29.600	0.548	809.000	105.000
YJY40	硅质泥灰岩	18.100	4.330	0.138	0.098	29.630	49.100	59.600	27.300	0.472	553.000	143.000
YJY42	硅泥质灰岩	12.800	4.580	0.096	0.126	39.390	128.000	77.600	57.600	0.659	489.000	202.000
YJY44	泥质灰岩	43.800	1.580	0.075	0.038	11.510	17.800	28.200	9.780	0.235	1349.000	29.000
YJY46	泥质灰岩	51.000	1.400	0.069	0.021	2.750	5.840	6.640	9.160	0.688	1306.000	13.300
YJY48	泥灰岩	32.100	2.810	0.074	0.066	16.660	26.700	29.600	12.800	0.879	1113.000	56.600
YJY50	泥灰岩	35.400	2.820	0.068	0.066	20.610	33.500	47.200	503.000	1.090	842.000	153.000
YJY52	泥灰岩	37.300	2.860	0.071	0.066	20.000	33.300	42.500	26.400	0.722	904.000	84.800
YJY54	泥-微晶灰岩	21.200	4.340	0.059	0.125	31.380	53.400	73.600	24.000	0.368	572.000	149.000
YJY56	硅泥质泥-微晶灰岩	22.500	4.930	0.069	0.369	34.150	90.400	67.800	47.100	5.950	825.000	155.000
YJY58	硅泥质泥-微晶灰岩	20.800	2.850	0.046	0.160	37.620	74.500	65.600	34.500	1.430	392.000	179.000
YJY60	硅泥质泥-微晶灰岩	37.500	2.490	0.034	0.100	19.180	77.200	43.100	24.600	0.659	971.000	108.000
YJY61	泥-微晶灰岩	51.300	0.518	0.020	0.026	4.430	5.780	5.310	7.030	0.228	5527.000	86.400

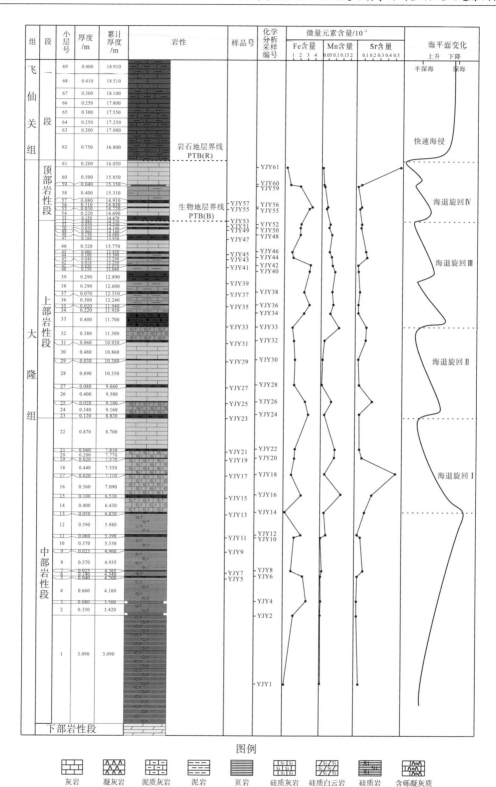

图 5-37 广元羊木镇龙凤剖面微量元素(Fe、Mn 和 Sr)含量变化曲线图

(3)在深海底的较强碱性还原环境中，海水中的 Fe^{2+} 离子更容易进入方解石晶格。

本书依据广元羊木镇龙凤剖面中各类灰岩不仅硅质、泥质和凝灰质组分含量较高，而且往往具有与硅质岩和沉凝灰岩呈薄层状互层组合的产出特点，认为该剖面 PTB(B) 界线之下的灰岩中 FeO 含量偏高且含量呈向上脉动式递增的变化趋势明显，主要与逐渐增强且逐渐频繁的火山喷发活动有关。PTB(B) 界线与 PTB(R) 界线之间的 54～61 小层的 FeO 含量为 0.518%～4.930%，虽然该 FeO 含量具有向上明显递减的变化趋势，但大部分样品的 FeO 含量相比正常海相灰岩仍明显偏高。究其原因，与 PTB(B) 界线之前火山喷发活动脉动式增强所引起的 Fe 元素供给增多且在较强碱性还原环境中更容易形成富含 Fe^{2+} 离子的方解石有关，之后 Fe 元素含量随着火山喷发活动的逐渐衰竭而减少，其呈向上递减但仍高于背景值的变化趋势。

2. Mn 元素地球化学特征

Mn 元素的地球化学特征与 Fe 元素相似，其在广元羊木镇龙凤剖面中的变化与 Fe 元素基本一致(图 5-37)，特点为 PTB(B) 界线之下各小层的 MnO 含量略高于正常海相灰岩背景值(0.039%～0.048%)(Tucker et al.，1990)，其中靠近 PTB(B) 界线的 20～52 小层的 MnO 含量为 0.031%～0.221%，不仅明显大于正常海相灰岩背景值，而且同样也具有向上脉动式递增的变化趋势，MnO 含量的异常高值主要对应于硅质、泥质和凝灰质含量较高的泥-微晶灰岩；PTB(B) 界线与 PTB(R) 界线之间的 54～61 小层的 MnO 含量为 0.020%～0.069%，如同 FeO 含量，其也具有偏高的异常值和向上明显递减的变化趋势。根据该剖面灰岩 MnO 含量偏高及其变化趋势和控制因素，本书认为这也与 PTB(B) 界线之前的火山喷发活动脉动式增强所引起的 Mn 元素供给增多，以及较强碱性还原环境中 Mn^{2+} 更容易进入方解石晶格有关，同样，该剖面灰岩 MnO 含量随着火山喷发活动衰竭而逐渐减少。

3. Sr 元素地球化学特征

广元羊木镇龙凤剖面以灰岩中的 Sr 含量远高于正常海相灰岩背景值(Tucker et al.，1990)为显著特征。如同 Fe、Mn 元素，自下而上 Sr 元素在剖面中呈脉动式大幅度递增的变化趋势也很明显(图 5-37)，这仍然与频繁和增强的火山喷发活动将大量富含 Sr 元素的火山物质和热液流体带入洋底沉积环境，以及在较强碱性还原环境中 Sr^{2+} 离子更容易进入方解石晶格有关。

(二)华蓥山涧水沟剖面常量和微量元素地球化学特征

取自华蓥山涧水沟剖面的 17 件灰岩样品的微量元素分析结果(表 5-27)，以 Fe、Mn、Sr 元素的含量变化趋势及其在剖面中的同步演化规律为显著特征(图 5-38)，具备特定的、阶段性的事件沉积性质。沉积阶段大致可划分为三个阶段：PTB(B) 界线以下为稳定的正常海相灰岩背景值沉积阶段；PTB(B) 界线与 PTB(R) 界线之间为脉动式递增沉积阶段；PTB(R) 界线之上为异常高值沉积阶段。具体的 Fe、Mn、Sr 元素地球化学特征分别描述如下。

表 5-27　华蓥山涧水沟剖面常量和微量元素(Fe、Mn 和 Sr)含量分析结果

序号	样品号	采样位置	层位	样品类型	元素含量/%		
					Fe	Mn	Sr
17	Ht6	12 小层中部	飞仙关组一段	暗紫红色含泥质微晶灰岩	2.440	0.058	0.150
16	Ht5	11 小层中部			1.620	0.066	0.140
15	HSL10-1	10 小层中部			2.450	0.053	0.130
14	Ht4	10 小层底部			3.280	0.054	0.120
13	HSL9-3	9 小层顶部	岩石地层划分方案中为长兴组上部;生物地层划分方案中为下三叠统印度阶早期	残积型灰岩团块	1.800	0.032	0.130
12	Ht3	9 小层中部		渗滤豆层	1.290	0.052	0.140
11	HSL9-2	9 小层中下部		残积型泥岩中的微晶灰岩团块	1.100	0.031	0.130
10	HSL9-1	9 小层底部			0.920	0.026	0.150
9	Ht2	8 小层中部		泥质微晶灰岩	1.240	0.019	0.110
8	HSL8-3	8 小层底部		腕足类介壳化石	1.280	0.039	0.055
7	HSL7-1	7 小层中部		微晶灰岩	0.750	0.044	0.047
6	HSL6-2	6 小层中部		腕足类介壳化石	1.420	0.025	0.110
5	HP3	4 小层顶部		泥-微晶白云岩	1.960	0.026	0.050
4	HSL4-4	4 小层中部			0.440	0.021	0.054
3	HSL3-7	3 小层顶部	长兴组	腕足类介壳化石	0.082	0.003	0.080
2	HP2	3 小层中部			0.023	0.018	0.030
1	HP1	2 小层底部		腕足类介壳化石	0.038	0.009	0.041

注:Fe、Mn 和 Sr 元素含量由中国地质科学院矿产综合利用研究所分析测试中心分析,测试仪器为 OPTIMA 2000DV,检测依据为《感耦等离子体原子发射光谱方法通则》(JY/T 015—1996),分析结果以单元素含量表示,检测限 0.001%,误差 0.002%;采样位置如图 5-38 所示。

1. Fe 元素地球化学特征

剖面中 Fe 含量自下而上规律性递增的变化趋势非常明显(表 5-27 和图 5-38),特点为:PTB(B)界线之下的 2~3 小层为正常浅海礁滩相沉积产物,Fe 含量为 0.023%~0.082%,与正常海相灰岩背景值基本一致;PTB(B)界线与 PTB(R)界线之间的 4~9 小层的 Fe 含量为 0.440%~1.960%,其中 8 小层的黄铁矿化灰岩其 Fe 含量局部可高达 12%。剖面中所出现的 Fe 含量异常高值分别对应于各个有古暴露作用的沉积单元,显然由海平面大幅度下降引起的暴露侵蚀作用是铁质相对富集的主要原因;PTB(R)界线之上的 10~12 小层为稳定高值区,Fe 含量为 1.620%~3.280%,明显高于正常海相灰岩背景值,这与早三叠世初期广泛海侵过程中有大量富含铁质和锰质的陆源泥质组分注入海洋有关。

2. Mn 元素地球化学特征

Mn 含量自下而上也具有规律性的递增变化趋势(表 5-27 和图 5-38),特点为:PTB(B)界线之下的 2~3 小层的 Mn 含量为 0.003%~0.018%,这与其为正常浅海礁滩相沉积产物相适应;PTB(B)界线与 PTB(R)界线之间的 4~9 小层的 Mn 含量为 0.019%~0.052%,其向上递增的变化趋势明显,特别是在 9 小层中部大气水淋滤作用非常强烈的渗滤豆层中,出现最大含量值(0.052%)。这几个小层的 Mn 含量异常高,被认为与火山物质供给量加大

和大气水的溶蚀及富集作用等多重因素有关；PTB(R)界线之上 10～12 小层为稳定的高值区，Mn 含量为异常高值(0.053%～0.066%)，相关的 Fe 含量也为异常高值，显然富含铁质及锰质的陆源泥质组分大量注入海洋是造成飞仙关组一段薄层状泥质灰岩富含铁质及锰质和颜色呈偏紫红色的主要原因。

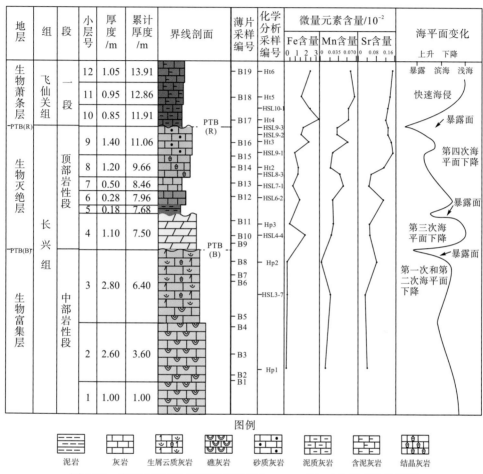

图 5-38　华蓥山涧水沟剖面微量元素(Fe、Mn 和 Sr)含量变化曲线图

3. Sr 元素地球化学特征

Sr 含量具有与 Fe、Mn 含量相似的特征，其自下而上大幅度递增的变化趋势明显(表 5-27 和图 5-38)，特点为：PTB(B)界线之下的 2～3 小层的 Sr 含量为 0.030%～0.080%，与正常浅海相灰岩的背景值相比较略偏高；PTB(B)界线与 PTB(R)界线之间的 4～9 小层的 Sr 含量为 0.047%～0.150%，具有较大幅度的脉动式递增趋势，含量值明显大于正常海相灰岩背景值。剖面中多处出现 Sr 含量异常高，明显有悖于该层段曾多次受到大气水溶蚀可引起强烈脱 Sr 的贫化效应这一原理(Brand and Veizer，1980)。其合理的解释为：该时期火山喷发活动频繁，由于大量富含 Sr 的火山物质被带入沉积环境，从而造成沉积物和海洋水体的 Sr 含量异常高，而在暴露侵蚀区富含 Sr 的火山物质掩盖了大气水溶蚀的脱 Sr 贫化效应。PTB(R)界线之上的 10～12 小层的 Sr 含量也高达 0.120%～0.150%，为 Sr

的稳定高值区,这与早三叠世全球海洋处于高 Sr 状态的文石海时期(Burke, 1982)相适应,其成因有 2 个可能的解释:一是火山喷发作用将大量富含 Sr 的物质组分带入沉积环境,并在文石质沉积物中发生了 Sr 的富集;二是依据 $^{87}Sr/^{86}Sr$ 比值有大幅度跳跃式异常增大的变化特点(详见本章 Sr 元素地球化学特征部分),如同 Fe、Mn 元素,这与晚二叠世末期在大面积持续暴露的背景条件下,伴随早三叠世初期的广泛海侵,携带大量陆源 ^{87}Sr 组分的泥质沉积物注入海洋有关。随着大量富含 ^{87}Sr 组分的泥质沉积物注入海洋,在大陆风化过程中形成的 Fe^{3+} 和 Mn^{4+} 也进入海洋,从而形成下三叠统飞仙关组一段下部富含 Fe、Mn、Sr 等元素的紫红色薄板状泥质灰岩。

二、Fe、P、Cu 和 Zn 营养元素地球化学特征

Fe、P、Cu 和 Zn 等元素为判定古海洋生产力的重要地球化学指标,海水中这些元素的含量越高,越有利于生物的繁衍和提高海洋生产力(沈俊等,2011),因而这些元素被称为营养元素。以广元羊木镇龙凤剖面为例,该剖面各小层沉积岩(不包括沉凝灰岩)中 Fe、P、Cu 和 Zn 等营养元素的含量及各类沉积岩中 Fe、P、Cu 和 Zn 营养元素的含量分别见图 5-39 和表 5-28、表 5-29。从图表中可以发现,不同的层位或不同的岩石类型其营养元素的含量有较大的差别,但明显都受 P—T 之交物质来源的差异性控制,具体的营养元素含量分布有如下几个特点。

(1)按岩石的物质组分和结构差异,可将广元羊木镇龙凤剖面大隆组中正常的海相沉积岩分为四类,其中在深海环境中沉积形成的相对较纯的泥-微晶灰岩的营养元素含量最低(表 5-29),但将其与全球海相碳酸盐岩营养元素含量平均值(Turekian and Wedepohl,1961)相比较,仍然略偏高。如果将其作为上扬子地区 P—T 之交正常海相沉积岩营养元素含量的背景值,那么与其他几类沉积岩相比较,除了 Fe 的变化范围不大外,P、Cu 和 Zn 三种营养元素的含量随硅泥质组分的增加而依次增高。由于硅质组分主要来自海底喷流的热液,而泥质组分主要由同期喷发的火山凝灰物质蚀变而成,那么显然与硅泥质组分含量呈正相关关系的营养元素主要来源于同期喷溢的海底热液和喷发的火山凝灰物质。

(2)按营养元素含量与沉积期物质供给背景条件的关系(表 5-29),可将营养元素的分布分为三种情况:一是分布在火山喷发前形成的各类沉积岩(1~4 小层)中,该时期海底热液喷流活动最活跃,各类沉积岩具有较高的 P、Cu 和 Zn 营养元素含量;二是分布在火山喷发活动与海底热液喷流活动交替进行期间形成的各类沉积岩(5~60 小层)中,各类沉积岩的 P、Cu 和 Zn 营养元素含量变化范围很大,低者接近背景值,高者可达背景值的数倍至数十倍,且在剖面上有交替出现的特点;三是分布在火山喷发活动与海底热液喷流活动衰竭停止后形成的沉积岩(61 小层)中,其 P、Cu 和 Zn 等营养元素的含量明显低于代表上扬子地区 P—T 之交正常海相沉积岩的背景值,而与 Turekian 和 Wedepohl(1961)统计的全球海相碳酸盐岩平均值相接近(表 5-28 和表 5-29)。

(3)在火山喷发活动与海底热液喷流活动交替期形成的各类沉积岩,其营养元素含量分布呈随火山喷发韵律层强度或海底热液喷流层脉动性变化而由高到低的变化规律,局部出现异常高值,如 6 小层、12 小层、16 小层、24 小层、34 小层和 42 小层等(图 5-39),

一般靠近韵律层下部和中部的位置即相当于火山喷发韵律早、中期沉积的岩层其营养元素含量较高，在高一级的火山喷发旋回中，营养元素丰度高的小层也都对应于火山喷发旋回的早、中期沉积，而旋回晚期的沉积岩层其营养元素丰度往往接近背景值。

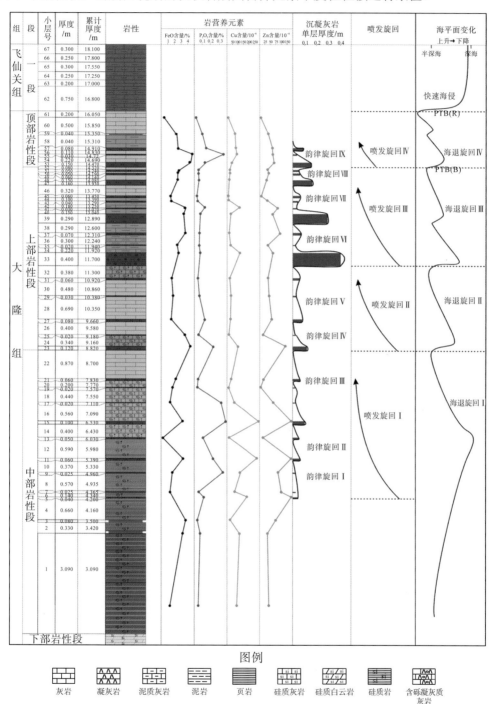

图 5-39 广元羊木镇龙凤剖面营养元素分布与火山喷发和海退旋回关系图

表 5-28　广元羊木镇龙凤剖面各小层沉积岩的营养元素含量与火山喷发和海退旋回关系表

小层号	岩性	岩营养元素				与火山喷发和海退旋回的关系		
		FeO 含量/%	P_2O_5 含量/%	Cu 含量 /10^{-6}	Zn 含量 /10^{-6}	火山喷发强度韵律	火山喷发旋回	海退旋回
61	泥-微晶灰岩	0.518	0.026	5.780	5.310	火山喷发活动后		
60	硅泥质泥-微晶灰岩	2.490	0.100	77.200	43.100	火山喷发衰竭停止期		
58	硅泥质泥-微晶灰岩	2.850	0.160	74.500	65.600		火山喷发旋回 IV	海退旋回 IV
56	硅泥质泥-微晶灰岩	4.930	0.369	90.400	67.800	韵律旋回 XI		
54	泥-微晶灰岩	4.340	0.125	53.400	73.600			
52	泥灰岩	2.860	0.066	33.300	42.500			
50	泥灰岩	2.820	0.066	33.500	47.200	韵律旋回 VIII		
48	泥灰岩	2.810	0.066	26.700	29.600			
46	泥质灰岩	1.400	0.021	5.840	6.640			
44	泥质灰岩	1.580	0.038	17.800	28.200	韵律旋回 VII	火山喷发旋回 III	海退旋回 III
42	硅泥质灰岩	4.580	0.126	128.000	77.600			
40	硅质泥灰岩	4.330	0.098	49.100	59.600			
38	泥质灰岩	3.640	0.084	41.900	80.300	韵律旋回 VI		
36	硅质泥灰岩	3.430	0.087	45.300	48.000			
34	硅质泥灰岩	3.730	0.096	111.000	65.800			
32	硅质微晶灰岩	1.800	0.043	40.400	46.100			
30	碳灰质硅质岩	1.990	0.087	48.600	47.800	韵律旋回 V	火山喷发旋回 II	海退旋回 II
28	碳灰质硅质岩	1.710	0.119	43.700	53.000			
26	硅质泥灰岩	3.760	0.051	18.900	19.200	韵律旋回 IV		
24	碳灰质硅质岩	4.260	0.212	101.000	145.000			
22	硅质微-粉晶灰岩	2.160	0.049	48.800	30.600			
20	微晶灰岩	1.890	0.042	18.400	19.200	韵律旋回 III		
18	含硅泥质微晶灰岩	1.300	0.312	73.900	57.900			
16	碳硅质页岩	3.090	0.398	439.000	235.000		火山喷发旋回 I	海退旋回 I
14	碳硅质微晶灰岩	0.310	0.107	14.600	17.100	韵律旋回 II		
12	碳质放射虫硅质岩	3.060	0.242	344.000	196.000			
10	碳灰质硅质岩	1.990	0.348	126.000	79.400			
8	碳灰质放射虫硅质岩	1.330	0.050	68.900	100.000	韵律旋回 I		
6	碳质硅质岩	3.590	0.106	180.000	185.000			
4	碳质放射虫硅质岩	3.990	0.035	43.100	75.900			
2	硅质页岩	3.100	0.092	102.000	44.700	火山喷发活动前		低幅海侵旋回
1	放射虫硅质岩	1.370	0.065	81.400	47.000			
火山喷发后形成的沉积岩中的含量平均值		0.518	0.026	5.780	5.310	正常沉积环境背景值		
火山喷发期形成的沉积岩中的含量平均值		3.590	0.050	68.900	100.000	火山喷发期沉积环境背景值		
火山喷发前形成的沉积岩中的含量平均值		2.820	0.034	75.500	55.900	受热水喷流影响的沉积环境背景值		
Turekian 和 Wedepohl(1961)		0.540	0.040	4.000	20.000	海相碳酸盐岩平均值		

表 5-29　广元羊木镇龙凤剖面各类暗色细粒岩的营养元素含量统计表

	岩性		泥-微晶灰岩	硅泥质微晶灰岩	碳灰质硅质岩	碳硅质页岩	全球海相碳酸盐岩平均值［据 Turekian 和 Wedepohl(1961)］
	样品数		9	12	9	2	
岩营养元素	FeO 含量/%	变化范围	0.518～4.340	1.310～4.580	1.330～4.260	3.090～3.100	0.540
		平均值	2.429	2.973	2.588	3.095	
	P₂O₅ 含量/%	变化范围	0.021～0.125	0.043～0.369	0.035～0.398	0.092～0.398	0.040
		平均值	0.059	0.133	0.140	0.245	
	Cu 含量/10⁻⁶	变化范围	5.840～53.400	14.600～128.000	43.100～344.000	102.000～439.000	4.000
		平均值	26.291	64.432	115.190	270.500	
	Zn 含量/10⁻⁶	变化范围	5.310～80.30	17.100～77.600	44.700～235.000	44.700～235.000	20.000
		平均值	36.950	49.867	103.230	139.850	

（4）在海退旋回中，对应于火山喷发活动和海底热液喷流活动的海退早、中期营养元素含量普遍较高，而在海退晚期营养元素含量一般都相对较低，总体上显示出随海平面下降而减小的变化趋势。由此可见，在各类沉积岩的营养元素来源中，来自大陆风化作用的营养物质供给量，远低于火山喷发和海底热液喷流对海洋的注入量。

三、稳定同位素地球化学特征

（一）样品的选择和评估

海相碳酸盐岩的 C、O、Sr 稳定同位素信息不仅蕴含了大量岩石圈、大气圈、生物圈的各种地质和沉积地球化学信息，而且还可用于反演古海洋的海平面变化，海洋水体的古盐度和古水温(张秀连，1985)，大气圈和水圈的碳循环，以及内动力与外动力地质作用的相互关系和过程。如 C、O 同位素的变化不仅可用于研究生物圈碳循环信息，还可用于研究生物灭绝事件中 C、O 同位素事件与海平面变化的关系；而 Sr 同位素不仅是反演古海洋海平面变化时最灵敏的指示剂，同时对古海洋的火山喷发活动和大陆风化状况也有良好的沉积地球化学响应，另外还可以利用 Sr 同位素地层变化曲线对地层进行同位素测年，从而为地球系统研究提供更多有用的地质信息。

由于对 C、O、Sr 稳定同位素的应用主要是利用保存在海相碳酸盐矿物中的 C、O、Sr 稳定同位素的组成和成因特征所提供的古海洋信息，因而对保存在海相碳酸盐矿物(或海相碳酸盐岩地层)中的 C、O、Sr 稳定同位素组成特征的可靠性及代表性必须进行科学评估(黄思静等，2008)。基于成岩蚀变是影响海相碳酸盐矿物 C、O、Sr 稳定同位素组成及其代表性的主要因素，因而对海相碳酸盐矿物(或海相碳酸盐岩地层)样品的来源和类型进行合理的选择已成为 C、O、Sr 稳定同位素地层学特征研究的第一个关键技术。已有的研究成果表明，腕足类介壳化石样品具有最高的可靠性和最好的代表性。在缺乏腕足类等化石的地层中，具备细微结构的泥-微晶灰岩往往具有很低的孔隙度和渗透率，这使得它在成岩期可大大减少沉积组分与成岩流体的交换，从而具有很低的成岩蚀变性，可保存较多原始海水信息，具备较高的可靠性和较好的代表性，因此可作为分析海相碳酸盐岩 C、O、Sr 稳定同位素的良好材料(McArthur et al.，1993a，1993b，1994)。

本书对上扬子地区 P—T 之交海相碳酸盐岩进行 C、O、Sr 稳定同位素分析的样品有 27 件，其中 10 件采自广元羊木镇龙凤剖面(表 5-23 和表 5-24)，主要用于研究海底热液喷流沉积的白云岩的地球化学特征和成因(详见本章第二节)，采自华蓥山涧水沟剖面的 17 件样品主要用于 C、O、Sr 同位素地层学研究，样品的类型和分析结果见表 5-30。

表 5-30　华蓥山涧水沟剖面 C、O、Sr 同位素分析表

样品号	小层号	层位	样品类型	$\delta^{13}C_{VPDB}/‰$	$\delta^{18}O_{VPDB}/‰$	$^{87}Sr/^{86}Sr$ 比值
Ht6	12 小层中部	飞仙关组一段	暗紫红色含泥质微晶灰岩	-0.14	-6.20	0.708595
Ht5	11 小层中部			-0.18	-6.31	0.703336
HSL10-1	10 小层中部			0.30	-5.04	0.707594
Ht4	9 小层顶部		残积灰岩团块	-0.08	-6.06	0.703626
HSL9-3	9 小层上部			0.45	-5.33	0.707489
Ht3	9 小层中上部	岩石地层划分方案中为长兴组上部；生物地层划分方案中为下三叠统印度阶早期	渗滤豆层	0.13	-6.28	0.704931
HSL9-2	9 小层中部		残积泥岩中的微晶灰岩团块	0.68	-4.94	0.707385
HSL9-1	9 小层底部			0.61	-5.01	0.707274
Ht2	8 小层中部		含生屑微晶灰岩	0.76	-6.43	0.719883
HSL8-3	8 小层下部		腕足类介壳化石	0.94	-5.32	0.707172
HSL7-1	7 小层中部		微晶灰岩	2.71	-4.71	0.707153
HSL6-2	6 小层中部		腕足类介壳化石	1.58	-5.11	0.707140
HP3	4 小层顶部		泥-微晶白云岩	2.03	-6.05	——
HSL4-4	4 小层中部			3.78	-5.27	0.707043
HP2	3 小层顶部	长兴组	腕足类介壳化石	2.58	-5.85	0.707059
HP1	3 小层中部			3.73	-4.60	0.703027
HSL3-7	2 小层底部			3.76	-4.41	0.707061

所有参与分析的样品在进行同位素测试前，都需进行可靠性和代表性评估。样品可靠性评估依据的原理主要为：在海相碳酸盐矿物的沉积-成岩过程中，Mn 和 Sr 两种元素在碳酸盐矿物晶格中的分配系数变化范围有很大差别，如 Mn^{2+} 更容易取代方解石(或白云石)晶格中的 Ca^{2+}(或者 Mg^{2+})，但难以取代文石晶格中的 Ca^{2+}，而 Sr^{2+} 容易取代文石晶格中的 Ca^{2+}，但难以取代方解石(或白云石)晶格中的 Ca^{2+}，因而从文石质海相沉积物到固结灰岩(或白云岩)的成岩转变过程，其实质是一个 Mn 获取和 Sr 丢失的过程(黄思静，1990)，其结果是方解石(或白云石)矿物可以获得更多 Mn 而失去大部分 Sr，同时也会逐渐失去对古海洋信息的记录。由此可见，记录在原始海相碳酸盐矿物中的海洋信息，在固结的碳酸盐岩中的保存状况取决于成岩蚀变强度，即成岩蚀变强度越高，获得的 Mn 和丢失的 Sr 越多，失去的古海洋信息也越多，可靠性和代表性就越差。相反，成岩蚀变性弱的海相碳酸盐矿物往往对古海洋信息有更多和更好的记录。基于这一原理，海相碳酸盐岩

的 Mn、Sr 含量特别是 Sr 含量及 Mn/Sr 比值，成为判断海相碳酸盐成岩蚀变强度的标准，以及判断和评估其对古海洋信息保存的可靠性和代表性的有效技术方法之一（黄思静，1997；Veizer et al.，1999；黄思静等，2003）。在实际应用中，对样品的具体要求为如下四点。

(1)样品最好取自腕足类介壳化石的几丁质层。

(2)取自泥-微晶灰岩的样品必须具有原始的细-微结构，并无明显的重结晶现象。

(3)Sr 含量最小值不低于 200×10^{-6}（Derry and Keto，1989；黄思静等，2006）。

(4)Mn/Sr 比值不高于 2～3（Kaufman et al.，1992，1993）。

按此标准，本次研究中取自华蓥山涧水沟剖面的 17 件样品经薄片鉴定后均无明显的重结晶现象，Sr 含量都在 300×10^{-6} 以上，Mn/Sr 比值全都小于 1（表 5-31）。评估结果表明，所有样品的成岩蚀变性都较弱，都较好地保存了原始海洋信息，具备很好的代表性，可用于进行 C、O、Sr 稳定同位素分析和反演古海洋的各项信息。

表 5-31 华蓥山涧水沟剖面同位素样品的 Mn、Sr 含量和 Mn/Sr 比值表

序号	样品号	采样位置	层位	样品类型	Mn 含量 /10⁻⁶	Sr 含量 /10⁻⁶	Mn/Sr 比值
17	Ht6	12 小层中部	飞仙关组一段	暗紫红色含泥质泥-微晶灰岩	580	1500	0.3867
16	Ht5	11 小层中部			660	1400	0.4714
15	HSL10-1	10 小层中部			530	1300	0.4077
14	Ht4	10 小层底部			510	1200	0.4500
13	HSL9-3	9 小层顶部	岩石地层划分方案中为长兴组上部；生物地层划分方案中为下三叠统印度阶早期	残积微晶灰岩团块	320	1300	0.2667
12	Ht3	9 小层中部		渗滤豆层	520	1400	0.3714
11	HSL9-2	9 小层中下部		残积泥岩中的微晶灰岩团块	310	1300	0.2385
10	HSL9-1	9 小层底部			260	1500	0.1733
9	Ht2	8 小层上部		含生屑微晶灰岩	190	1100	0.1727
8	HSL8-3	8 小层下部		腕足类介壳化石	390	550	0.7091
7	HSL7-1	7 小层中部		泥-微晶灰岩	440	470	0.9661
6	HSL6-2	6 小层中部		腕足类介壳化石	250	1100	0.2273
5	HP3	4 小层顶部	长兴组	泥-微晶白云岩	260	500	0.5200
4	HSL4-4	4 小层中部			210	540	0.3889
3	HSL3-7	3 小层顶部		腕足类介壳化石	27	800	0.3375
2	HP2	3 小层中部			180	300	0.6000
1	HP1	2 小层底部			92	410	0.2244

(二)同位素地球化学事件

已有的研究成果表明，全球于 P—T 之交发生的重大地球化学事件主要为 C、O 和 Sr 稳定同位素地球化学事件，以华蓥山涧水沟剖面的 C、O、Sr 同位素分析结果（表 5-30 和图 5-40）为例，可识别的 C、O 和 Sr 同位素地球化学事件主要表现在如下三个方面。

1. C 同位素负偏移事件

有机碳的产生和消耗是控制海相碳酸盐沉积物 C 同位素变化的主要因素(卢武长和崔秉荃，1994)。当海平面下降时，陆地扩大，海相生物因生存空间缩小而减少，海水中富含 ^{12}C 的 CO_2 和 H_2CO_3 的消耗量也随之降低，而陆地上富含 ^{12}C 的有机碳(主要为植物)则随大陆风化作用的增强而被重新氧化，并以 CO_2 的形式不断进入海洋，致使同期沉积的海相碳酸盐沉积物出现 C 同位素负偏移(黄思静，1993a，1993b)。这一由海平面下降引起的海相碳酸盐岩 C 同位素负偏移效应,在对古海洋信息保存较好的华蓥山涧水沟 PTB 界线剖面的海相碳酸盐岩地层中表现得非常明显(图 5-40)，相似的和可类比的海相碳酸盐岩 C 同位素负偏移效应出现在龙门山北川甘溪剖面的泥盆系 F—F 界线地层中，在甘溪剖面泥盆系 F—F 界线位置，因受海平面大幅度下降影响，在界线处的海相碳酸盐岩中出现大幅度的 C 同位素负偏移和生物灭绝效应(郑荣才和刘文均，1997)。因此，对古海洋原始信息保存较好的海相碳酸盐岩的 C 同位素负偏移事件，可作为描述海平面大幅度升降事件的依据。

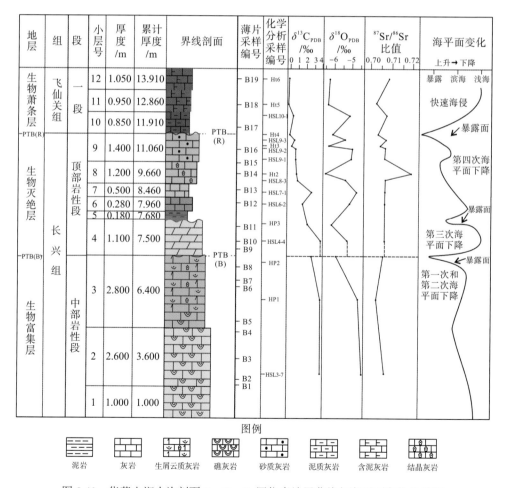

图 5-40　华蓥山涧水沟剖面 C、O、Sr 同位素地层曲线与海平面变化关系图

作为全球 PTB 界线"金钉子"剖面的浙江长兴煤山剖面，目前是我国 PTB 界线地层剖面中 C 同位素地层研究程度最高的剖面，积累的研究成果非常丰富（曹长群等，2002；Xie et al.，2007）。这些研究成果已证明煤山剖面 PTB 界线处的碳酸盐岩地层出现过 3 次 C 同位素缓慢负偏移过程（图 5-41）：第一次 C 同位素缓慢负偏移过程为 $\delta^{13}C_{PDB}$ 值从该剖面 23 小层的 4.80‰逐渐降低到 24e 小层中部的 0.25‰；第二次 C 同位素缓慢负偏移过程为从 24e 小层上部的 2.20‰下降到 25 小层的-1.00‰；第三次 C 同位素缓慢负偏移过程出现在 *Hindeodus parvus* 首现后的 PTB（B）界线之上的碳酸盐岩地层（图 5-41），即从 27c 小层底部的 1.40‰降低到 34 小层的-1.30‰。

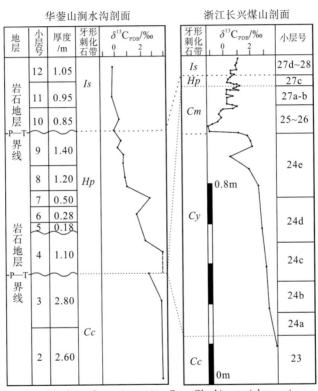

Cc：*Clarkina changxingensis*   Cm：*Clarkina meiskanensis*
Cy：*Clarkina yini*   Hp：*Hindeodus parvus*   Is：*Isarcicella staesckei*

图 5-41　华蓥山涧水沟剖面与浙兴长兴煤山剖面 $\delta^{13}C_{PDB}$ 值负偏移过程对比图［据曹长群等（2002）］

学界对华蓥山地区于 P—T 之交发生的 C 同位素特征变化的研究已积累较丰富的资料（黄思静，1994，1997；崔莹等，2009；周刚等，2012；刘萍等，2018）。以涧水沟剖面为例，将区域地质和地层资料及牙形刺化石带对比，可发现此剖面的 C 同位素负偏移演化与浙江长兴煤山剖面有一定的相似性和差异性，如该剖面 PTB（B）界线之下 1～3 小层（碳酸盐岩地层）的 C 同位素演化曲线主体与浙江长兴煤山剖面的 23 层相当，之上 4～9 小层（碳酸盐岩地层）的 C 同位素演化曲线与浙江长兴煤山剖面的 27c～28 小层相当（图 5-41）。其具体的演化特征可归纳为如下几点。

（1）对应 PTB 界线地层其生物灭绝过程的各演化阶段，华蓥山涧水沟剖面生物富集层之上直接被生物灭绝层和生物萧条层依次覆盖，其间缺失相当于 *Neogondolella yini* 和 *Neogondolella meishanensis* 2 个牙形刺化石带地层的衰减层。因此，以发育于 3 小层顶部的古暴露面为界，华蓥山涧水沟剖面 PTB 界线地层的 C 同位素地层演化过程相比浙江长兴煤山剖面而言是不连续的，其 C 同位素负偏移过程是分阶段进行的。

(2) 相当于 *Neogondolella changxingensis* 牙形刺化石带的生物富集层(1~3 小层)，其 $\delta^{13}C_{PDB}$ 值分布在 2.58‰~3.76‰ 的较高值区，对应于火山喷发旋回 I 和第一次海平面下降事件。虽然该生物富集层与浙江长兴煤山剖面 23 小层相当(图 5-41)，为相对稳定的正常海相环境沉积产物，但其 C 同位素负偏移幅度较浙江长兴煤山剖面小得多，这应该与相当于 *Neogondolella yini* 和 *N. meishanensis* 2 个牙形刺化石带时间跨度的具有较大 C 同位素负偏移幅度的地层(相当于生物衰减层)没有得到较好保存有关。

(3) 如(2)所述，对应于浙江长兴煤山剖面 23~24e 层中部的第一次 C 同位素负偏移事件(图 5-41)，华蓥山涧水沟剖面仅表现为 3~4 小层具有相当于 *Neogondolella yini* 和 *N. meishanensis* 2 个牙形刺化石带时间跨度的对应于火山喷发旋回 II 和火山喷发旋回 III 以及第二次至第三次海平面下降事件的古暴露面(图 5-40)。虽然该阶段海洋环境开始被强烈的火山喷发作用污染和毒化，生物开始进入大规模集群死亡的衰减期，并出现 PTB(B) 界线之下 C 同位素连续负偏移，但这在华蓥山涧水沟剖面中仅表现为 3 小层顶部出现 C 同位素演化不连续的古暴露面。

(4) 从相当于 *Hindeodus parvus* 牙形刺化石带首现开始，到生物灭绝期的晚期(4~9 小层)，其 $\delta^{13}C_{PDB}$ 值由 4 小层的 2.58‰ 脉动性地持续下降至 9 小层顶部的 -0.08‰，这与火山喷发旋回 IV 和第四次海平面下降事件及其所形成的古暴露面相对应(图 5-40)，也与浙江长兴煤山剖面 PTB(B) 界线之上的第三次 C 同位素负偏移事件(图 5-41)和全球性生物大灭绝事件(张秀连，1985；陈锦石和陈文正，1985)相对应。需要指出的是，越过 3 小层顶部古暴露面的 PTB(B) 界线和进入 4~9 小层后，上扬子地区绝大部分二叠纪型小壳生物在这次 C 同位素负偏移事件中绝迹。

(5) 对应生物大灭绝后的萧条期(10~12 小层)，其 $\delta^{13}C_{PDB}$ 值分布在 -0.18‰~0.30‰，处于相对较稳定的 C 同位素低值期。包括上扬子地区在内的扬子区乃至整个华南区都开始接受早三叠世早期的广泛海侵和进入逐渐稳定的较深水相沉积环境，岩层中未见任何肉眼或在光学显微镜下可见的生物化石，这与生物大灭绝后的萧条期相对应，也对应于全球性生物大萧条期和 C 同位素低值期(张秀连，1985)。

从总体上看，华蓥山涧水沟 PTB 界线剖面中 C 同位素多期次和不连续的负偏移演化过程，反映了多期次火山喷发旋回和海平面大幅度下降引起的海退旋回事件。

2. O 同位素负偏移事件

虽然海相碳酸盐沉积物(或岩石)中可引起 O 同位素负偏移的原因很多，但在具有细微结构的弱成岩蚀变的碳酸盐岩地层中，O 同位素演化行为与 C 同位素演化行为往往很相似(卢武长和崔秉荃，1994)。由于 O 同位素活度远大于 C 同位素，在同等成岩蚀变条件下，O 同位素的分馏效应往往明显强于 C 同位素，且具有更大的变化范围。在华蓥山涧水沟 PTB 界线剖面的海相碳酸盐岩地层中，腕足类介壳化石和具有细微结构的泥-微晶灰岩的 O 同位素演化过程，虽然较 C 同位素有更大的变化范围和负偏移幅度，但二者演化曲线的变化趋势仍然是基本一致的(图 5-40)，表明该演化曲线仍保存了较多且较好的古海洋原始信息，界线地层的 $\delta^{18}O_{PDB}$ 组成和 O 同位素变化特征仍可用于反演古海洋海平面的升降变化趋势。其具体的 O 同位素负偏移演化过程描述如下。

(1)华蓥山涧水沟剖面 PTB 界线中碳酸盐岩地层的 $\delta^{18}O_{PDB}$ 组成主要为中等偏小的负值，其变化范围较小，为-6.43‰～-4.41‰(表 5-30)，平均值为-5.90‰，略小于 P—T 之交海水的 $\delta^{18}O_{PDB}$ 组成值，但相邻小层之间该值的波动较大。

(2)对应 P—T 之交界线地层的生物富集期、生物灭绝期和生物萧条期三个演化阶段(生物衰减期地层因受侵蚀而缺失)，具有与 C 同位素基本一致且不连续的负偏移演化趋势(图 5-40)，如与浙江长兴煤山"金钉子"剖面相比，其具有一定的相似性和差异性。其 O 同位素演化过程如下。

①对应生物富集期(1～3 小层)，$\delta^{18}O_{PDB}$ 值分布在-5.85‰～-4.41‰，其中 3 小层顶部的 $\delta^{18}O_{PDB}$ 值最小，O 同位素具有低幅负偏移演化过程。3 小层顶部的古暴露面为经第一次至第三次海平面下降事件连续叠加改造形成的古暴露面，相当于 PTB(B)界线的位置，在多期次的大气水淋滤改造作用下，该古暴露面上碳酸盐岩的 $\delta^{18}O_{PDB}$ 值最小。

②对应生物灭绝期早期(4～6 小层)，$\delta^{18}O_{PDB}$ 值继续低幅度减小，但减小幅度不大，较为稳定地分布在-6.05‰～-5.11‰。

③对应生物灭绝期的中、晚期(7～9 小层)，$\delta^{18}O_{PDB}$ 值有较大幅度的负偏移且往复波动，变化范围为-6.43‰～-4.71‰，其间 9 小层顶部发育有第四次海平面下降事件形成的古暴露面和多次火山喷发活动，反映出该时期海平面下降幅度较大，暴露时间较长且较频繁，同时对应于 P—T 之交古海洋海平面持续下降至最低点时的 PTB(R)界线位置。

④对应生物萧条期(10～12 小层)，$\delta^{18}O_{PDB}$ 值分布在-6.31‰～-5.04‰，如同 C 同位素的演化趋势，O 同位素进入相对较稳定的较低值期，其低值与该时期进入快速海侵的较深水环境和全球性生物大萧条背景条件相适应(黄思静等，2008)。

3. Sr 同位素

海洋中 $^{87}Sr/^{86}Sr$ 比值的变化受 ^{86}Sr 或 ^{87}Sr 的来源控制，据 Pitman(1978)的研究，火山喷发活动强烈时大量富含 ^{86}Sr 的幔源 Sr 被带入海洋，可造成海水和海相碳酸盐沉积物的 Sr 元素丰度异常高和 $^{87}Sr/^{86}Sr$ 比值异常低。相反，当海平面以较大幅度下降时，古陆面积扩大、暴露时间延长和侵蚀作用增强，由大陆风化作用带入海洋的陆源 ^{87}Sr 增加，这可引起海水和海相碳酸盐沉积物的 $^{87}Sr/^{86}Sr$ 比值增大，出现 $^{87}Sr/^{86}Sr$ 比值异常(过高)。因此，$^{87}Sr/^{86}Sr$ 比值的变化可用于反演火山喷发作用带来的幔源 ^{86}Sr 供给海洋的情况，也可显示古暴露期陆源 ^{87}Sr 注入海洋的程度。由此可见，$^{87}Sr/^{86}Sr$ 比值的低值异常可显示幔源 Sr 供给量增多，意味着火山喷发活动强烈而频繁，而高值异常则说明海平面下降、大陆风化作用增强和陆源 ^{87}Sr 输入量增多。由于 ^{87}Sr 与 ^{86}Sr 的质量差很小，碳酸盐矿物沉淀时 Sr 同位素的分馏效应可忽略不计，可直接由海水的 $^{87}Sr/^{86}Sr$ 比值决定碳酸盐矿物的 Sr 同位素组成特征，且成岩蚀变作用对 Sr 同位素分馏效应的影响也很小，因而在对古海洋原始信息保存较好的海相碳酸盐岩中，$^{87}Sr/^{86}Sr$ 比值的变化趋势不仅可用于精确描述火山喷发活动和幔源 Sr 的供给状况，也可用于反演海平面升降变化过程，以及反映大陆风化作用的强度。

华蓥山涧水沟剖面 17 件样品的分析结果(表 5-30)表明，除了 8 小层中部的 Ht2 样品的 $^{87}Sr/^{86}Sr$ 比值因异常高(0.719883)而不参与统计及 4 小层顶部的 HP3 样品无分析结果之外，其余 15 件样品的 $^{87}Sr/^{86}Sr$ 比值均分布在 0.703027～0.708595，平均值为 0.706392。与其他研究者的数据[如黄思静等(2008)厘定的重庆中梁山地区的 $^{87}Sr/^{86}Sr$ 比值平均值为 0.707140，Korte 等(2003)公布的意大利西西里岛 PTB 界线地层的 $^{87}Sr/^{86}Sr$ 比值平均值为 0.707385，Korte 等(2006)公布的全球 PTB 界线处铰腕足壳化石的 $^{87}Sr/^{86}Sr$ 比值平均值为 0.707150 以及 McArthur 等(2001)在 Sr 同位素地层拟合曲线中计算出的 0.707500]相比较，华蓥山涧水沟剖面海相碳酸盐岩样品的 $^{87}Sr/^{86}Sr$ 比值平均值偏小且变化范围明显偏大，并显著小于当时的全球海水背景值(McArthur et al.，2001)，因此很难对华蓥山涧水沟剖面 PTB 界线地层的 Sr 同位素地层效应做出合理的解释。但如果与周瑶琪等(1990)对浙江长兴煤山剖面 PTB 界线处由火山碎屑蚀变而成的黏土层的测定结果($^{87}Sr/^{86}Sr$ 比值为 0.703840)相比较，华蓥山涧水沟剖面海相碳酸盐岩的 Sr 同位素平均值又明显偏大。以上反映出该剖面的 Sr 同位素演化趋势虽然受多种因素控制，但交叉发生的火山喷发作用和大陆风化作用为主导控制因素。本书研究虽然在华蓥山涧水沟剖面采集到的样品数量较为有限，但这些样品的可靠性和代表性较好，其分析结果非常清晰地显示出了 PTB 界线剖面的 Sr 同位素演化过程。从总体上看，该剖面的 Sr 同位素演化特征及控制因素的变化有如下几个显著特点。

(1)晚二叠世晚期(2 小层至 3 小层中部)，$^{87}Sr/^{86}Sr$ 比值在急剧负偏移并减小到最小值(0.703027)后，于晚二叠世末期至早三叠世早期(3 小层顶部至 12 小层中部)，以具有较大波动范围的方式持续正偏移(图 5-40)，其总的演化趋势与黄思静等(2008)和 McArthur 等(2001)及 Korte 等(2003)提出的晚二叠世晚期至早三叠世早期的 Sr 同位素地层正偏移演化趋势相似。不过有两点需要特别指出：一是该剖面于晚二叠世晚期出现的最小值(0.703027)比周瑶琪等(1990)测定的浙江长兴煤山剖面 PTB 界线处黏土层初始 $^{87}Sr/^{86}Sr$ 比值(0.703840)略小；二是该最小值出现的位置与 McArthur 等(2001)得出的位置(时间大约为 258Ma)，或与 Korte 等(2003)确定的位置(时间大约为 261Ma)是否相当，是一个值得继续深入研究的科学问题。

(2)按海相碳酸盐岩 Sr 同位素的可靠性和代表性评估标准，本书研究所采集和测定的样品的实际分析结果是：其 Sr 同位素地层演化曲线变化趋势(图 5-40)虽然与 McArthur 等(2001)和 Korte 等(2003)及黄思静等(2008)提出的 P—T 之交 Sr 同位素地层演化曲线变化趋势具有相似性，但在具体的数据上差异很大(表 5-30)，其中显著差异在于大部分样品的 $^{87}Sr/^{86}Sr$ 比值远小于 Sr 同位素地层演化曲线中的理想值(0.707140～0.707150)[黄思静等(2008)]，部分样品与 PTB 界线处由火山碎屑蚀变而成的黏土层的初始 $^{87}Sr/^{86}Sr$ 比值(0.703840)(周瑶琪等，1990)相接近，但个别样品异常地远大于 PTB 界线处的 $^{87}Sr/^{86}Sr$ 比值平均值。有意思的是，在 Sr 同位素演化曲线上，负偏移的低值与正偏移的高值不仅交替出现，而且正偏移的高值往往对应于海平面大幅度下降的暴露期，因此，不难确定 PTB 界线附近频繁发生的火山喷发活动和交替进行的海平面大幅度下降所引起的大陆风化作用的增强，以及华蓥山涧水沟剖面距离大陆风化源相对较近等因素，是控制该剖面PTB 界线地层海相碳酸盐岩 Sr 同位素组成和异常演化特征的主要因素，特别是 PTB 界线地层附近的 $^{87}Sr/^{86}Sr$ 比值明显小于重庆中梁山地区和全球的其他地区，这进一步表明火山喷发供给的富含 ^{86}Sr 的幔源 Sr 是造成 Sr 同位素负偏移的主导因素。

（3）对应PTB 界线地层的生物富集期、生物灭绝期和生物萧条期各演化阶段（图5-40），Sr 同位素演化过程如下。

①对应生物富集期（2～3 小层），$^{87}Sr/^{86}Sr$ 比值分布在 0.703027～0.707061，其中0.703027 是整个 PTB 界线剖面的最小值，平均值为 0.705044，远小于重庆中梁山地区和国际上已公布的 PTB 界线地层 $^{87}Sr/^{86}Sr$ 比值平均值（0.707140～0.707150）［黄思静等（2008）］，然而却明显大于浙江长兴煤山剖面 PTB 界线处黏土层的初始 $^{87}Sr/^{86}Sr$ 比值（0.703840）［周瑶琪等（1990）］。$^{87}Sr/^{86}Sr$ 比值偏小，被认为与火山在喷发过程中向海洋注入大量富含 ^{86}Sr 的幔源 Sr 有关，这可从广元羊木镇龙凤剖面和重庆中梁山尖刀山剖面生物衰减期的地层夹有多层沉凝灰岩中得到证实。

②由于缺失生物衰减期的沉积记录，超覆在生物富集层之上的地层直接对应于生物灭绝期的早、中期（4～8 小层），$^{87}Sr/^{86}Sr$ 比值分布在 0.707043～0.707172，平均值为 0.706441（不包括 8 小层 Ht2 样品的极高值异常），仍小于重庆中梁山地区和国际上已公布的平均值，但其中有 2 件样品的 $^{87}Sr/^{86}Sr$ 比值与重庆中梁山地区基本一致。在垂向剖面上，$^{87}Sr/^{86}Sr$ 比值由 4 小层中部的 0.707043 向上平稳地低幅正偏移加大至 8 小层下部的 0.707172，但在 8 小层中部骤然加大为极高的 0.719883。由于该小层上部主要为一套同生期被大气水强烈淋滤改造、成岩期黄铁矿化而成的风化残积型黄铁矿质生屑灰岩，其极大的 $^{87}Sr/^{86}Sr$ 比值被认为与同生期在频繁的暴露和增强的大陆风化作用过程中其被富含陆源 ^{87}Sr 的成岩流体交代有关。此特征与该阶段在海退旋回晚期有频繁的暴露和强烈的侵蚀作用相适应。

③对应生物灭绝期的晚期（9 小层），$^{87}Sr/^{86}Sr$ 比值分布在 0.703626～0.707489，具有较大幅度且交替发生的正偏移与负偏移，但其平均值（0.706769）依然小于重庆中梁山地区和国际上已公布的平均值，这是因为该阶段频繁发生的火山喷发活动和交替进行的暴露侵蚀作用仍然是控制 Sr 同位素正、负偏移交替演化的主要因素，特别是该阶段岩层顶部残积灰岩碎块的 Sr 同位素有较大幅度的正偏移，并恰好对应于海平面下降至最低点时的位置，这与陆源 ^{87}Sr 供给量急剧增多有关。而个别采自渗滤豆层的样品却出现异常的负偏移低值，这与渗滤豆层发育在凝灰质组分构成的基质中，且在大气水淋滤凝灰质组分和渗滤豆形成过程中，有充足的富含 ^{86}Sr 的幔源 Sr 供给有关。

④对应生物萧条期（10～12 小层），$^{87}Sr/^{86}Sr$ 比值分布在 0.703336～0.708595，仍具有交替式的负偏移低值与正偏移高值的大幅度变化范围，平均值为 0.705788，依然明显小于重庆中梁山地区和国际上已公布的平均值。基于该时期仍存在全球性强烈火山喷发活动的后续影响，间歇性供给的富含 ^{86}Sr 的幔源 Sr 仍可形成负偏移的低 $^{87}Sr/^{86}Sr$ 比值，同时又受到快速海侵和富含 ^{87}Sr 的陆源泥质组分间歇性注入量较大的影响，又可形成正偏移的较高 $^{87}Sr/^{86}Sr$ 比值。因此，相当于生物萧条期的飞仙关组一段灰岩的 Sr 同位素组成仍具有较大的正、负偏移交替式变化范围，但在总体上仍以正偏移演化趋势为主，这与早三叠世重庆中梁山地区（黄思静等，2008）乃至全球性（Korte et al.，2003）的 $^{87}Sr/^{86}Sr$ 比值持续增

大的演化趋势是相一致的。

综上所述，华蓥山涧水沟剖面 PTB 界线地层记录和保存了较多和较好的古海洋信息，其 $^{87}Sr/^{86}Sr$ 比值变化范围异常大，这显然与上扬子海 P—T 之交广泛发育的火山喷发事件和海平面频繁大幅度下降引起的暴露和侵蚀作用，以及陆源 ^{87}Sr 组分间歇性注入量较大等多因素的复合控制有关。但这一复合控制作用是阶段性的，如在 P—T 之交正常和较正常海洋环境的沉积期(生物富集期，1～3 小层)，$^{87}Sr/^{86}Sr$ 比值的变化主要受正常海洋环境控制，其受火山喷发的影响相对较小，因而该比值虽然小于重庆中梁山地区和国际上已公布的 PTB 界线地层 $^{87}Sr/^{86}Sr$ 比值，但仍较为接近；在火山喷发作用强烈而频繁的动荡海异常沉积期(生物灭绝期，4～9 小层)，火山物质增多的部位出现了异常小的 $^{87}Sr/^{86}Sr$ 比值，同时又受到多次海平面大幅度下降引起的广泛暴露和强烈侵蚀作用影响，以及陆源 ^{87}Sr 供给量间歇性增多，出现了异常高的 $^{87}Sr/^{86}Sr$ 比值，致使该阶段 Sr 同位素演化出现大幅度正、负偏移交替进行的变化异常；而在有快速海侵的文石海沉积期(生物萧条期，10～12 小层)，因受到全球性强烈火山喷发活动的后续影响，以及陆源泥质组分间歇性注入量较大的影响，故继续出现 $^{87}Sr/^{86}Sr$ 比值的异常低值与异常高值交替式变化现象。显然，频繁的火山喷发活动带来的幔源 ^{86}Sr 组分，以及海平面间歇性大幅度下降引起的暴露侵蚀作用和陆源 ^{87}Sr 组分间歇性交替注入的延续性(或惯性)，仍然是上扬子地区早三叠世早期海洋 Sr 同位素演化特征的复合控制因素。

第六章　上扬子地区 P—T 之交地质事件相互关系与生物大灭绝事件原因探索

第一节　P—T 之交重大地质事件相互关系

综前所述，上扬子地区于 P—T 之交发生了一系列重大地质事件，可识别的事件主要有：火山喷发事件、海底热液喷流-沉积事件、海平面下降事件、生物大灭绝事件和地球化学事件等，其中以 P—T 之交发生的生物大灭绝事件最引人注目。显生宙以来地球在生物演化历史中曾发生过多次生物灭绝事件，其中 P—T 之交发生的生物灭绝事件的规模最大，学界对这次生物大灭绝事件的原因长期以来争论不休，该事件已成为当前地球科学和古生物研究领域中最被热烈讨论的重大科学问题之一，也是当今环境科学领域中最被热议的问题之一。在有关 P—T 之交生物大灭绝事件原因的研究成果中，殷鸿福于 1989 年提出的"火山作用是引起 P—T 之交生物大灭绝事件主要原因"的观点，已在国内外学术界被大多数研究者逐渐接受并成为主流观点，他同时指出"火山喷发活动的灭绝效应并不与其他灭绝因素互相排斥""火山喷发活动独自不能造成自晚二叠世即开始的许多重要生物门类的衰亡趋势，这趋势是生物内因与长期的地内、地外因素联合作用的结果"。就本书所测量的三条 PTB 界线的地层剖面而言，在所得到的相关信息中最为重要且最值得深思的是，P—T 之交各项重大地质事件其发生和演化过程不仅具有良好的时间对应性和同步演化特点，而且相互之间有着极为密切的内在联系，其中以火山喷发事件为主要策动力的各种地内因素是造成 P—T 之交发生一系列重大地质事件的主要原因，即包括 P—T 之交所发生的生物大灭绝事件在内，这些事件都是以火山喷发事件为主导因素的一系列重大地质事件综合效应的结果。广元羊木镇龙凤剖面、华蓥山涧水沟剖面和重庆中梁山尖刀山剖面三个 PTB 界线地层剖面提供的 P—T 之交的地质信息有如下几个显著特点。

(1)均发育有数层能反映有频繁火山喷发作用的凝灰岩夹层。

(2)广元羊木镇龙凤剖面火山凝灰岩的发育层数最多、保存最好且特征最为明显，具有研究 P—T 之交火山喷发活动规律、沉积地质环境、古生物及地球化学事件等的基础地质条件。

(3)与剑阁上寺剖面和浙江长兴煤山剖面相比较，具备深水相连续沉积过程地质记录的广元羊木镇龙凤剖面，在古环境和地球化学特征等方面的研究条件更为优越，因而本书以广元羊木镇龙凤剖面为重点，讨论 P—T 之交各种与地内因素相关的重大地质事件的相互关系，其中重点讨论火山喷发事件与其他事件的关系。

在上述研究的基础上，进一步探索生物大灭绝事件的原因，可取得一些更具有说服力的素材和证据。

一、板块构造运动与火山喷发事件的关系

东古特提斯洋板块与潘吉亚大陆西南缘的陆-陆碰撞（王曼等，2018）、东古特提斯洋板块与潘吉亚大陆西北缘的洋-陆碰撞（徐义刚等，2017），或泛太平洋板块与潘吉亚大陆东缘的洋-陆碰撞（殷鸿福等，1989）等板块构造运动，引发了区域性甚至全球性大规模的火山喷发活动。火山喷发活动不仅于扬子区、华南区及西西伯利亚广泛发育，而且沿欧亚板块南缘的西特提斯洋边缘的一些 P—T 界线连续或接近连续的著名剖面中也都发育有广泛的火山喷发活动，如伊朗的 Abadeh 剖面、Elburz 山脉东部的 Gheshlagh 剖面、Kuh-e-Ali-Bashi 剖面和外高加索的 Dorasham 剖面，甚至南阿尔卑斯 Casera Federata 剖面中上二叠统神螺灰岩与下三叠统维尔芬组之间的 P—T 界线上也都发育有与火山喷发活动密切相关的黏土层（殷鸿福等，1989）。很显然，P—T 之交由大规模板块拼合和裂陷等构造运动所导致的火山喷发事件具有全球性特征，因而 P—T 之交由全球性火山喷发所引发的相关重大地质事件和地球系统生物大灭绝等灾难性事件无疑也都带有全球性色彩。需要指出的是，由板块构造运动引发的全球性火山喷发活动带给地球系统的灾难性事件，包括物理的、化学的和生物的三个方面，其中物理方面主要表现为渐强渐频的火山喷发产生了尘雾，而尘雾持久性蔽光效应引起了气候变化和海平面的升、降旋回；化学方面主要表现为大气圈和水圈的物质组分和环境发生变化；生物方面主要表现为生物生存环境被污染与恶化，生态系统崩溃，最终发生生物大灭绝等灾难性事件。因此，可以认为板块构造运动引发的全球性大规模火山喷发活动的内动力地质作用，是导致 P—T 之交发生一系列重大地质事件的主要原因。

二、海底热液喷流-沉积事件与火山喷发事件的关系

中、晚二叠世特别是晚二叠世上扬子地区的海底热液喷流-沉积作用非常活跃，发生了包括硅质热液和白云质热液两种类型的海底热液喷流-沉积事件，其中以海底硅质热液喷流-沉积事件最为重要，其被称为"晚二叠世硅质沉积事件"。在广元羊木镇龙凤剖面的上二叠统地层中，可识别出两个期次的硅质沉积事件，其中早期的海底硅质热液喷流-沉积事件发生在吴家坪组下部，主要表现为大套的暗色放射虫硅质岩夹薄层状黑色页岩和泥灰岩组合，层位与区域上峨眉山玄武岩相当。据李凤杰等（2010）和周新平等（2012）的研究，硅质岩中某些微量元素的地球化学特征与峨眉山玄武岩相似，二者存在亲缘关系，因而吴家坪组下部的海底硅质热液喷流-沉积事件被认为与峨眉山玄武岩喷发活动密切相关；晚期的海底硅质热液喷流-沉积事件发生在大隆组下部，主要表现为大套的暗色薄状层放射虫硅质岩与灰白色薄-中层状沉凝灰岩和深灰色泥质灰岩的互层组合，也夹有薄层状黑色页岩。依据该期次热液喷流-沉积硅质岩与部分沉凝灰岩相间互层发育的地质产状特征，以及硅质岩中微量元素的丰度和组合类型，特别是深源气液型组合的元素含量值普遍大于克拉克值，而且硅质岩与沉凝灰岩在微量元素组成特征上具有很强的相似性等特征，可证明广元羊木镇龙凤剖面大隆组硅质岩的硅质组分主要来源于地壳深部岩浆活动衍生的火山热液，海底硅质热液的喷流-沉积作用与火山喷发-沉积作用实际上为同期火山活动的孪

生物。需要指出的是，P—T 之交龙门山北段西北缘伸展的被动大陆边缘盆地发育有众多同沉积活动频繁的断裂，且沉积盆地的构造拉张、裂陷和差异升降活动并存，沿同沉积断裂带海底热液喷流活动和火山喷发活动强烈这一内动力机制，以含矿热液和火山喷发的方式将地壳深处的物质带到海底就近沉积下来，从而形成硅质热液沉积岩和沉凝灰岩相间互层发育的孪生地质体。

三、海平面下降事件与火山喷发事件的关系

由于 P—T 之交全球性火山喷发的规模大，持续时间长，所产生的蔽光效应远比地外星体撞击地球时所产生的强烈得多。因而导致太阳辐射量在较长时间内持续大幅度减少，产生气温急剧下降的冰室效应(殷鸿福等，1989)，造成水圈中的水体大规模向地球南、北两极冰川和高山冰川巨量聚集，使海平面大幅度且多期次下降，进而对生物生存环境带来一系列影响，包括气候寒冷、生物的生存空间急剧缩小和生态环境恶化，以至于生态环境已不再适合极大部分海洋生物和大陆生物生存。此外，大幅度的海平面下降不仅扩大了陆地面积，增强了大陆风化作用，同时也将地表巨量的营养盐输送至海洋，引发海洋水体富营养化和酸化，进而导致海水缺氧、透光性降低、酸度加大等生物生存环境恶化问题，危及海洋钙质壳生物的生存，造成海洋生物大规模死亡(殷鸿福等，1989；肖益林等，2018)。

1. 广元羊木镇龙凤剖面火山喷发事件

在广元羊木镇龙凤 PTB 界线剖面(图 3-15)中，从火山喷发形成的沉凝灰岩及其岩性组合和沉积序列来看，P—T 之交发生的海平面下降事件与火山喷发事件存在如下几个同步演化的关系。

(1)大隆组下部岩性段和中部岩性段下部地层，自下而上发育的是一套连续沉积的暗色薄层状碳质放射虫硅质岩夹碳质页岩组合，具有低幅海侵沉积序列，目前尚未发现在海侵过程中有火山喷发活动的迹象。

(2)大隆组中部岩性段的中下部地层中，先出现的是灰白色沉凝灰岩与暗色硅质岩和碳质页岩、泥灰岩等细粒度岩交替沉积的薄互层组合，向上逐渐过渡为薄-中层状碳硅质灰岩、泥质灰岩、碳硅质页岩与沉凝灰岩互层组合，组成深水盆地向台地前缘斜坡带下部迁移的海退沉积旋回。海退沉积旋回中沉凝灰岩的出现，意味着该剖面上二叠统大隆组中部岩性段的中下部开始进入火山喷发活动周期，并伴随有第一次海平面下降事件。

(3)大隆组中部岩性段的中上部地层，由薄-中层状碳硅质微晶灰岩、含硅质泥灰岩与沉凝灰岩互层组合向上过渡为薄-中层状泥-微晶灰岩与灰白色沉凝灰岩互层组合，组成台地前缘斜坡带下部向台地前缘斜坡带上部迁移的海退沉积旋回。在海退沉积旋回中，自下而上出现沉凝灰岩与泥灰岩逐渐增多而硅质岩逐渐减少的变化趋势，表明火山喷发趋于强度和频度增大，并伴随有幅度逐渐加大的第二次海平面下降事件。

(4)大隆组上部岩性段，主要由下部暗色薄-中层状泥灰岩、泥质灰岩和中-厚层状含硅质或凝灰质泥-微晶灰岩与灰白色薄-中层状灰白色沉凝灰岩不等厚互层组合向上逐渐过渡为中、上部的中-厚层状碳硅质或含凝灰质泥灰岩、泥质微晶灰岩与薄层状沉凝灰岩

互层组合，组成台地前缘斜坡带下部向台地前缘斜坡带上部迁移的大幅度海退沉积旋回。同时，旋回底部出现厚层状凝灰质砾屑灰岩，旋回中沉凝灰岩的密度加大，表明该旋回发生在构造活动和火山喷发活动更为强烈且台地前缘斜坡带沉积坡度变陡的背景中，与之相伴随的是海退幅度更大的第三次海平面下降事件。

(5) 大隆组顶部岩性段，由薄-中层状含硅质泥灰岩与灰白色薄层状沉凝灰岩互层组合，向上逐渐过渡为暗色薄层状泥质微晶灰岩和中-厚层状含硅质泥-微晶灰岩，组成台地前缘斜坡带下部向台地前缘斜坡带上部迁移的大幅度海退沉积旋回。旋回中沉凝灰岩的厚度减薄、发育频度降低，以及位于旋回晚期的台地前缘斜坡带上部进一步变浅，顶部被快速海侵沉积的飞仙关组一段底部暗紫灰色薄层状泥质灰岩连续沉积超覆，表明该阶段火山喷发活动虽然已趋于衰竭和消亡，但与之相伴随的第四次海平面下降事件的海退幅度更大。

综上所述，上扬子地区于大隆组中-晚期(或长兴阶早-中期)发生的四个次级海平面下降事件与四个火山喷发旋回有良好的对应关系，由四个次级海平面下降事件叠加组成大幅度海退总趋势与先渐强渐频，后趋于衰竭和消亡的火山喷发旋回基本同步的演化过程。显然，海平面下降事件与火山喷发旋回在成因上有着密不可分的内在联系。

2. 华蓥山涧水沟剖面海平面下降与火山喷发事件

在华蓥山涧水沟 PTB 界线剖面(图 3-65)中，从 3 小层顶部的第一个古暴露面开始，至 9 小层顶部的第三个古暴露面，伴随着每一次海平面下降，都有渐趋加厚的火山凝灰物质沉积层出现。有意思的是，四个次级区域性海退旋回与四个火山喷发旋回不仅相对应，而且其早、中期渐强渐频而晚期趋于衰竭的火山喷发活动过程，与海退旋回过程也是相对应的，特别是在 9 小层顶部由沉凝灰质组分蚀变而成的残积泥岩(古土壤层)的风化壳中，还发育有渗滤豆层，类似的情况也出现在重庆中梁山尖刀山剖面(图 3-75)中，这进一步显示了火山喷发活动与海平面下降事件在成因上存在密不可分的同步演化特点。

3. 海平面下降与火山喷发事件的关系

海平面大幅度下降，被认为与板块构造运动引发的全球性大规模火山喷发活动有关。如以广元羊木镇龙凤剖面为代表的上扬子地区的火山喷发事件，不仅是多期次和高强度的，而且持续时间很长，几乎贯穿了整个大隆组漫长而连续的沉积过程。在这一漫长过程中所发生的火山尘雾蔽光效应，不是地外星体撞击地球时的瞬间反应所能比拟的，火山喷发活动不仅可将巨量的地球深源物质带入海洋，造成生物生态环境的污染和恶化，更重要的是其远强于地外星体撞击地球时造成的蔽光效应，可形成更大幅度和更长时间的气温连续下降的冰室效应，而长时间持续发生的冰室效应会造成地球水圈中相当一部分水体于南、北两极和高山地区巨量聚集并形成冰川，进而造成全球性的海平面不断大幅度下降。由此可见，上扬子地区晚二叠世频繁的火山喷发活动不仅造成海洋生物生态环境的污染、恶化和生态系统崩溃，而且多期次火山喷发形成的多次火山尘雾蔽光效应，以及由火山尘雾蔽光效应所引发的多次长时间持续发生的冰室效应，应该是造成上扬子地区乃至包括整个扬子区和华南区在内的全球性多期次海平面大幅度下降的主要原因。

四、生物大灭绝事件与火山喷发事件的关系

综前所述，上扬子地区 P—T 之交的生物大灭绝事件并不是一蹴而就的，而是受火山喷发事件所控制的众多相关重大地质事件综合作用的结果，是一个渐变的过程。按生物的生态类型、保存状况和属种数量分布，上扬子地区于 P—T 之交发生的生物大灭绝过程可被划分为连续演化的四个阶段，即生物富集期、生物衰减期、生物灭绝期和生物萧条期，并且这四个阶段的生物演化和大灭绝过程与渐强渐频、最终衰竭和消亡的四个火山喷发旋回以及由火山喷发活动所造成的海平面多期次大幅度下降事件有明显相对应的同步演化关系。生物演化各阶段与火山喷发事件有如下关系。

1. 生物富集期

该生物演化阶段对应于相对较稳定的火山喷发旋回 I 和第一次海平面下降事件，由于刚开始的火山喷发活动和海平面下降事件对生态环境的影响较有限，大部分生物尚能继续生存和繁衍，仅有些对生态环境要求高的生物(如造礁生物和附礁生物)其门类、属种开始明显减少。

2. 生物衰减期

该生物演化阶段对应于火山喷发活动逐渐增强的火山喷发旋回 II 和最为强烈的火山喷发旋回 III，以及海平面下降幅度明显加大的第二次和第三次海平面下降事件。在这一时期，由于火山喷发作用增强，输入海洋的有害物质迅速增加，海域范围大面积缩小，生态环境开始受到重创，大部分生物发生大规模集群死亡，生物的门类、属种和数量都急剧衰减，生物趋于消亡。例如，在广元羊木镇龙凤剖面于该时期火山喷发旋回中形成的多个沉凝灰岩层面上，频繁出现保存完整和密集分布的菊石化石，而大部分菊石化石具有相互重叠(图 3-4、图 3-52 和图 3-55)且缺乏搬运改造和原地死亡与快速埋藏的生态特征，显示出该时期海洋已进入生态环境被强烈污染、恶化和海洋生物大规模集群死亡及原地快速埋藏阶段；又如，重庆中梁山尖刀山剖面于该时期喷发形成的沉凝灰岩中出现密集成团分布的小个体三叶虫、腕足类、双壳类和海百合化石(图 3-79 和图 3-80)，也显示出受生态环境被强烈污染、恶化的影响，大量生物原地集群死亡和快速埋藏的生态特征。

3. 生物灭绝期

该生物演化阶段对应于火山喷发活动逐渐衰减并趋于消亡的火山喷发旋回 IV，以及海平面下降至最低点位置的第四次海平面下降事件。这一时期火山喷发活动虽然明显减弱，但前几期强烈的火山喷发作用已对生态环境造成重创，且海平面下降至最低点位置时造成海洋生物生存空间急剧减小和环境极端恶化，导致海洋生物生态系统完全崩溃，进而造成极大部分海洋生物大规模集群死亡而发生大灭绝事件。在越过 PTB(B)界线的地层中，所能见到的生物化石仅仅为数量很少的二叠纪型小个体腕足类、双壳类、海百合和薄壳型介形虫及有孔虫与菌藻类化石。

4. 生物萧条期

　　该时期虽然火山喷发活动已完全停息，海平面也由大幅度连续下降折向快速上升，并引发了广泛而迅速的海侵，但因受前几期生态环境极端恶化的累积效应影响，整个海洋仍处于生物大灭绝事件延续期，地层中除含有少量的牙形刺化石之外，基本上不含有任何肉眼和在光学显微镜下可见的生物化石，因此，根据该阶段的生物演化特征判断，该阶段是生物生命活动处于寂静的萧条期。

五、地球化学事件与火山喷发事件的关系

　　渐强渐频的火山喷发作用，不断地向水圈和大气圈输送来自地壳深部的固态、液态和气态等物质，其中相当多的一部分为有害物质，这些有害物质会对生物生存环境造成一系列强烈污染和恶化的地球化学事件。例如，由火山喷发输入海洋的巨量火山碎屑物质在水解过程中，可引发海水富营养化、酸化，进而导致海水缺氧、海水透光性降低、Ca 元素溶解度加大等，危及海洋钙质生物的生存环境；又如，火山喷发过程中的大规模放气作用，会造成巨量的 CO_2、H_2S 和 CH_4 等有害气体进入水圈和大气圈，强烈影响气候，造成海水化学成分变化及水体酸化，导致海洋中钙质生物的钙化率迅速降低，重创生物生存的生态环境(Gao et al.，1993；王鑫等，2010)，致使钙质的浮游微生物及浅水底栖生物难以生存和繁衍(McLean，1985)；再如，海洋水体酸化会对非钙质动物的呼吸作用及植物的光合作用等产生不利影响，导致古海洋生物的生态系统和生物链的平衡遭到强烈破坏，从而致使生物大规模死亡并灭绝(陈雄文和高坤山，2003；Zhang et al.，2012)；此外，伴随着火山喷发，巨量的 H_2S 和 CH_4 等气体进入海洋水体并发生燃烧，所产生的巨量 CO_2 往往可直接进入海洋水体，造成生物生存环境极端贫氧、酸化和毒化，致使生物大规模死亡(Retallack et al.，2006)。

　　如上所述，P—T 之交火山喷发作用给地球系统带来的地球化学事件与生物的生存环境恶化及生物大规模集群死亡并灭绝等灾难性事件都有密切联系，在本书研究测量的三个PTB 界线剖面中，与火山喷发活动密切相关的地球化学事件表现为如下几个方面。

(一)沉凝灰岩地球化学特征与火山喷发和海退事件的关系

　　对应于渐强渐频的火山喷发活动和巨量的火山物质脉动性地输入海洋，于 P—T 之交沉积的沉凝灰岩主要表现为某些常量元素和微量元素的丰度发生异常但有规律的变化，其地球化学特征与环境之间的关系有如下几种表现形式。

1. 元素丰度与火山喷发和海平面下降事件的关系

　　剖面中以 Fe、Mn 为代表的常量元素和以 Sr 为代表的微量元素的丰度变化，分别对应于幅度渐趋加大的海平面下降事件和渐强渐频的火山喷发事件，自下而上呈现出脉动性递增的变化趋势(图 5-37 和图 5-38)。当海平面下降至最低点位置即相当于 PTB(R) 界线位置时，Fe、Mn、Sr 元素丰度处于相对高值区，而在越过 PTB(R) 界线之后的较长时间内，这几个常量元素和微量元素的丰度处于相对稳定的次高值区，显示出渐强渐频的火山

喷发和海平面下降过程，是一些常量元素与微量元素富集的过程，这主要与渐强渐频的火山喷发活动和大陆风化作用的物质供给量增多有关。

2. 火山喷发和海退事件的地球化学响应

1) 沉积环境古氧相与火山喷发和海退事件的关系

由沉凝灰岩的 U/Th 比值和 ΔU 值，以及 V/Cr 比值、Co/Ni 比值等判别标志构成的古氧相分析结果(表 5-7～表 5-9)都非常一致地显示，大隆组早期沉凝灰岩的沉积作用发生在深海底相对缺氧的还原环境中，而中、晚期的沉积作用依次发生在次富氧和富氧的氧化环境中。这一沉积环境含氧量逐渐增多的变化趋势，与渐强渐频的火山喷发旋回和幅度渐趋加大的海退旋回变化趋势是一致的，这应该与 P—T 之交渐强渐频的火山喷发活动提供了动力源，并驱动了逐渐变浅的海域表层富氧水体循环对流和进入深海底，于深海底形成间歇性的氧化环境有关。

2) 沉积环境古盐度与火山喷发和海退事件的关系

沉凝灰岩 Sr/Ba 比值的古盐度分析结果(表 5-10)显示，海洋水体盐度逐渐变淡、水深趋于变浅与气候渐趋变冷的演化过程是同步进行的，并且可较好地对应于火山喷发旋回和海退旋回过程。水体古盐度与火山喷发旋回和海退旋回同步演化，显然与晚二叠世晚期全球性渐强渐频的火山喷发活动期的火山尘雾蔽光效应所造成的气候变冷、海平面大幅度下降和河水注入量增多等一系列连锁反应有密切的联系。

3) 沉积环境水深与火山喷发和海退事件的关系

利用 MnO/TiO_2 比值法(表 5-11)和 Mo、Co、Cu、Mn、Pb、Ba、Ce、Pr、Nd 等特征元素丰度法(Nicholls et al.，1967)对沉凝灰岩的古水深进行分析，结果表明，上扬子地区古海域的水深具有明显的由深变浅的变化趋势，这也与渐强渐频的火山喷发旋回和幅度渐趋加大的海退旋回相一致。

4) 古气候与火山喷发和海退事件的关系

利用沉凝灰岩 Rb/Sr 比值法对古气候进行分析(表 5-12)，结果表明，上扬子地区的古气候具有由温热经次温热向湿冷转化的演化趋势，这与火山喷发旋回和海退旋回是相一致的，说明渐强渐频的火山喷发所引起的持久性火山尘雾蔽光作用及冰室效应所造成的古气温下降，是造成古气候由温热经次温热向湿冷转化的主要原因。

5) 海洋营养元素的来源与火山喷发和海退事件的关系

根据各类细粒暗色沉积岩的 Fe、P、Cu、Zn 等营养元素的丰度明显高于正常海相沉积岩(表 5-19 和表 5-20)的现象，以及剖面上营养元素含量的变化规律与海底热液喷流活动和火山喷发韵律(或喷发旋回)高度一致(图 5-39)，但与海退旋回之间无明显相关性等特征，可以判断海洋营养元素主要来自火山喷发期的地壳深部物质，其次为海底热液喷流活动带出的壳源物质，而大陆风化作用提供的陆源营养元素非常有限。

(二)碳酸盐岩 C、O、Sr 同位素地球化学特征与火山喷发事件的关系

对应火山喷发旋回和海退旋回，C、O、Sr 稳定同位素的地球化学特征也有良好的沉积学响应，这三种稳定同位素的演化与火山喷发事件和海平面下降事件的关系如下。

1. C 同位素演化与火山喷发和海平面下降事件的关系

以华蓥山涧水沟剖面的 C 同位素分析结果（表 5-30）为例，上扬子地区 P—T 之交 C 同位素演化过程中的负偏移事件与火山喷发和海平面下降事件有良好的对应关系，且有如下几个显著的特点。

（1）在 P—T 之交发生的三次 C 同位素负偏移事件，明显对应于上扬子地区 P—T 之交的海平面变化过程（图 5-40），其中第一次负偏移事件对应于第一次海平面下降事件，第二次负偏移事件对应于第二次和第三次叠加的海平面下降事件及其所形成的 PTB（B）界线，第三次负偏移事件对应于第四次海平面下降事件及其所形成的 PTB（R）界线。

（2）三次 C 同位素负偏移与渐强渐频的火山喷发旋回和幅度渐趋加大的海退旋回完全相一致。

（3）在涧水沟剖面 P—T 之交发生的三次 C 同位素负偏移事件，与浙江长兴煤山"金钉子"剖面于 PTB 界线附近碳酸盐岩地层中的 C 同位素负偏移事件在显示的方式上虽然不尽相同，在时间上也不连续，但在 C 同位素负偏移至低点位置的时间节点上具有可对比性（图 5-41）。

2. O 同位素演化与火山喷发事件的关系

O 同位素演化具有与 C 同位素相似和同步的三次不连续的负偏移变化过程（表 5-31 和图 5-40）。有意思的是，如同 C 同位素，对应于 P—T 之交三次 O 同位素负偏移事件所反演的上扬子地区古海洋海平面大幅度下降至最低点位置的变化过程，以及与三个渐强渐频的火山喷发旋回和幅度渐趋加大的海退旋回。

3. Sr 同位素演化与火山喷发事件的关系

Sr 同位素演化受多种因素控制（表 5-31 和图 5-40），比较复杂，但其在演化过程中具有对应火山喷发作用强烈时出现明显的高 Sr 丰度和 $^{87}Sr/^{86}Sr$ 比值负偏移异常的显著特点，表明伴随火山喷发过程，有大量幔源 ^{86}Sr 被带入海洋，由此可确定火山喷发作用是造成 P—T 之交沉积的碳酸盐岩高 Sr 丰度和低 $^{87}Sr/^{86}Sr$ 比值异常的主要因素。对应于海平面下降至最低点位置时，出现间歇的 $^{87}Sr/^{86}Sr$ 比值大幅度正偏移，表明海平面大幅度下降时造成了古陆面积扩大和暴露侵蚀作用增强，而陆源 ^{87}Sr 向海洋的注入量增多是造成碳酸盐岩 $^{87}Sr/^{86}Sr$ 比值增大的主要原因。由此可见，Sr 同位素演化与 C、O 同位素演化趋势既有相似性，也有差异性。相似性表现为对应于渐强渐频的火山喷发旋回中，出现了 Sr 同位素负偏移；差异性表现为对应于海退旋回中海平面下降至最低点位置的暴露期，出现了 Sr 同位素间歇性正偏移。因此，在火山频繁喷发事件及其所引发的海平面多期次大幅度下降事件中，出现了 Sr 同位素大幅度正偏移和负偏移交叉进行的演化特点。

综上所述，上扬子地区于 P—T 之交所发生的各种常量元素和微量元素阶段性和脉动式异常富集过程，以及 C、O、Sr 同位素规律性负偏移或 Sr 同位素间歇性正偏移与负偏移交叉进行等各种地球化学事件，与四个渐强渐频的火山喷发旋回和由火山喷发作用所引发的幅度渐趋加大的多期次海退旋回都有良好的对应关系和同步演化过程。毫无疑问，火山喷发事件不仅是控制海平面大幅度下降事件、海底热液喷流-沉积事件以及各种元素地球化学事件和环境演化等重大地质事件的主要因素，而且是控制 P—T 之交生物大灭绝事件的主导因素。

第二节　生物大灭绝事件原因探索

P—T 之交短时间内发生海洋和陆地生物大规模灭绝事件的原因，是地质学家、古生物学家乃至生命学家和环境学家长期以来持续研究和争论不休的重大科学问题之一（杨遵仪等，1991）。而不同的学者从不同的角度提出了不同的假说，以期合理解释 P—T 之交生物大灭绝事件这一重大地质事件的原因，并力图阐明这些重大地质事件与生物大灭绝事件之间的因果关系。在已提出的众多观点中，按主导因素可将这些重大地质事件划分为地外事件和地内事件两大类，其中地外事件主要表现为地外星体撞击地球事件，而地内事件又可细分为地球内动力事件和地球外动力事件，地球内动力事件包括板块构造运动事件、火山喷发事件和深源 CO_2 放气事件等，地球外动力事件包括海平面下降事件、海洋贫氧事件、海洋酸化事件、甲烷水合物（可燃冰）释放事件和大陆风化事件等。需要指出的是，在已提出众多观点和假说中，有些已被否定，如以地外星体撞击地球假说为代表的地外事件观点，因证据被推翻而被否定。有些观点和假说仍处于争论中，例如，大洋深处的可燃冰消融，形成因 CH_4 大规模释放和燃烧而造成的灾难性事件；伴随火山喷发的大规模 CO_2 放气作用，造成海洋表层及浅水区海水酸化，从而形成使生物生态环境恶化的灾难性事件；缺氧水体入侵造成海洋严重贫氧，从而形成导致生物大规模灭绝的灾难性事件；大陆风化作用造成巨量营养盐被输送至海洋，引发海水富营养化和酸化，导致海水缺氧、透光性降低，从而形成生物灭绝的灾难性事件[①]。有意思的是，有些观点已得到证实并被大部分人接受，如火山喷发事件、海平面大幅度下降事件引起的大海退旋回，造成生物生存环境被污染和极端恶化的地球化学事件等，而本书证实了这些地内事件相互之间在成因上存在不可分割的内在联系。

本书基于沉积学、岩石学、地层古生物学和沉积地球化学等方面的综合研究，较为深入和系统地分析了上扬子地区 P—T 之交各项重大地质事件与生物大灭绝事件的关系。从已获得的地质信息来看，本书认为 P—T 之交生物大灭绝事件并非某一次或某一种重大地质事件的单一作用结果，而是多个重大地质事件的综合效应，其成因首先要归结于地球本身具有全球性板块构造运动的内动力地质作用，强烈的板块构造运动引发了全球性渐强渐频的火山喷发事件；其次，持续增强和频度增高的火山喷发作用为主导因素，火山尘雾进入大气圈后产生蔽光效应，导致发生气候变冷和海平面下降事件，而进入水圈的巨量有害物质造成生物生存环境被强烈污染和毒化等一系列相关的地球化学事件，导致古海洋生态系统遭到强烈破坏，生物的生存环境极端恶化，致使生物大规模集群死亡，从而发生生物大规模灭绝事件。虽然有些事件从表面上看与生物大灭绝事件没有直接的因果关系，也缺乏直接的证据，如海平面大幅度下降事件与生物大灭绝事件之间的相互关系，虽然目前还不能被直接证实，但以火山喷发事件作为主导因素所控制的海平面大幅度下降事件，以及

---

① 这些观点由于很难被证实或因证据还不够充分，只有很少一部分人坚持，目前仍处于有争议的推测和假说状态。

其所造成的生物生存环境被污染和极端恶化的地球化学事件，与生物大灭绝事件之间所出现的同步演化过程是客观存在的。以此为依据，不难得出以火山喷发事件作为主导因素的一系列重大地质事件的综合效应，应该是造成上扬子地区乃至整个扬子区和华南区甚至全球性 P—T 之交生物大灭绝事件的主要原因。

　　综上所述，发生于 P—T 之交的全球性生物大灭绝事件，是以全球性板块构造运动的内动力地质作用为根本原因，以全球性火山喷发事件作为主导因素的一系列重大地质事件综合效应的结果，也是地球演化历史中生物进化过程的"正常"更替现象，因而其是地球上任何生物都不可抗拒的。如今，人类生活的地球其生态环境正发生剧变，如大气圈 CO_2 浓度升高和气候变暖，有害物质污染加剧和生态环境恶化，生物的生存繁衍活动受到影响及大量的生物物种急剧消失和灭绝等，这些事件并非"地球上正在发生演化历史上的第六次生物大灭绝事件"，而是人类在社会活动过程中不爱惜地球环境，过量地排放工业污水和 CO_2、SO_2、H_2S 等有害物质，随意猎杀野生动物等，没有处理好人类与环境之间、人类与其他生物之间和谐相处关系的必然结果。因此，如何处理好人类与环境以及与其他生物之间的关系，人类群体之间如何更好地和平共处与协调发展，已成为当下必须解决的严谨的科学问题。人类必须爱护地球，爱护环境，爱护同住一个地球村的其他生物。

参 考 文 献

曹长群，王伟，金玉，2002. 浙江煤山二叠-三叠系界线附近碳同位素变化[J]. 科学通报，47(4)：302-306.

陈洪德，郭彤楼，侯明才，2012. 中上扬子叠合盆地沉积充填过程与物质分布规律[M]. 北京：科学出版社.

陈锦石，陈文正，1985. 碳同位素地质学概论[M]. 北京：地质出版社.

陈雄文，高坤山，2003. CO_2 浓度对中肋骨条藻的光合无机碳吸收和胞外碳酸酐酶活性的影响[J]. 科学通报，48(21)：2275-2279.

程成，李双应，赵大千，等，2015. 扬子地台北缘中上二叠统层状硅质岩的地球化学特征及其对古地理、古海洋演化的响应[J]. 矿物岩石地球化学通报，34(1)：155-166.

崔莹，刘建波，江崎洋一，2009. 四川华蓥二叠-三叠系界线剖面稳定碳同位素变化特征及其生物地球化学循环成因[J]. 北京大学学报(自然科学版)，45(3)：95-105.

戴朝成，郑荣才，文华国，等，2008. 辽东湾盆地沙河街组湖相白云岩成因研究[J]. 成都理工大学学报(自然科学版)，35(2)：187-193.

范蔚茗，王岳军，彭头平，等，2004. 桂西晚古生代玄武岩 Ar-Ar 和 U-Pb 年代学及其对峨眉山玄武岩省喷发时代的约束[J]. 科学通报，49(18)：1892-1900.

方雪，周瑶琪，姚旭，等，2017. 四川广元上寺上二叠统硅质岩地球化学特征及成因分析[J]. 矿物岩石，37(1)：93-102.

方宗杰，2004a. 从华南二叠纪—三叠纪礁生态系统的演变探讨与灭绝-残存-复苏相关的几个问题[M]//戎嘉余，方宗杰. 生物大灭绝与复苏：来自华南古生代和二叠纪的证据. 合肥：中国科学技术大学出版社.

方宗杰，2004b. 二叠纪—三叠纪之交生物大灭绝的型式、全球生态系统的巨变及其起因[M]//戎嘉余，方宗杰. 生物大灭绝与复苏：来自华南古生代和三叠纪的证据. 合肥：中国科学技术大学出版社.

高长林，何将启，1999. 北大巴山硅质岩的地球化学特征及其成因[J]. 地球科学：中国地质大学学报，5(3)：246-250.

高振刚，棘道一，张勤文，1987. 四川广元上寺二叠系—三叠系界线层内微球粒的发现与研究[J]. 地质论评，33(3)：204-210.

辜学达，刘啸虎，2008. 四川省岩石地层[M]. 武汉：中国地质大学出版社.

关士聪，1989. 中国陆盆多成盆期理论与找油实践[J]. 石油与天然气地质，10(3)：203-209.

郭强，钟大康，张放东，等，2012. 内蒙古二连盆地白音查干凹陷下白垩统湖相白云岩成因[J]. 古地理学报，14(1)：59-68.

郝子文，姚冬生，邢无京，等，2006. 四川省区域地质志[M]. 北京：地质出版社.

何锦文，1981. 长兴阶层型剖面及殷坑组底部的粘土矿物——兼论二迭系、三迭系的分界[J]. 地层学杂志，(4)：43-53，90.

何锦文，1985. 浙江长兴煤山二叠-三叠系混生层中微球粒的发现及其意义[J]. 地层学杂志，9(4)：293-297.

胡修棉，王成善，李祥辉，2001. 古海洋溶解氧研究方法综述[J]. 地球科学进展，16(1)：65-71.

胡忠贵，黎荣，胡明毅，等，2015. 川东华蓥山地区长兴组台内礁滩内部结构及发育模式[J]. 岩性油气藏，27(5)：67-73.

胡作维，黄思静，郜晓勇，等，2008. 川东华蓥山二叠系/三叠系界线附近粘土层中粘土矿物的类型及成因[J]. 地质通报，27(3)：374-379.

黄思静，1990. 海相碳酸盐矿物的阴极发光性与其成岩蚀变的关系[J]. 岩相古地理，10(4)：9-15.

黄思静，1992. 重庆中梁山和广元上寺 P—T 界线黏土层中黏土矿物的类型及成因[J]. 成都地质学院学报，19(3)：66-73.

黄思静，1993a. 四川重庆中梁山 P/T 界线粘土岩层中非粘土组分的研究[J]. 沉积学报，11(3)：105-112.

黄思静，1993b. 川西北甘溪中、上泥盆统海相碳酸盐岩的碳、锶同位素组成及其地质意义[J]. 岩石学报，(Z1)：214-220.

黄思静，1994. 上扬子二叠系—三叠系初海相碳酸盐岩的碳同位素组成与生物灭绝事件[J]. 地球化学，23(1)：60-68

黄思静，1997. 上扬子地台区晚古生代海相碳酸盐岩的碳、锶同位素研究[J]. 地质学报，71(1)：45-53.

黄思静，石和，毛晓冬，等，2003. 早古生代海相碳酸盐的成岩蚀变性及其对海水信息的保存性[J]. 成都理工大学学报(自然科学版)，30(1)：9-18.

黄思静，石和，沈立成，等，2004. 西藏晚白垩世锶同位素曲线的全球对比及海相地层的定年[J]. 中国科学 D 辑： 地球科学，34(4)：335-344.

黄思静，裴昌蓉，卿海若，等，2006. 四川盆地东部海相下、中三叠统界线的锶同位素年龄标定[J]. 地质学报，80(11)：1691-1698.

黄思静，Qing H，黄培培，等，2008. 晚二叠世—早三叠世海水的锶同位素组成与演化——基于重庆中梁山海相碳酸盐的研究结果[J]. 中国科学 D 辑：地球科学，38(3)：273-283.

蒋武，罗玉琼，陆廷清，等，2000. 四川盆地下三叠统牙形刺及其油气意义[J]. 微体古生物学报，17(1)：99-109.

焦鑫，柳益群，周鼎武，等，2013. "白烟型"热液喷流岩研究进展[J]. 地球科学进展，28(2)：221-232.

金若谷，沈桂梅，须湘官，等，1986. 四川广元二叠系—三叠系界线粘土岩沉积特征及成因探讨[J]. 岩石矿物学杂志，5(2)：107-119.

李凤杰，刘殿鹤，刘琪，2010. 四川宣汉地区吴家坪组硅质岩地球化学特征及其成因探讨[J]. 天然气地球科学，21(1)：62-67.

李红敬，解习农，周炼，等，2009. 扬子地区二叠系硅质岩成因分析及沉积环境研究[J]. 石油实验地质，31(6)：564-575.

李双应，金福全，1995. 下扬子地区二叠纪缺氧环境沉积物 V/(V+Ni)特征[J]. 矿物岩石地球化学通报，(3)：170-173.

李蔚洋，刘杰，何幼斌，2011. 四川地区上二叠统吴家坪组条带状硅质岩成因分析[J]. 海相油气地质，16(2)：61-65.

李子舜，詹立培，朱秀芳，等，1986. 古生代—中生代之交的生物灭绝和地质事件——四川广元上寺二叠系-三叠系界线和事件的初步研究[J]. 地质学报，60(1)：1-15.

梁宁，2017. 龙门山地区 PTB 界线处火山事件研究[D]. 成都：成都理工大学.

廖曦，何еков权，罗启厚，1999. 四川原型盆地演化序列及复合盆地发展规律[J]. 天然气勘探与开发，22(4)：6-13.

廖志伟，胡文瑄，王小林，等，2015. 皖南牛山剖面 PTB 粘土岩的火山成因研究及其地质指示意义[J]. 吉林大学学报(地球科学版)，45(Z1)：1507.

林良彪，陈洪德，朱利东，2010. 川东茅口组硅质岩地球化学特征及成因[J]. 地质学报，84(4)：500-507.

林治家，陈多福，刘芊，2008. 海相沉积氧化还原环境的地球化学识别指标[J]. 矿物岩石地球化学通报，27(1)：72-80.

刘建波，江崎洋一，杨守仁，等，2007. 贵州罗甸二叠纪末生物大灭绝事件后沉积的微生物岩的时代和沉积学特征[J]. 古地理学报，9(5)：473-486.

刘萍，2019. 上扬子地区 P—T 界线与地质事件[D]. 成都：成都理工大学.

刘萍，郑荣才，常海亮，等，2018. 川东地区二叠纪—三叠纪界线地层地质与地球化学特征[J]. 地质论评，64(1)：29-44.

刘淑春，章雨旭，郝梓国，等，1999. 白云鄂博赋矿白云岩成因研究历史、问题及新进展[J]. 地质论评，45(5)：477-486.

刘树根，罗志立，赵锡奎，等，2003. 中国西部盆山系统的耦合关系及其动力学模式——以龙门山造山带-川西前陆盆地系统为例[J]. 地质学报，77(2)：177-186.

刘树根，汪华，孙玮，等，2008. 四川盆地海相领域油气地质条件专属性问题分析[J]. 石油与天然气地质，29(6)：781-793.

刘树根，李智武，孙玮，等，2011. 四川含油气叠合盆地基本特征[J]. 地质科学，46(1)：233-257.

柳益群，焦鑫，李红，等，2011. 新疆三塘湖跃进沟二叠系地幔热液喷流型原生白云岩[J]. 中国科学：地球科学，41(12)：1862-1871.

卢武长，崔秉荃，1994. 甘溪剖面泥盆纪海相碳酸盐岩的同位素地层曲线[J]. 沉积学报，12(3)：12-19.

罗志立，1979. 扬子古板块的形成及其对中国南方地壳发展的影响[J]. 地质科学，4(2)：127-138.

罗志立，金以钟，朱夔玉，等，1988. 试论上扬子地台的峨眉地裂运动[J]. 地质论评，34(1)：11-24.

罗志立，刘树根，2002. 评述"前陆盆地"名词在中国西部含油气盆地中的应用[J]. 地质论评，48(4)：398-407.

马永生，陈洪德，王国力，等，2009. 中国南方构造-层序岩相古地理图集(震旦纪—新近纪)[M]. 北京：科学出版社.

木下贵，1982. 日本海海底泥质沉积物中微量元素的地球化学特征[J]. 海洋地质译丛，12：42-48.

彭冰霞，2006. 峨眉山 LIP 事件在乐康剖面的沉积地球化学记录及其与生物灭绝关系[D]. 广州：中国科学院广州地球化学研究所.

钱宪和，1991. 微晶灰岩与微晶粒，它们的问题与成因[J]. 台北"经济部中央地质调查所"特刊，(5)：213-229.

乔秀夫，高林志，彭阳，等，1997. 内蒙古腮林忽洞群综合地层和白云鄂博矿床赋矿微晶丘[J]. 地质学报，71(3)：202-211.

邱家骧，1979. 确定陆相火山岩名称、酸度、碱度、系列、组合的简便化学方法[J]. 地质与勘探，(8)：50-56.

邱家骧，1980. 岩浆岩岩石学[M]. 北京：地质出版社.

邵晓岩，田景春，张锦泉，等，2009. 鄂尔多斯盆地上三叠统延长组长 4+5 油层组中的古地震记录[J]. 古地理学报，11(2)：177-186.

沈俊，施张燕，冯庆来，2011. 古海洋生产力地球化学指标的研究[J]. 地质科技情报，30(2)：69-77.

沈树忠，张华，2017. 什么引起五次生物大灭绝？[J]. 科学通报，62(11)：1119-1135.

唐启升，陈镇东，余克服，等，2013. 海洋酸化及其与海洋生物及生态系统的关系[J]. 科学通报，58(14)：1307-1314.

童崇光，1985. 四川盆地构造演化与油气聚集[M]. 北京：地质出版社.

王成源，2008. 浙江长兴二叠系—三叠系界线层型剖面临的新问题[J]. 地层学杂志，32(2)：221-226.

王东安，1994. 扬子地台晚元古代以来硅岩地球化学特征及其成因[J]. 地质科学，29(1)：41-54.

王曼，钟玉婷，侯莹玲，等，2018. 华南地区二叠纪—三叠纪界线酸性火山灰的源区与规模[J]. 岩石学报，34(1)：36-48.

王敏芳，焦养泉，王正海，等，2005. 沉积环境中古盐度的恢复——以吐哈盆地西南缘水西沟群泥岩为例[J]. 新疆石油地质，26(6)：117-120.

王尚彦，殷鸿福，2001. 华南陆相二叠-三叠系界线地层研究新进展[J]. 中国地质，28(7)：16-21.

王鑫，王东晓，高荣珍，等，2010. 南海珊瑚灰度记录中反映人类引起的气候变化信息[J]. 科学通报，55(1)：45-51.

魏菊英，王关玉，1988. 同位素地球化学[M]. 北京：地质出版社.

文华国，郑荣才，Qing H，等，2014. 青藏高原北缘酒泉盆地青西凹陷白垩系湖相热水沉积原生白云岩[J]. 中国科学：地球科学，44(4)：591-604.

吴朝东，杨承运，陈其英，1999. 湘西黑色岩系地球化学特征和成因意义[J]. 岩石矿物学杂志，18(1)：26-39.

吴顺宝，李庆，王薇薇，1988. 四川华蓥山二叠纪与三叠纪之交沉积特征及动物群变化[J]. 现代地质，2(3)：375-385.

吴顺宝，任迎新，毕先梅，1990. 湖北黄石、浙江长兴煤山二叠-三叠系界线处火山物质及粘土岩成因探讨[J]. 地球科学，15(6)：589-595，719.

吴熙纯，刘效曾，杨仲伦，等，1990. 川东上二叠统长兴组生物礁控储层的形成[J]. 石油与天然气地质，11(3)：283-297.

吴亚生，2006. 江西修水二叠纪—三叠纪界线地层海平面下降的岩石学证据[J]. 岩石学报，22(12)：3039-3046.

吴亚生，范嘉松，金玉轩，2003. 晚二叠世末的生物礁出露及其意义[J]. 地质学报，3(77)：289-298.

吴亚生，Wan Y，姜红霞，等，2006a. 江西修水二叠纪—三叠纪界线地层海平面下降的岩石学证据[J]. 岩石学报，22(12)：3039-3046.

吴亚生，姜红霞，廖太平，2006b. 老龙洞二叠系—三叠系界线地层的海平面下降事件[J]. 岩石学报，22(9)：2405-2412.

吴亚生，姜红霞，虞功亮，等，2018. 微生物岩的概念和重庆老龙洞剖面 P—T 界线地层微生物岩成因[J]. 古地理学报，20(5)：737-775.

肖益林, 余成龙, 王洋洋, 等, 2018. 变质作用与流体包裹体: 进展与展望[J]. 矿物岩石地球化学通报, 37(3): 424-440.

熊舜华, 李建林, 1984. 峨眉山区晚二叠世大陆裂谷边缘玄武岩系的特征[J]. 成都地质学院学报, (3): 43-60.

徐义刚, 钟玉婷, 位荀, 等, 2017. 二叠纪地幔柱与地表系统演变[J]. 矿物岩石地球化学通报, 6(3): 359-374.

徐跃通, 1997. 鄂东南晚二叠世大隆组层状硅质岩成因地球化学及沉积环境[J]. 林工学院学报, 17(3): 204-212.

杨競红, 王颖, 张振克, 等, 2007. 宝应钻孔沉积物的微量元素地球化学特征及沉积环境探讨[J]. 第四纪研究, 27(5): 735-749.

杨水源, 姚静, 2008. 安徽巢湖平顶山中二叠统孤峰组硅质岩的地球化学特征及成因[J]. 高校地质学报, 14(1): 39-48.

杨玉卿, 冯增昭, 1997. 华南下二叠统层状硅岩的形成及意义[J]. 岩石学报, 13(1): 111-120.

杨子元, Drew L J, 1994. 论白云鄂博矿床含矿围岩——白云岩的热水沉积成因[J]. 地质找矿论丛, 9(1): 39-48.

杨遵仪, 殷鸿福, 吴顺宝, 等, 1987. 华南二叠系—三叠系界线地层及动物群[M]. 北京: 地质出版社.

杨遵仪, 吴顺宝, 殷鸿福, 等, 1991. 华南二叠-三叠纪过渡期地质事件[M]. 北京: 地质出版社.

姚旭, 周瑶琪, 李素, 等, 2013. 硅质岩与二叠纪硅质沉积事件研究现状及进展[J]. 地球科学进展, 28(1): 189-200.

殷鸿福, 海军, 2013. 古、中生代之交生物大灭绝与泛大陆聚合[J]. 中国科学: 地球科学, 43(10): 1539-1552.

殷鸿福, 鲁立强, 2006. 二叠系—三叠系界线全球层型剖面——回顾和进展[J]. 地学前缘, 13(6): 257-267.

殷鸿福, 黄思骥, 张克信, 等, 1989. 华南二叠纪—三叠纪之交的火山活动及其对生物灭绝的影响[J]. 地质学报, 63(2): 169-181.

殷学博, 曾志刚, 李三忠, 等, 2015. 防腐高效溶样罐-ICP-MS 测定生物体中 As、Hg 等 9 种微量元素[J]. 中国海洋大学学报(自然科学版), (5): 64-68.

詹承凯, 蒋伟杰, 1989. 重庆中梁山地区二叠-三叠系过渡层[J]. 中国区域地质, 8(2): 168-174.

张汉文, 1991. 秦岭泥盆系的热水沉积岩及其与矿产的关系——概论秦岭泥盆纪的海底热水作用[J]. 中国地质科学院西安地质矿产研究所所刊, (31): 15-39, 41-42.

张遴信, 吴望始, 1981. 四川华蓥山的二叠系[J]. 地层学杂志, 5(3): 190-196.

张素新, 彭元桥, 喻建新, 等, 2004a. 黔西威宁岔河陆相二叠系—三叠系界线粘土岩研究——基于 X 射线衍射、扫描电镜分析[J]. 地质科技情报, 23(1): 21-26.

张素新, 于吉顺, 喻建新, 等, 2004b. 贵州哲觉陆相二叠系—三叠系界线粘土岩的研究[J]. 电子显微学报, 23(4): 478-479.

张素新, 喻建新, 杨逢清, 等, 2004c. 黔西滇东地区浅海、滨海及海陆交互相二叠系—三叠系界线附近粘土岩研究[J]. 矿物岩石, 24(4): 81-86.

张素新, 冯庆来, 顾松竹, 等, 2006. 黔桂地区深水相二叠系—三叠系界线附近黏土岩研究[J]. 地质科技情报, 25(1): 9-13.

张素新, 赵来时, 童金南, 等, 2007. 湖北兴山大峡口浅海相二叠系—三叠系界线附近粘土岩研究[J]. 矿物岩石, 27(3): 94-100.

张秀连, 1985. 碳酸盐岩中氧、碳同位素与古盐度、古水温的关系[J]. 沉积学报, 18(3): 17-30.

章雨旭, 彭阳, 乔秀夫, 等, 1998a. 白云鄂博矿床赋矿白云岩成因新认识[J]. 地质论评, 44(1): 70-76.

章雨旭, 彭阳, 乔秀夫, 等, 1998b. 白云鄂博矿床赋矿微晶丘的论证[J]. 矿床地质, 17(增刊): 691-696.

章雨旭, 吕洪波, 张绮玲, 等, 2005. 微晶丘成因新认识[J]. 地球科学进展, 20(6): 693-700.

郑荣才, 刘文均, 1997. 龙门山泥盆纪层序地层的碳、锶同位素效应[J]. 地质论评, 43(3): 264-272.

郑荣才, 王成善, 朱利东, 等, 2003. 酒西盆地首例湖相"白烟型"喷流岩的发现及其意义[J]. 成都理工大学学报, 30(1): 1-9.

郑荣才, 文华国, 范铭涛, 等, 2006a. 酒西盆地下沟组湖相白烟型喷流岩岩石学特征[J]. 岩石学报, 22(2): 3027-3038.

郑荣才, 文华国, 高红灿, 等, 2006b. 酒西盆地青西凹陷下沟组湖相喷流岩稀土元素地球化学特征[J]. 矿物岩石, 26(4): 41-47.

郑荣才, 朱如凯, 翟文亮, 等, 2008. 川西类前陆盆地晚三叠世须家河期构造演化及层序充填样式[J]. 中国地质, 35(5): 246-255.

郑荣才，李国晖，戴朝成，等，2012. 四川类前陆盆地盆-山耦合系统和沉积学响应[J]. 地质学报，88(1)：1-11.

郑荣才，常海亮，郑荣才，等，2016. 准噶尔盆地西北缘风城组喷流岩稀土元素地球化学特征[J]. 地质论评，62(3)：550-568.

郑荣才，文华国，李云，等，2018. 甘肃酒西盆地青西凹陷下白垩统下沟组湖相喷流岩物质组分与结构构造[J]. 古地理学报，20(1)：1-18.

《中国地层》编委会，2000. 中国地层典：二叠系[M]. 北京：地质出版社.

周刚，郑荣才，罗平，等，2012. 川东华蓥二叠系—三叠系界线地层地质事件与元素地球化学响应[J]. 地球科学(中国地质大学学报)，37(S1)：101-110.

周新平，何幼斌，罗进雄，等，2012. 川东地区二叠系结核状、条带状及团块状硅质岩成因[J]. 古地理学报，14(2)：143-154.

周瑶琪，柴之芳，马建国，等，1988. 四川广元上寺 P/T 界线粘土中铁质小球的初步研究[J]. 科学通报，33(5)：397-398.

周瑶琪，柴之芳，毛雪瑛，等，1989. 中国南方二叠-三叠系界线及其附近黏土层稀土元素地球化学研究[J]. 大地构造与成矿学，3(2)：188-196.

周瑶琪，柴之芳，毛雪瑛，等，1990. 浙江长兴煤山二叠、三叠系界线 Sr 同位素异常事件[J]. 中国科技大学研究生院学报，7(1)：83-88.

周瑶琪，柴之芳，毛雪瑛，等，1991. 混合成因模式：中国南方二叠-三叠系界线地层元素[J]. 地质论评，37(1)：51-63.

周永章，1990. 丹池盆地热水成因硅岩的沉积地球化学特征[J]. 沉积学报，8(3)：75-83.

周永章，涂光炽，Chown E H，等，1994. 粤西古水剖面震旦系顶部层状硅岩的热永成因属性：岩石学和地球化学证据[J]. 沉积学报，12(3)：1-11.

朱洪发，秦德余，刘翠章，1989. 论华南孤峰组和大隆组硅质岩成因、分布规律及构造机制[J]. 石油实验地质，11(4)：341-348.

Acworth R I，Timms W A，2003. Hydrogeological investigation of mud-mound springs developed over a weathered basalt aquifer on the Liverpool Plains，New South Wales，Australia[J]. Hydrogeology Journal，11(6)：659-672.

Adachi M，Yamamoto K，Sugisaki R，1986. Hydrothermal chert and associated siliceous rocks from the northern Pacific their geological significance as indication od ocean ridge activity[J]. Sedimentary Geology，47(1/2)：125-148.

Algeo T J，Maynard J B，2004. Trace-element behavior and redox facies in core shales of Upper Pennsylvanian Kansas-type cyclothems[J]. Chemical Geology，206(3/4)：289-318.

Ali J R，Thompson G M，Zhou M F，et al.，2005. Emeishan large igneous province，SW China[J]. Lithos，79(3/4)：475-489.

Alvarez L W，Alvarez W，Asaro F，et al.，1980. Extraterrestrial cause for the Cretaceous Tertiary extinction[J]. Science，208(4448)：1095-1108.

Baltuck M，1982. Provenance and distribution of tethyan pelagic and hemipelagic siliceous sediments，pindos mountains，Greece[J]. Sedimentary Geology，31(1)：63-88.

Barnaby R J，Oetting G C，Gao G Q，2004. Strontium isotopic signatures of oil-field waters：Applications for reservoir characterization[J]. AAPG Bulletin，88(12)：1677-1704.

Barnosky A D，Matzke N，Tomiya S，et al.，2011. Has the Earth's sixth mass extinction already arrived? [J]. Nature，471(7336)：51-57.

Becher L，Poreda R J，Hunt A U，et al.，2001. Impact event at the Permian-Triassic boundary：Evidence from extraterrestrial noble gases in fullerenes[J]. Science，291(5508)：1530-1533.

Basu A R，Petaev M I，Poreda R J，et al.，2003. Chondritic meteorite fragments associated with the Permian-Triassic boundary in Antarctica[J]. Science，302(5649)：1388-1392.

Becher L，Poreda R J，Basu A R，et al.，2004. Bedout：A possible End-Permian impact crater offshore of northwestern Australia[J]. Science，304(5676)：1469-1476.

Belka Z, 1998. Early devonian kess-kess carbonate mud mounds of the eastern anti-atlas (Morocco), and their relation to submarine hydrothermal venting[J]. Journa l of Sedimentary Research, 68(3): 368-377.

Berkowski B, 2004. Monospecific rugosan assemblage from the Emsian hydrothermal vents of Morocco[J]. Acta Palaeontologica Polonica, 49(1): 75-84.

Bohor B F, Foord E E, Modreski P J, et al., 1984. Mineralogic evidence for an impact event at the Cretaceous-Tertiary boundary[J]. Science, 224(4651): 867-869.

Bohor B F, Modreski P J, Foord E E, 1987. Shocked quartz in the Cretaceous-Tertiary boundary clays: Evidence for a global distribution[J]. Science, 236(4802): 705-709.

Bostrom K, Peterson M N A, 1969. The origin of Al-Poor ferromaganoan sediments in areas of high heat flow on the East Pacific Rise[J]. Marine Geology, 7(5): 427-447.

Bostrom K, Rydell H, Joensuu O, 1979. Langbank an exhalative sedimentary deposit[J]. Economic Geology, 74(5): 1002-1011.

Bowring S, Erwin D, Jin Y G, et al., 1998. U/Pb zircon geochronology and tempo of the end-Permian mass extinction[J]. Science, 280(5366): 1039-1045.

Brand U, Veizer J, 1980. Chemical diagenesis of multicomponent carbonate system-2: Trace elements[J]. Journal of Sedimentary Research, 50(4): 1219-1236.

Buick R, Thornett J R, Mcnaughton N J, et al., 1995. Record of emergent continental crust ～3.5 billion years ago in the Pilbara craton of Australia[J]. Nature, 375(6532): 574-577.

Burgess S D, Bowring S A, 2015. High-precision geochronology confirms voluminous magmatism before, during, and after Earth's most severe extinction[J]. Science advances, 1(7): e1500470.

Burke W N, 1982. Varation of seawater $^{87}Sr/^{86}Sr$ through out phanerozoic time[J]. Geology, 10(3): 516-519.

Chai C, Zhou Y, Mao X, et al., 1992. Geochemical constraints on the Permo-Triassic boundary event in South China[M]//Sweet W C, Yang Z, Dickins J M, et al. Permo-Triassic events in the Eastern Tethys, Stratigraphy, Classification, and relations with the Western Tethys. Cambridge: Cambridge University Press.

Clark D L, Wang C, Orth C J, et al., 1986. Conodont survival and low iridium abundance across the Permian-Triassic boundary in South China[J]. Science, 223(4767): 984-986.

Courtillot V, Jaupart C, Manighetti I, et al., 1999. On causal links between flood basalts and continental breakup[J]. Earth and Planetary Science Letters, 166(3/4): 177-195.

Derry L A, Keto L, Jacobsen S, et al., 1989. Sr isotopic variations in Upper Proterozoic carbonates from Svalbard and East Greenland[J]. Geochim Cosmochim Acta, 53(9): 2331-2339.

Diaz-del-Rio V, Somoza L, Martínez-Frías J, et al., 2001. Carbonate chimneys in the Gulf of Cadiz: Initial report of their petrography and geochemistry[C]. International Conference and Ninth Post-Cruise Meeting of the Training-Through-Research Programme, Moscow, Russia.

Ellison A J G, Navrotsky A, 1992. Enthalpy of Formation of Zircon[J]. Journal of the American Ceramic Society, 75(6): 1430-1433.

Erwin D H, 1993. The great Paleozoic crisis[M]. New York: Columbia University Press.

Erwin D H, Bowring S A, Yugan J, 2002. End-Permian mass extinctions: A review[M]//Koeberl C, MacLeod K G. Catastrophic events and mass extinctions: Impacts and beyond. New York: Geological Society of America.

Ezaki Y, Liu J, Adachi N, 2003. Earliest Triassic microbialite micro-to megastructures in the Huaying area of Sichuan Province, South China: Implications for the nature of oceanic conditions after the end-Permian extinction[J]. Palaios, 18(4/5): 388-402.

Felly A, Orr J, Fabry V J, et al., 2009. Present and future changes in seawater chemistry due to ocean acidification[M]//Mcpherson B J, Sundquist E T. Carbon sequestration and its role in the global carbon cycle. Washington, D.C.: American Geophysical Union.

Fleet A J, 1983. Hydrothermal and hydrogenous ferro-manganese deposites: Do they from a continuum?[M]//Rona P A, Bostrom K, Laubier L, et al. Hydrothermal process at seafloor spreading centers. New York: Plenum Press.

Gao K, Aruga Y, Asada K, et al., 1993. Calcification in the articulated coralline alga Corallina pilulifera, with special reference to the effect of elevated CO_2 concentration[J]. Marine Biology, 117(1): 129-132.

Goldfarb R J, Phillips G N, Nokleberg W J, 1998. Tectonic setting of synorogenic gold deposits of the Pacific Rim[J]. Ore Geology Reviews, 13(1/5): 185-218.

Grice K, Cao C, Love G D, et al., 2005. Photic zone euxinia during the Permian-Triassic superanoxic event[J]. Science, 307(5710): 706-709.

Hallam A, 1997. Mass extinction and their aftermath[M]. London: Oxford University Press.

Hallam A, Wignall P B, 1999. Mass extinctions and sea-level changes[J]. Earth-Science Reviews, 48(4): 217-250.

Hester K C, Peltzer E T, Kirkwood W J, et al., 2008. Unanticipated consequences of ocean acidification: A noisier ocean at lower pH[J/OL]. Geophysical Research Letters, 35(19). https://doi.org/10.1029/2008GL034913.

Ishiga H, Ishida K, Dozen K, et al., 1996. Geochemical characteristics of pelagic chert sequences across the Permian-Triassic boundary in southwest Japan[J]. Island Arc, 5(2): 180.

Jin Y G, Wang Y, Wang W, et al., 2000. Pattern of marine mass extinction near the Permian-Triassic boundary in South China[J]. Science, 289(5478): 432-436.

Jones B, Manning A C, 1994. Comparison of geochemical indices used for the interpretation of palaeoredox conditions in ancient mudstones[J]. Chemical Geology, 111(1/4): 111-129.

Kamo S L, Czamanske G K, Krogh T E., 1996. A minimum U-Pb age for Siberian flood-basalt volcanism[J]. Geochimica et Cosmochimica Acta, 60(18): 3505-3511.

Kamo S L, Czamanske G K, Amelin Y, et al., 2003. Rapid eruption of Siberian flood-volcanic rocks and evidence for coincidence with the Permian-Triassic boundary and mass extinction at 251Ma[J]. Earth and Planetary Science Letters, 214(1/2): 75-91.

Kaufman A J, Knoll A H, Awramik S M, 1992. Biostratigraphic and chemostratigraphic correlation of Neoproterozoic sedimentary succes-sions: Upper Tindir Group, Northwestern Canada, as a test case[J]. Geology, 20(2): 181-185.

Kaufman A J, Jacobsen S B, Knoll A H, 1993. The Vendian record of Sr- and C-isotope variations in seawater: Implications for tectonics and paleoclimate[J]. Earth and Planetary Science Letters, 120(3/4): 409-430.

Kershaw S, 2004. Comment—Earliest Triassic microbialite micro-to megastructures in the Huaying area of Sichuan Province, south China: Implications for the nature of oceanic conditions after the end-Permian extinction[J]. Palaios, 19(4): 414-416.

Kershaw S, Zhang T, Lan G, 1999. A microbialite carbonate crust at the Permian–Triassic boundary in South China, and its palaeoenvironmental significance[J]. Palaeogeography, Palaeoclimatology, Palaeoecology, 146(1/4): 1-18.

Kershaw S, Guo L, Swift A, et al., 2002. Microbialites in the Permian-Triassic boundary interval in central China: Structure, age and distribution[J]. Facies, 47(1): 83-89.

Korte C, Kozur H W, 2010. Carbon-isotope stratigraphy across the Permian-Triassic boundary: A review[J]. Journal of Asiam Earth Sciences, 39(4): 215-235.

Korte C, Kozur H W, Bruckschen P, et al., 2003. Strontium isotope evolution of Late Permian and Triassic seawater[J]. Geochim Cosmochim Acta, 67(1): 47-62.

Korte C, Jasper T, Kozur H W, et al., 2006. $^{87}Sr/^{86}Sr$ record of Permian seawater[J]. Palaeogeography, Palaeoclimatology, Palaeoecology, 240(1/2): 89-107.

Krull E S, Retallack G J, 2000. $\delta^{13}C$ depth profiles from paleosols across the Permian-Triassic boundary: Evidence for methane release[J]. Geological Society of America Bulletin, 112(9): 1459-1472.

Kump L R, Pavlov A, Arthur M A, 2005a. Massive release of hydrogen sulfide to the surface ocean and atmosphere during intervals of oceanic anoxia[J]. Geology, 33(5): 397-400.

Kump L R, Seyfried Jr W E, 2005b. Hydrothermal Fe fluxes during the Precambrian: Effect of low oceanic sulfate concentrations and low hydrostatic pressure on the composition of black smokers[J]. Earth and Planetary Science Letters, 235(3/4): 654-662.

Kvenvolden K A, Lorenson T D, 2001. The global occurrence of natural gas hydrate[M]//Paull C K, Dillon W P. Natural gas hydrate: Occurrence, Distribution, and Detection. Washington, D.C.: American Geophysical Union.

Langenhorst F, Kyte F T, Retallack G J, 2005. Reexamination of quartz grains from the Permian-Triassic boundary section at Graphite Peak, Antarctica[C]. 36th Annual Lunar and Planetary Science Conference.

Lo C H, Chung S L, Lee T Y, et al., 2002. Age of the Emeishan flood magmatism and relations to Permian-Triassic boundary events[J]. Earth and Planetary Science Letters, 198(3/4): 449-458.

Marching V, Gundlach H, Moller P, et al., 1982. Some geochemistry indictors for diserimination between diagenetic and hydrothermal metalliferous sediments[J]. Marine Geology, 50(3): 241-256.

McArthur J M, Thirlwall M F, Chen M, et al., 1993a. Strontium isotope stratigraphy in the Late Cretaceous: Numerical calibration of the Sr isotope curve and intercontinental correlation for the Campanian[J]. Paleoceanography, 8(6): 859-873.

McArthur J M, Thirlwall M F, Gale A S, et al., 1993b. Strontium isotope stratigraphy for the Late Cretaceous: A new curve, based on the English chalk[M]//Hailwood E A, Kidd R B. High Resolution stratigraphy. Amsterdam: Elsevier.

McArthur J M, Kennedy W J, Chen M, et al., 1994. Strontium isotope stratigraphy for Late Cretaceous time: Direct numerical calibration of the Sr isotope curve based on the US Western Interior[J]. Paleogeogr Paleoclimatol Paleoecol, 108(1/2): 95-119.

McArthur J M, Howarth R J, Bailey T R, 2001. Strontium isotope stratigraphy: LOWESS version 3: Best fit to the marine Sr-isotope curve for 0-509 Ma and accompanying look-up table for deriving numerical age[J]. The Journal of Geology, 109(2): 155-170.

McLean D M, 1985. Deccan Trap's mantle degassing in the terminal Cretaceous marineertinctions[J]. Cretaceous Research, 6(3): 235-259.

Murchey B L, Jones D L, 1992. A mid-Permian chert event: Widespread deposition of biogenetic siliceous sediments in coastal, island arc and oceanic basins[J]. Palaeogeography, Palaeoclimatology, Palaeoecology, 96(1/2): 161-174.

Murray R W, 1990. Rare earth element as indicators of different marine depositional environments in chert and shale[J]. Geology, 18(3): 268-271.

Murray R W, 1994. Chemical criteria to identify the depositional environment of chert: General principles and applications[J]. Sedimentary Geology, 90(3/4): 213-232.

Murray R W, Buchholtz ten Brink M R, Jones D L, et al., 1990. Rare earth elements as indicators of different marine depositional environments in chert and shale[J]. Geology, 18(3): 268-271.

Nicholls G D, Graham A L, Williams E, et al., 1967. Precision and accuracy in trace element analysis of geological materials using solid source spark mass spectrography[J]. Analytical Chemistry, 39(6): 584-590.

Nielsen J K, Shen Y N, 2004. Evidence for sulfidic deep water during the late Permian in the east Greenland Basin[J]. Geology, 32(12): 1027-1040.

Nikishin A M, Ziegler P A, Abbott D, et al., 2002. Permo-Triassic intraplate magmatism and rifting in Eurasia: Implications for mantle plumes and mantle dynamics[J]. Tectonophysics, 351 (1/2): 3-39.

Pitman J I, 1978. Carbonate chemistry of groundwater from tropical tower karst in south Thailand[J]. Water Resources Research, 14(5): 961-967.

Qi Q J, Liu J Z, Zhou J H, et al., 2000. Review on determination methods of trace element fluorine in coal[J]. Coal Conversion, 23(2): 7-10.

Racki G, Wignall P B, 2005. Chapter 10 late permian double-phased mass extinction and volcanism: An oceanographic perspective[J]. Developments in Palaeontology and Stratigraphy, 20: 263-297.

Raup D M, 1979. Size of the Permo-Triassic bottleneck and its evolutionary implications[J]. Science, 206(4415): 217-218.

Reinhardt J W, 1988. Uppermost Permian reefs and Permo-Triassic sedimentary facies from the southeastern margin of Sichuan Basin, China[J]. Facies, 18(1): 231-287.

Renne P R, Black M T, Zichao Z, et al., 1995. Synchrony and causal relations between Permian-Triassic boundary crises and Siberian flood volcanism[J]. Science, 269(5229): 1413-1416.

Retallack G J, 2001. A 300-million-year record of atmospheric carbon dioxide from fossil plant cuticles[J]. Nature, 411(6835): 287-290.

Retallack G J, Krull E S, Greb S F, et al., 2006. Carbon isotopic evidence for terminal-Permian methane outbursts and their role in extinctions of animals, plants, coral reefs, and peat swamps[M]//Greb S F, DiMichele W A. Wetlands through time. Boulder: Geological Society of America

Retallack G J, Seyedolali A, Krull E S, et al., 1998. Search for evidence of impact at the Permian-Triassic boundary in Antarctica and Australia[J]. Geology, 26(11): 979-982.

Riebesell U, 2008. Climate change: Acid test for marine biodiversity[J]. Nature, 454(7200): 46-47.

Ryskin G, 2003. Methane-driven oceanic eruptions and mass extinctions[J]. Geology, 31(9): 741-744.

Saunders A D, England R W, Reichow M K, et al., 2005. A mantle plume origin for the Siberian traps: Uplift and extension in the West Siberian Basin, Russia[J]. Lithos, 79(3/4): 407-424.

Sepkoski J J, 1982. Mass extinctions in the Phanerozoic oceans: A review[M]//Silver L T, Schultz P H. Geological implications of impacts of large asteroids and comets on the earth. Boulder: Geological Society of America.

Sepkoski J J, 1989. Periodicity in extinction and the problem of catastrophism in the history of life[J]. Journal of the Geological Society, 146(1): 7-19.

Sepkoski J J, 1992. A compendium of fossil marine animal families[J]. Contributions in Biology and Geology, 83: 1-156.

Sepkoski J J, Knoll A H, 1983. Precambrian-Cambrian boundary: The spike is driven and the monolith crumbles[J]. Paleobiology, 9(3): 199-206.

Sheldon N D, 2006. Abrupt chemical weathering increase across the Permian-Triassic boundary[J]. Palaeogeography, Palaeoclimatology, Palaeoecology, 231(3/4): 315-321.

Shimizu H M A, 1977. Cerium in chert as an indication of marine envrionment of its formation[J]. Nature, 266(5600): 348-364.

Sugisaki R, Yamamoto K, Adachi M, 1982.Triassic bedded cherts in central Japan are not pelagic[J]. Nature, 298(5875): 644-647.

Sun H, Xiao Y L, Gao Y J, et al., 2018. Rapid enhancement of chemical weathering recorded by extremely light seawater lithium isotopes at the Permian-Triassic boundary[J]. Proceedings of the National Academy of Sciences of the United States of America, 115(15): 3782-3787.

Taylor S R, McLennan S M, 1985. The continental crust: Its composition and evolution[M]. London: Blackwell Scientific Publications.

Tucker M E, Wright V P, 2009. Carbonate sedimentology[M]. New York: John Wiley & Sons.

Tucker M E, Wright V P, Dickson J A D, 1990. Carbonate sedimentology[M]. London: Blackwell Scientific Publications.

Turekian K K, Wedepohl K H, 1961. Distribution of the elements in some major units of the earth's crust[J]. Geological Society of America Bulletin, 72(2): 175-192.

Twitchett R J, Wignall P B, 1996. Trace fossils and the aftermath of the Permo-Triassic mass extinction: Evidence from northern Italy[J]. Palaeogeography, Palaeoclimatology, Palaeoecology, 124(1/2): 137-151.

Veizer J, Fritz P, Jones B, 1986. Geochemistry of brachiopods: Oxygen and carbon isotopic records of Paleozoic oceans[J]. Geochimica et Cosmochimica Acta, 50(8): 1679-1696.

Veizer J, Ala D, Azmy K B, et al., 1999. $^{87}Sr/^{86}S$, $\delta^{13}C$ and $\delta^{18}O$ evolution of Phanerozoic seawater[J]. Chemical Geology, 161(1/3): 59-88.

Visscher H, Brinkhuis H, Dilcher D L, et al., 1996. The terminal Paleozoic fungal event: Evidence of terrestrial ecosystem destabilization and collapse[J]. Proceedings of the National Academy of Sciences, 93(5): 2155-2158.

Ward P D, Montgomery D R, Smith R, 2000. Altered river morphology in South Africa related to the Permian-Triassic extinction[J]. Science, 289(5485): 1740-1743.

Wiggins W D, Harris P M, Burruss R C, 1993. Geochemistry of post-uplift calcite in the Permian Basin of Texas and New Mexico[J]. Geological Society of America Bulletin, 105(6): 779-790.

Wignall P B, 1994. Black shales[M]. Oxford: Clarendon Press.

Wignall P B, 2001. Large igneous provinces and mass extinctions[J]. Earth-Science Reviews, 53(1/2): 1-33.

Wignall P B, Hallam A, 1992. Anoxia as a cause of the Permian/Triassic mass extinction: facies evidence from northern Italy and the western United States[J]. Palaeogeography, Palaeoclimatology, Palaeoecology, 93(1/2): 21-46.

Wignall P B, Hallam A, 1993. Griesbachian (Earliest Triassic) palaeoenvironmental changes in the Salt Range, Pakistan and southeast China and their bearing on the Permo-Triassic mass extinction[J]. Palaeogeography, Palaeoclimatology, Palaeoecology, 102(3/4): 215-237.

Wignall P B, Hallam A, 1996. Facies change and the end-Permian mass extinction in SE Sichuan, China[J]. Palaios, 11(6): 587-596.

Wignall P B, Twitchett R J, 1996. Oceanic anoxia and the end Permian mass extinction[J]. Science, 272(5265): 1155-1158.

Wignall P B, Twitchett R J, 2002. Extent, duration, and nature of the Permian-Triassic superanoxic event[M]//Koeberl C, MacLeod K G. Catastrophic events and mass extinctions: Impacts and beyond. Boulder: Geological Society of America.

Wignall P B, Morante R, Newton R, 1998. The Permo-Triassic transition in Spitsbergen: $\delta^{13}C_{org}$ chemostratigraphy, Fe and S geochemistry, facies, fauna and trace fossils[J]. Geological Magazine, 135(1): 47-62.

Wignall P B, Newton R, Brookfield M E, 2005. Pyrite framboid evidence for oxygen-poor deposition during the Permian-Triassic crisis in Kashmir[J]. Palaeogeography, Palaeoclimatology, Palaeoecology, 216(3/4): 183-188.

Wilde S A, Valley J W, Peck W H, et al., 2001. Evidence from detrital zircons for the existence of continental crust and oceans on the Earth 4.4 Gyr ago[J]. Nature, 409(6817): 175-178.

Wit M J, Ghosh J G, de Villiers S, et al., 2002. Multiple organic carbon isotope reversals across the Permo-Triassic boundary of terrestrial Gondwana sequences: Clues to extinction patterns and delayed ecosystem recovery[J]. The Journal of Geology, 110(2): 227-240.

Xie S C, Pancost R D, Huang J H, et al., 2007. Changes in the global carbon cycle occurred as two episodes during the Permian-Triassic crisis[J]. Geology, 35(12): 1083-1086.

Xu L, Lin Y T, Shen W J, et al., 2007. Platinum-group elements of the Meishan Permian-Triassic boundary section: Evidence for flood basaltic volcanism[J]. Chemical Geology, 246(1/2): 55-64.

Yamamoto K, 1987. Geochemical characteristics and depositional environments of cherts and associated rocks in the Franciscan and Shimanto Terranes[J]. Sedimentary Geology, 52(1/2): 65-108.

Yin H F, Tong J N, 1998. Multidisciplinary high-resolution correlation of the Permian-Triassic boundary[J]. Palaeogeography, Palaeoclimatology, Palaeoecology, 143(4): 199-212.

Yin H F, Zhang K X, Tong J N, et al., 2001. The global stratotype section and point (GSSP) of the Permian-Triassic boundary[J]. Episodes, 24(2): 102-114.

Yin H F, Feng Q L, Lai X L, et al., 2007. The protracted Permo-Triassic crisis and multi-episode extinction around the Permian-Triassic boundary[J]. Global and Planetary Change, 55(1/3): 1-20.

Zhang X G, Song J K, Fan C X, et al., 2012. Use of electrosense in the feeding behavior of sturgeons[J]. Integrative Zoology, 7(1): 74-82.

Zhou L, Kyte F T, 1988. The Permian-Triassic boundary event: A geochemical study of three Chinese sections[J]. Earth and Planetary Science Letters, 90(4): 411-421.

Zhou M F, Malpas J, Song X Y, et al., 2002. A temporal link between the Emeishan large igneous province (SW China) and the end-Guadalupian mass extinction[J]. Earth and Planetary Science Letters, 196(3/4): 113-122.